烹饪工艺学

吴永杰　邵志明　主编
朱水根　金守郡　主审

上海交通大學出版社

内容提要

本书系全国示范性中高职专业院校建设重点专业“烹饪工艺学”；上海市教育委员会“085”项目建设精品教材系列之一。本书在“应用型人才培养”模式和教学基础上对本专业课程进行重构，以认知规律为指导，以企业实际操作运用为培养基础，培养学生动手能力为目标，充分调动学生的能动性；培养学生的动手能力和创新能力。

图书在版编目(CIP)数据

烹饪工艺学/吴永杰，邵志明主编. —上海：上海交通大学出版社，2018
ISBN 978-7-313-20118-8

Ⅰ. 烹… Ⅱ. ①吴… ②邵… Ⅲ. 烹饪—方法—教材 Ⅳ. TS972.11

中国版本图书馆 CIP 数据核字(2018)第 199657 号

烹饪工艺学

主　　编：吴永杰　邵志明
出版发行：上海交通大学出版社
地　　址：上海市番禺路 951 号
邮政编码：200030
电　　话：021-64071208
出 版 人：谈　毅
印　　制：上海天地海设计印刷有限公司
经　　销：全国新华书店
开　　本：787mm×1092mm　1/16
印　　张：14.5
字　　数：356 千字
版　　次：2018 年 10 月第 1 版
印　　次：2018 年 10 月第 1 次印刷
书　　号：ISBN 978-7-313-20118-8/TS
定　　价：49.00 元

前　言

随着中国经济的不断腾飞，餐饮服务业产能不断升级，烹饪高等教育也得到了蓬勃向上的发展机遇，中国烹饪正跨入一个新的历史时刻。“烹饪职业教育、应用型人才培养、工匠精神传承”等紧密联系当前教育结构转型的字眼，再一次次提示我们，烹饪作为中华民族的传统文化需要得到更好的发扬和传承。有着悠久历史的中国烹饪工艺的精髓需要一代代不断地延续与革新。上海旅游高等专科学校作为中国第一所旅游类高等院校，烹饪与餐饮系早在1985年成立，是当时最早的几所拥有烹饪教育的高等学府，2006年划归上海师范大学管理，组建上海师范大学旅游学院，是国内规模最大、学科门类最齐全的旅游学院，学校一直致力于培养具有扎实专业知识和较强的实践能力、具有创新能力的餐饮企业管理人才。早在2000年，烹饪工艺与营养专业被列为教育部高职高专示范性专业，2010年又成为全国示范性院校建设重点专业。可以说烹饪教育在我校一直得到了长足的发展。专业的发展带动课程体系的进一步完善，各专业课程的内涵也得到了一次次的提升。《烹饪工艺学》作为烹饪工艺与营养专业的主干课程，一直是本专业领域的核心内容，本教材对传统烹饪工艺进行了全面归纳和梳理，对烹饪文化的历史演进、烹饪原材料的选择与鉴别，刀功技术的合理运用、冷热菜式的烹调运用，以及美化装盘等做了总揽性的介绍和说明。本教材对应在整个专业领域是具有示范引领性的一门专业核心课程。

本教材结合当前职业教育发展模式，以人才培养为指导、就业为导向来设计各章节内容。从学习目标着手，以学习重点为导引，突出学生主动学习为内涵特色，本教材为了让烹饪专业的学生在理论学习中获得认知，在实践操作中获得技能，由此在实践部分还增加了图文并茂的菜品菜例，多元丰富的融汇体现本专业对高级应用型人才培养的主题思路。

《烹饪工艺学》的编写以传统的内容结构为基础，统筹汇编了十个章节架构学习体系。主要内容包括中国烹饪历史演进的文化脉络；烹饪原材料的鉴别、选择与初加工等准备性阶段基础知识；烹饪原料的精加工、制热、调味工艺等过程性核心要领；冷菜制作工艺、热菜的烹调工艺、菜肴的造型和装盘工艺等艺术美感的把握以及烹调工艺的改良与创新等内容组成。全书由上海旅游高等专科学校/上海师范大学旅游学院吴永杰、邵志明主编，第一至第五章由吴永杰老师撰写，第六至第十章由邵志明老师撰写；中国烹饪大师朱水根副教授、华东师范大学金守郡教授主审；并得到上海交通大学出版社倪华女士在本书出版过程中的大力支持和帮助。本书在编写过程中，参考了国内烹饪工艺专业的众多书籍，参阅了近年来烹饪专业技术研究领域的诸多研究成果，在此深表诚挚感谢！由于时间仓促，以及我们理论和实践能力都有限，书中的不之处，希望广大同行和读者提出宝贵意见，以便进一步完善！

编者

于奉贤海湾海思路500号

2018年1月11日星期四

前言

目　录

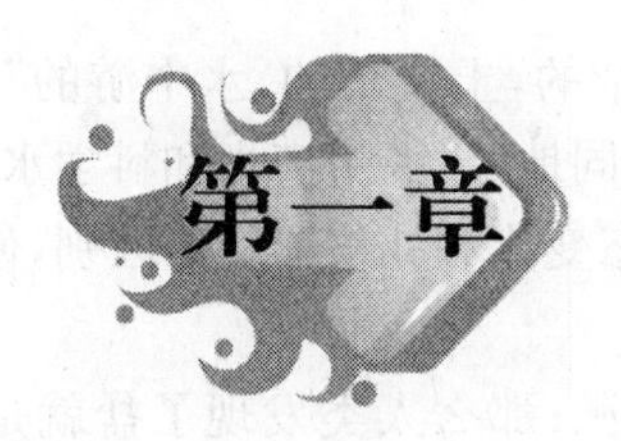

第一章 中国烹饪工艺概述

学习目标

通过本章学习，使学生了解烹饪的历史和现状；烹调的含义；烹饪的“四大发明”等相关内容；并能熟悉中国烹饪中的八大菜系、我国地方风味菜等内容及特点，加深对中国烹饪文化的认知。

学习重点

(1) 掌握烹饪与烹调的内在联系。

(2) 掌握烹饪工艺研究的内容。

中国饮食文化是中华民族传统文化中的一个重要组成部分，是中华民族智慧的结晶。烹饪文化是中国饮食文化中的重要组成部分，是中华民族传统文化的宝贵遗产。它是对食物进行加工、制成色、香、味俱佳菜肴的基本原理，制作技术和方法的总称。它既是一门独特的文化技术，又是一门有丰富内涵的、有烹饪理论和实践的科学；它既能满足人们的物质享受，又能满足人们的精神享受。本章对中国烹饪文化做一概括性的介绍，使学员对中国烹饪有一个基本的了解。

第一节 “烹饪”和“烹调”的概念

一、“烹饪”的概念

烹饪是一个专业术语。“烹”是煮的意思；“饪”是指食物熟了。“烹饪”则是指将食物放在盛器中用火煮熟，即是食品的制作加工的方法和过程。完整地说，烹饪是在特定的环境下，利用一定的烹饪工具和设备，将各种不同的烹饪原料，采用各种不同的烹制方法将食材加工成为熟食(或菜肴)的过程。

人们对“烹饪”的概念和理解是有一个历史过程。在人类的发展史上，人们对烹饪的认识，在不同的历史阶段有不同的理解。古时候，雷电霹雳，火山爆发，森林失火，从我们的祖先为解除自己饥饿而拣起烧死的野兽来吃的那一天起，他们就认识了火，懂得了火的功能。在上古时代，我们的祖先就开始制作陶器，这种陶器是我们的祖先烧煮和盛装食物的工具，结束了“茹毛饮血”的饮食生活。如果说人类掌握了对火的运用，将食物由生变熟，开始了烹饪的雏形。但这种烹饪是“烹而不调”，没有调味品的参与，只能尝到食物的本味，非常单调。人类在自然活动中感受到盐的存在,“盐者,百味之将也。”盐的发现是无意的,却为我们人类的烹调写下了不朽的一页。

中国人常说:“天上飞的,山上爬的,路上走的,树上结的,土里长的,水中游的”,都可以用来烹制美味的菜点。中华民族历史悠久,在不同时期、不同地域,因生产力和科学水平不同,人们对自然界烹饪原料的认识和利用也不同,加上自然生态变化和礼仪习俗的区别,使人们对烹饪原料的组成结构也各不相同。

如果说人类发现了火是熟食的开始,那就是烹饪之源;那么人类发现了盐就是调味的开端,那就是烹饪之纲;而我们的祖先发明了陶器则标志着中华民族烹饪走向完善阶段,那就是烹饪之始。然而,无论是火、陶器、调味,都是为烹饪原料服务的,所以原料是烹饪之本。由此说烹饪的历史含义就是以火燃烧,用陶器去加热,用盐去调味,使食物成熟食。火、陶器、调味品和食材,是构成烹饪的四大基础。

然而,现代烹饪早已告别了“钻木取火”的时代。是孙中山先生首次将烹饪列入文化和艺术的范畴。他说:“夫悦目之画,悦耳之音,皆为美术,而悦口之味,何独不然?是烹调者,亦美术之一道也。”我们的烹调技术与社会的发展、社会的文明和文化是密不可分。随着社会生产力的高度发展,烹饪食物已不仅限于手工操作的炉灶加工,而且是运用各种先进的设备器皿、丰富多样的调味品,以及各种科学手段,对成千上万种食材进行加工烹制,并装盛在各式精美的器皿中。因此,呈现在食客面前的绝不是一份简单的菜肴,而是烹饪科学发展的成果,是烹调师们智慧的结晶。

现代烹饪不仅是制作饭菜,而且展示了文化、艺术和科学的内涵。它展示的是中华民族的智慧,是当今世界闻名的美食中华。它的博大精深,被世界人民誉为“吃在中国”“烹饪王国”。所以说,现代烹饪是文化、是艺术,也是科学。中国的近现代烹饪文化也成为我国重要的旅游资源,重要的旅游吸引物。

二、“烹调”的概念

烹调是指通过加热和调制,将加工、切配好的烹饪原料制成菜肴的操作过程。其包括两个方面,一是烹,另一是调。在相当长的一段时间里,人们把“烹”理解为“加热”,这样就把不需要加热的菜肴排斥在“烹”的含义之外了。其实,“加热”只是“烹”的本义,它的外延应当包括两个方面,即加热和非加热,理解这一点,对于把握“烹”的工艺十分重要。“调”在过去的解释即指调味,显然失之偏颇。“调”应当是一个广义的概念,主要是指调色、调味、调香、调质等。如果仅将“调”理解为调味,中国烹调工艺学的研究内容就受到很大的限制,中国烹调工艺就没有更为深入和广阔的发展。研究“调”的含义,有助于转变观念,提高对烹调工艺学的认识,也有助于把握烹调工艺的职业化能力。

烹调是人类进化过程的产物之一。人类文明开始于饮食劳动,烹调技术的发展同样也促进了人类发展;人类的文明又促进了烹调技术的进一步发展。我国烹调技术历史悠久、技艺精湛、品种繁多、风味各异,具有鲜明的民族特色,是我国历代餐饮工作者智慧的结晶。“烹”和“调”是一个过程的两个方面,然而它们又是密不可分的,往往是“烹”中有“调”,“调”中有“烹”。通过“调”使原料与调味品充分结合,通过“烹”使原料与调味品起各种物理和化学反应。只有通过烹调才能使烹饪食材成为色、香、味、形、营养俱全的美味佳肴。

总之,烹调是指综合运用一定的物质技术设备、现代自然科学和最新烹饪信息的有效手段，总结和开发菜肴，以满足人们在饮食方面的物质和精神享受，是具有一定工艺性和文化内涵的技术科学。

第二节　中国烹饪文化的发展演进

我国素有“烹饪王国”的美誉。这一称号的由来，一方面是我国有众多的美馔佳肴，有各种风味菜、地方菜、宫廷菜、官府菜、寺院菜，可以说“一菜一格，百菜百味”；另一个方面是因为我国烹饪文化历史悠久，各朝各代的帝王将相都是烹饪文化的继承者、美食的品尝者，社会名流、文人骚客也对美食给予很高的评价，并赋予它们诗歌、典故等文化底蕴。所以，我国的烹饪文化是集天下文化于一身，浑然天成。

纵观我国烹饪的发展历史，经历了坎坷不平的发展道路。如果将我们中华民族的烹饪史划分为几个阶段，大体可分为：上古时期人类从茹毛饮血到发现了火，改为吃熟的食物，这是由生到熟的阶段；从运用火以后，发展到新石器和青铜器时代，即从炎黄时代到夏商时代，这是由熟食到粗食的阶段；周代以后到春秋战国时代，这是由粗食到细食的阶段；汉唐以后到清代，这是由细食到精食的阶段。随着社会生产力的高度发展，人们运用各种先进的设备、器皿和丰富多样的调味品，以及各种科学手段，对食材进行加工烹制，并装盛在各式精美的器皿中。菜肴呈现在食客面前不再一份简单的食品，更展示出文化、艺术和科学的内涵，是中华烹调师们智慧和辛勤劳动的结晶。它对一个国家和民族传统文化的发展起着不可忽视的作用。所以说烹饪是文化、是艺术，也是科学。

在我国的烹饪发展史上，出现过三个历史高峰时期，即商周、春秋战国时期，汉、唐时期和清代的乾隆时期。

一、商周、春秋战国时期的烹饪

（一）商代的烹饪

由于金属在生产上的运用，使农业得以大力发展，由此，也丰了烹饪原料的来源。那时的人们已开始选择动、植物原料中的佳品，也懂得了哪些地方的动、植物原料品质更优良。在《楚辞·天问注》中就记载着商朝名庖伊尹的故事：伊尹是一位厨艺高超的厨师，非常擅用各类烹饪原料，曾用猩唇、鸿雁、洞庭和东海的鱼类等为商汤王做菜，颇得商汤王的赞许和赏识，最后出任国家宰相。后来用“治大国如烹小鲜”来形容对国家的治理。后人称伊尹是中华厨师的鼻祖，烹饪之圣。正是商代烹饪的发展，才会有伊尹这样的名厨。当时，人们还用青铜器等取代了小型的陶土等炊具，这是烹饪使用炊具的显著进步。例如，由于祭祀活动的需要，贵族们希望祭祀后能吃到热食，于是一种新的可加热的饮食器皿——温鼎产生。它的产生满足了贵族向往热食的愿望，同时表明由于商代当时铸造业和手工业的发展，才使烹饪发展到一个新的高度。

（二）周代的烹饪

周代，随着生产力的提高，烹饪的原料更加广泛，品种更加丰富。当时我国的水稻和大豆等农作物及栽培技术陆续传至国外，更表明我国的烹饪原料的富足。周代常用的烹饪原料如

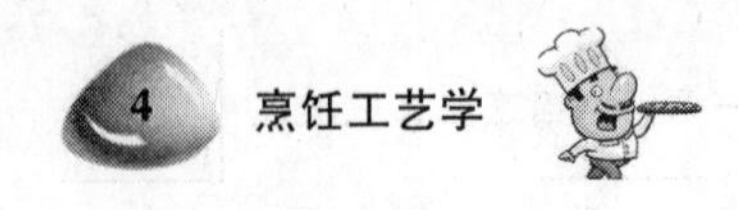

表 1-1 所述。

表 1-1　周代常用的烹饪原料

原料大类		原料名称
粮食		水稻、麦、菽、粟、粱
荤食	六畜	马、牛、羊、猪、犬、鸡
	六兽	鹿、麋鹿、小麋、熊、兔、野猪
	六禽	雁、鹑、鷃、鸠、鸽、雉
	水产	鲤、鲂、鲲、鲔、鳟、河蚌、鲨、鲢
蔬菜		水藻、莼菜、黄瓜、瓠瓜、芥菜、荠菜、野豌豆苗、萝卜、竹笋、蒲菜、藕、瓢儿菜、芋头、木耳
果实		桃、梨、杏、樱桃、柑、柚、栗、榛、木瓜、枣、菱
调味料		盐、梅、酱、酒、蜜、饴糖、酱、醋、葱、桂、椒、茱萸、甘草、苦荼、蓼

周代烹饪的发展，不仅表现在食材的丰富多样，还表现在宴席的开办、炉灶的改进和烹饪技术的革新。周代宴席的开办奠定了中华民族宴席的固有风格。它不仅制定了国家的饮宴礼仪，还对各种宴席（如国宴、官宴、乡宴、婚宴等）做了明确规定，至今，在现代宴席中还能找到它们的韵味。周代在炉灶上有许多改进，如有了可以运用烟筒进行多处排烟的炉灶，制作了为防止失火而设计的中间有挡屏的炉灶等。周代在烹调技术和方法上也有了很大的提高，如“周八珍”中烤乳猪制作工艺的细致和复杂，从宰杀、去内脏、洗净，到腹腔内填满小枣，裹上芦苇叶，抹上泥巴，再在火中烤透，直到最后放入鼎中，加入汤汁和调味，然后装在大锅里用火熬制三天三夜而成。另外周代已十分看重酱的作用，周王制定了每种菜肴都要有专用的酱品配餐的规定，这也是前所未有的饮食制度。

（三）春秋战国时期的烹饪

春秋战国时期是中国历史上一大变革的时代，政治、经济等各方面都发生巨大变化。社会生产力的发展，促成了这些变革的物质要素。当初因农业耕作技术的改进，水利事业的发展，铁器的广泛使用，以及畜牧业的繁荣，为烹饪技术发展提供了丰富的原料。同时，青铜业、陶器业、盐业、酿酒业等的发展也为烹饪的发展起到推波助澜的作用。当时出现了有关烹饪的理论专著，如《吕氏春秋》《楚辞》《礼记》《论语》《黄帝内经》等，其中记载了很多关于烹饪方面的论述。

该时期有一位名厨易牙是位调味专家，在五霸之首齐桓公手下为臣。“易牙赐子”的故事相信很多人都听说过，故事讲述了齐桓公对易牙提出要吃婴儿，易牙在左右为难的情况下狠心将自己儿子给齐桓公吃了。从此，齐桓公对易牙大为赏识，认为他忠心耿耿，并赋予了易牙很大的权力。后来齐桓公病倒在床，大权在握的易牙为报复齐桓公将其关起，并活活饿死。如今，大家对易牙的评价褒贬不一，也有人将易牙当作是厨师的先祖。

在春秋战国时期，我国已出现了南北菜系的雏形。当初的吕不韦和孔子是这两种不同菜系的代表。吕不韦代表的是现今福建、广东一带的南方口味。而孔子代表的是现今山东的北方菜系，他的“食不厌精、脍不厌细”至今被人们广为流传。在该时期，贵族士大夫的宴宾菜单上的脍品是必不可少的。脍品（生鱼片）是当时至高无上的美食。

综上所述，商周、春秋战国时代的烹饪，不仅在原料、器皿、工具上有了一定发展，而且在宴席制作和烹调技术发展上同样也达到了一定高度。

二、汉、唐时期的烹饪

（一）汉、唐烹饪概述

汉、唐时代是中国封建社会发展的鼎盛时期，也是烹饪形成、发展的全盛时期。同时，汉、唐时代的包容和开放，引进了大量的域外文化，其中胡汉民族饮食文化的交流和融合，呈现出一幅丰富多彩的图景。它不仅促进了中华民族饮食结构的多样化，而且还奠定了中华民族传统饮食生活模式的基础，在中华民族饮食文化史上占有重要的地位。

汉代，张骞出使西域，促进了内地与西域之间的饮食文化交流，西域的特产先后传入内地，丰富了内地民族的饮食文化生活；而内地的精美肴馔和烹饪技术也逐渐西传，为当地人民所喜爱。汉胡民族在相互交流的过程中，不断创新中华民族的饮食文化。"食肉饮酪"开始成为整个北方和西北地区胡汉各族的共同饮食特色。

（二）汉唐时期饮食发展的表现

(1) 中原内地与西北少数民族交流，引入许多蔬菜和水果品种，蔬菜有苜蓿、菠菜、芸苕、胡瓜（黄瓜）、胡豆（蚕豆）、胡蒜等；水果有葡萄、扁桃、西瓜、安石榴等；调味品引入的有胡椒、砂糖等。

(2) 植物油和麻油在烹饪中的运用，增加了走油和炸制的食品菜肴。

(3) 厨房工作人员开始有了明确分工，包括切配、烧菜、面点等。厨房工作人员也有了专门的工作服、工作帽和一些工作时必要的防护用具。

(4) 当时酒楼饭店经营的菜肴品种繁多，已有了全牛宴。这是现今烹饪中全羊宴、全猪席、全鸭席的发端。

(5) 豆腐和元宵等中国著名食品的出现。豆腐的发明与西汉时期淮南王刘安有密切关系。据说，刘安一心想炼丹修身，一天用豆汁和卤水炼丹，无意间做出了又白又嫩的豆腐。刘丹和众人尝后大为赞许，这就是豆腐的由来。而元宵（又名汤圆），是汉代汉文帝平定叛乱后与民同乐时用的一种点心。据记载，汉文帝平乱时正值正月十五的晚上，正月就是元月，又是宵的意思，所以汉文帝将这一天定为元宵节。这个习俗也一直流传至今。

(6) 多眼灶即炮台的运用。这种灶台可以调节火力大小，使菜点质量明显提高。那时，还有了取火工具——火柴，从此改变了钻木取火的原始取火方式。

(7) 随着陶器、金银酒器的大量运用，加上丰富多样的烹饪原料和烹饪技术的发展，当时宴席的规格、菜肴组合已相当讲究，也具备了一定规模。唐代的花色冷拼和冷菜技术也发展到相当高的水平。

综上所述，汉、唐时期由于胡汉民族长时期的杂处错居，在饮食生活中，相互影响、渗透与融合，最终使中华传统的饮食文化更加丰富多样、多姿多彩。这种交流与融合也不是简单的照搬，而是结合本民族的饮食特点，对外来的饮食文化加以吸收改造，使其更适合于本民族的口味。如汉族接受外来饮食时，往往都渗进汉族饮食的一些因素，如在吃羊盘肠时，用米、面作为配料掺入，再以姜、桂、橘皮作为香料去除羊肉的膻腥，以适合汉人的饮食口味；而汉族饮食在外传时也被改头换面，如北魏鲜卑族嗜食环饼等汉族食品，但习惯以牛奶、羊奶和面，粉饼也要加酪浆食用。可见，双方在饮食原料的使用上既相互融合，又参考本民族的饮食习惯加以吸收

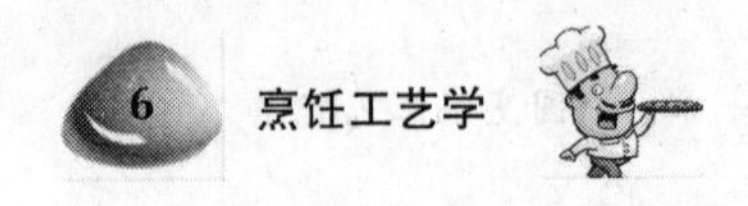

和改造。这些做法极大地影响了唐代及其后世的饮食生活，并最终形成了网罗众多民族特点的中华饮食文化体系。所以，汉唐时期胡汉民族饮食原料的交流与融合，对双方的经济文化的繁荣与发展起到了积极的促进作用。

三、清代乾隆年间的烹饪

（一）清代烹饪概述

清代的烹饪，是中国烹饪发展的鼎盛时期，其表现为全面性，既有豪华的官府菜、宫廷菜，也有适宜各阶层食用的餐馆，还有素菜馆和各式各样民间小吃店。清代烹饪与现代烹饪十分接近，从现代烹饪技术、菜点和宴席中，都能找到清代烹饪的痕迹。清代烹饪，也可以说是现代烹饪的基础。

（二）清代烹饪地方特色

在清代，宫廷菜肴以明代流传下来的山东风味为主，山东厨师也是御膳房的支柱。然而，清代受满族人的统治，后来满族厨师成了御膳房的主力军。在乾隆下江南时，又将江、浙一带的厨师带入宫中，又使宫中有了江浙菜的风味。所以说，清宫御膳是京、鲁风味，满族风味和江、浙风味相互渗透的结晶，形成了当时清宫御膳的特有风味，也为满汉全席的产生创造了良好的条件。满汉全席的烹饪技艺和风味起源于东北，形成在辽宁，发展在北京。

乾隆时期，是满汉全席的形成时期。当时，官府和民间开始流行满汉全席。满汉全席，系满清宫廷盛宴。既有宫廷菜肴之特色，又有地方风味之精华；突出满族菜点特殊风味，烧烤、火锅、涮锅几乎成为不可缺少的菜品，同时又展示了汉族烹调的特色，扒、炸、炒、熘、烧等兼备，实乃中华菜系文化的瑰宝和最高境界。满汉全席原是清宫廷中举办宴会时满人和汉人合做的一种全席。满汉全席有一百多道菜，分三天六餐。满汉全席菜式有咸有甜、有荤有素，取材广泛，用料精细，山珍海味无所不包。后人将满汉全席称为“中华烹饪之最”，是中国烹饪史上最具权威的巨型筵宴；同时，满汉全席也反映了历代厨师的智慧、高超的烹饪技术，以及中华民族的食俗、礼仪和饮食文化。

总之，中华民族的烹饪历史上曾出现的三个高峰时期，与当时社会生产力的提高、农副种植业的发展、生产技术的变革、经济的发展和社会政治的稳定是密不可分的。

第三节 中国烹饪菜肴的特色

中国烹饪是中国饮食文化中的一个主体部分，是中华民族传统文化中的宝贵遗产。所谓烹饪是指对食物进行加工，制成色香味俱全的菜肴的基本原理、制作技术和方法的总称。因而，中国的烹饪包含有丰富的科学内涵和精湛的烹饪技术理论(包含烹饪原则、原理)；还有众多的美味佳肴，如有地方菜、宫廷菜、官府菜、寺院菜、风味菜及众多菜系；更有丰富多彩的饮食文化和美学相结合，形成各种美食，如菜肴外观美与质地美的结合、食物与食器相结合，食物与良辰美景的结合、宴饮与乐府文化的结合等。可见，它既是一门独特的文化艺术，又是一门有一定理论和实践性很强的科学。它既能满足人们的物质享受，又能满足人们的精神需求。中国烹饪的特色有如下几点。

一、烹饪的菜系流派众多

中国上下五千年，各种文化源远流长、丰富多样，其中饮食文化也是经过长时间的物质和精神双重沉淀。我国的烹饪流派的产生和发展是经历了一定的发展过程。近千年来形成的四大菜系（苏、粤、川、鲁）是我国地方菜系的主要代表。它们有一些共同的特点：发祥地都是历史悠久、经济繁荣的古城；所有菜系的基调都是清、鲜和浓香；每个菜系的自然环境优越、饮食资源丰富；每个菜系都有自己的特色。其后，在四大菜系的影响下，增加了四个菜系（湘、浙、皖、闽），形成八大菜系；后又增加了北京菜、上海菜形成十大菜系。除此之外，河南的豫菜、湖北的鄂菜、陕西的秦菜、辽宁的辽菜、素菜等也各有地方风味特色。

（一）菜肴流派

中国饮食文化中的特色菜肴，是在一定区域内，由于气候、地理、历史、物产以及风俗的不同，经过漫长历史演变而形成的一整套自成体系的烹饪技艺和风味，并被全国各地所承认的地方菜肴。鲁菜、川菜、粤菜、苏菜、湘菜、闽菜、浙菜和徽菜是大家熟知的八大菜系，即菜肴流派。中国地大物博，在一定的区域内，由于气候、地理、历史、物产及风俗的不同，经过漫长演变而形成一整套各自成形的烹饪技艺和独特的风味。中国的八大菜系如表 1-2 所示。

表 1-2 中国的八大菜系概况

菜 系	菜系发端	地理位置	盛产原料	菜肴风味	菜肴特色	代表菜品
1. 广东菜（粤菜）	春秋战国时期	亚热带地区，南临海南、北有山岭、珠三角纵横交汇的河网	海鲜、河鲜、山珍，如广肚、龙虾、梅花参、石斑鱼、眼镜蛇、果子狸等	广州风味、潮州风味、大良风味、海南风味、客家风味等	选料广泛、配料繁多、菜肴讲究季节变化等	脆皮乳猪、盐焗鸡、红烧大群翅、耗油网鲍片、虾子扒海参、麒麟鳜鱼、蒸大红膏蟹等
2. 福建菜（闽菜）	汉魏时期初具雏形	位于我国东南沿海，东北与浙江省毗邻，西、西北与江西省接界，西南隅广东深相连，东隔台湾海峡与中国台湾相望	海鲜、山珍，如竹蛏、海蚌、龙虾、明虾、黄鱼、红蟹、鱿鱼、冬笋、香菇等	福州风味、闽南风味、漳州风味和泉州风味等	刀工巧妙，寓趣于味。汤菜考究，变化无穷；调味奇特，别具一格；烹调细腻，雅致大方	荷包鱼翅、龙凤凤尾虾、煎糟鳗鱼、佛跳墙、葱油烤鱼、冬笋炒底等
3. 四川菜（川菜）	春秋战国时期	我国西南的长江上游，东部为亚热带湿润季风气候，西部为温带、亚热带高原气候，地形为高原、盆地、山地	江团、岩鲤、鲶鱼、雅鱼、竹荪、银耳、魔芋、冬虫夏草、井盐、生姜、花椒、郫县豆瓣酱、永川豆豉、叙府芽菜、新繁泡菜等	成都风味、重庆风味	干烧、鱼香、酸辣、麻辣、怪味、红油、小炒、干煸八法是川菜的共同特色。以民间乡土风味著称。烹调时擅用"三椒"，味浓油重、咸甜浓香、麻辣兼容	家常海参、糖醋脆皮鱼、豆瓣鱼、大千干烧鱼、回锅肉、鱼香肉丝、蒜泥白肉、坛子肉、水煮牛肉、红油肚丝、干煸牛肉丝、宫保鸡丁、怪味鸡块、棒棒鸡丝、樟茶鸭子等

（续表）

菜系	菜系发端	地理位置	盛产原料	菜肴风味	菜肴特色	代表菜品
4. 湖南菜（湘菜）	春秋战国时期	位于长江中游，北枕洞庭，南滨五岭，三面环山，一面临水	衡阳肥鱼、洞庭银鱼和莲藕、宁乡鸭子、长沙莼菜和猫笋、各类烟腊制品等	以长沙、衡阳、湘潭为中心的湘江流域风味；以岳阳为中心的洞庭湖区菜；以湘西山区为主的湘西山区菜	湘江流域风味鲜香、酸辣、软嫩；湘西山区菜注重咸香酸辣、山乡风味浓郁；洞庭湖区以烹制河鲜和禽类见长，口味咸辣香软	洞庭鮰鱼肚、芙蓉鲫鱼、荷叶粉蒸肉、酸辣狗肉、冰糖湘莲、辣味合蒸、左宗棠鸡、珍珠丸子、农家小炒肉、腊八豆炒猪爪皮、香煎刁子鱼等
5. 江苏菜（苏菜）	先秦时期	傍黄海、接黄淮，拥太湖、临洪泽，长江横贯腹部，运河纵流南北	水产品种类繁多，如太湖银鱼、南通刀鱼、两淮鳝鱼、镇江鲥鱼、连云港河海蟹等	淮扬风味、南京风味、苏州风味、镇江风味	淮扬风味突出原汁原汤、主料突出、刀工细腻、口感清爽；南京菜冷盘精巧、花色艳美、口味醇和；苏州菜口感趋甜、配色适宜、清新多彩；镇江菜以烹制江河产品和猪类菜擅长	松鼠鳜鱼、水晶肴肉、南京盐水鸭、菊花青鱼、扒烧猪头、雪花蟹斗、芙蓉鸡片、三套鸭、蟹粉狮子头、鸡油菜心、鸭包鱼翅、大煮干丝、文思豆腐、扬州炒饭等
6. 浙江菜（浙菜）	西汉时已有记载	长江三角洲平原地带，东部临海，丘陵遍布	河鲜蔬果、山珍野味、土货特产、生猛海鲜十分丰富；如西湖莼菜、金华火腿、四乡豆腐衣，西湖龙井和各类河海鲜	以杭州风味为代表，辅以宁波风味和绍兴风味	杭州菜肴玲珑精美、清秀风雅，擅长爆、炒、烩、蒸等烹调方法；宁波菜咸、甜并举，滑嫩鲜软；绍兴菜乡土风味浓郁	西湖醋鱼、清汤鱼圆、锦绣鱼丝、酱鳊鱼、锅烧鳗、宁式鳝丝、葱油海鲈鱼、龙井虾仁、金牌扣肉、东坡肉、干菜焖肉、越州糟鸡、油焖春笋等
7. 山东菜（鲁菜）	春秋战国时期	北临渤海、东临黄海、位于黄河下游的山东半岛	盛产鲍鱼、海蟹、鱼翅、海参、干贝、白菜、大葱、大蒜、生姜、苹果等	以烟台、青岛、福山为主的胶东风味和济南风味	胶东地区擅长烹制海鲜，口味清淡鲜嫩。济南风味菜纯正醇浓、咸鲜适宜	九转大肠、葱烧海参、清汤燕窝、油爆鲜贝、油爆双脆、酱汁黄鱼、德州扒鸡、黄焖全鸡、锅烧肘子、油爆海螺、原壳鲍鱼、清蒸加吉鱼、炸蛎黄、糖醋鲤鱼、烤大虾等
8. 安徽菜（徽菜）	南宋时期有记载	位于祖国东南、华东腹地，平原、河川、山峦、丘陵俱全，长江、淮河横贯境内，支流和湖泊网交织密布	山珍野味、江河水产十分丰富，盛产茶叶、竹笋、香菇、木耳、板栗、枇杷、雪梨、香梨、香榧、石鸡、甲鱼、鹰龟、果子狸、鲥鱼、银鱼、回王鱼、琴鱼等	以徽州菜为代表的皖南风味；以合肥、芜湖、安庆为代表的沿江风味；以蚌埠、宿县、阜阳为代表的沿淮风味	菜肴重油、重酱色、重火候；菜肴半汤半菜，注重原汁原味、咸中带甜、味醇色浓	毛峰熏鲥鱼、方腊鱼、鱼白三鲜、腌鲜鳜鱼、奶汁肥王鱼、香炸琵琶虾、蛏干烧肉、符离集烧鸡、徽州蒸鸡、无为熏鸭、问政山笋、八公山豆腐、徽州毛豆腐、徽州臭鳜鱼

(二）地方风味菜

中国，是个有深厚传统文化的东方大国，区域差异比较明显，除了流传至今的八大菜系外，各个地方以其独特的人文地理特点形成了各自独特风味的菜肴。地方菜肴是民间人们思想精华的集锦所得，也只有来自民间思想精华的菜肴才配堪称特色。地方风味菜，是指是能区别于其他菜品，有着特别的味道、自身特点和独特地区的风味，是其他菜品所没有的。在日常生活中，有着各式各样、琳琅满目的菜品，从民间家常菜到酒店菜，成千上万种菜，再加一些地方小吃、乡间小吃之类，更是难以计数，各有各的味道与特色。中国各地方风味菜，如表1-3所示。

表 1-3　中国各地方风味菜

菜　系	盛产原料	菜肴风味	菜肴特色	代表菜品
1. 北京菜(京菜)	填鸭、京西稻、清水稻、心里美萝卜、密云小枣、京白梨、良乡板栗、蒜汁醋、熏醋等	以北方菜为基础，兼收各地方风味，具有宫廷风味特色	菜肴讲究酥、脆、鲜、嫩，以爆、涮、烤、熘、炒、扒等见长	抓炒鱼片、黄焖鱼翅、干煎鱼、炒鳝糊、锅塌鲍鱼盒、烤肉、白肉片、涮羊肉、北京烤鸭、三不粘、玉米全烩、拔丝西瓜、糟溜三白、炒黄瓜酱、罗汉菜心等
2. 上海菜(沪菜)	四季常绿蔬菜不断，于、虾、蟹等河塘海鲜资源丰富	以上海本地传统菜肴风味为主；外地风味饮食长处；融汇西菜风味的上海地区的海派菜	汤醇卤厚、浓油赤酱、咸淡适口，注重原料本味	瓜姜鱼丝、松仁玉米、红烧鮰鱼、砂锅鱼头、鲫鱼塞肉、油爆虾、爆鱿鱼卷、走油蹄髈、腌笃鲜、枸杞头肉丝、生炒仔鸡、咖喱鸡块、生煸草头、扣三丝、虾子大乌参等
3. 河南菜(豫菜)	土地肥沃、物产丰富，如猴头菇、竹荪、羊素肚、木耳、鹿茸菜、蘑菇、黄牛、鲤鱼、双鲫鱼等	以洛阳风味和开封风味为主，兼容安阳风味和豫南风味	选料讲究，以咸口味为主，清汤见底、浓汤乳白、清香挂齿、爽而不腻	糖醋软熘鲤鱼焙面、酒煎鱼、盘兔、河南道口烧鸡、三鲜软锅烤蛋、洛阳燕菜、琥珀冬瓜、清汤素鸽蛋、铁锅烤蛋、牡丹燕菜、桂花蛋、桂花皮丝等
4. 湖北菜(鄂菜)	山珍和淡水资源极为丰富。有各种淡水鱼类、甲鱼、乌龟、泥鳅、蟹、虾、蚶、长吻鮰、团头鲂、鳜鱼、铜鱼等，还有紫菜苔、桂花、猴头、香菇、猕猴桃等	武汉风味、荆州风味、黄州风味	咸鲜为主，注重本味，刀工复杂，以蒸菜、煨汤、红烧菜最具特色	红烧鮰鱼、鸡蓉笔架鱼肚、明珠鳜鱼、珊瑚鳜鱼、清蒸武昌鱼、荆州鱼糕、橘瓣鱼氽、空心鱼圆、皮条鳝鱼、冬瓜鳖裙羹、珍珠圆子、千张肉、黄州东坡肉、紫菜苔炒腊肉、烧三合、三鲜千张卷、琵琶鸡等
5. 陕西菜(秦菜)	水陆林山原料并存，农作物和畜牧业十分发达。如羊、驴肉、荞麦、大豆、黑豆、马铃薯等	汉中安康的陕南风味，关中、商洛的关中风味，陕北风味和西安清真菜	咸鲜酸辣香，突出主味，滋味醇浓，擅长用三椒，滋味醇厚，适应性强	蝴蝶海参芙蓉底、光明虾炙、糖醋鱿鱼卷、煨鱿鱼丝、奶汤锅子鱼、大荔带把肘子、糟肉、三皮丝、草堂八素、金边白菜、酿金钱发菜、葫芦鸡、莲蓬鸡、温拌腰丝等

(续表)

菜　系	盛产原料	菜肴风味	菜肴特色	代表菜品
6. 辽宁菜(辽菜)	水陆林山的动、植物一应俱全。如鱼翅、鲍鱼、鲜带子、海蟹、海螺、刺参、红鲷鱼、牙鳊鱼、黄花鱼、对虾、猴头菇、熊掌、獐、鹿、哈什蚂、人参等	沈阳风味和大连风味	沈阳风味以烹制山地原料为主，酥烩醇浓；大连风味以烹制海鲜原料为主，清鲜脆嫩	橘子大虾、油爆虾球、红棉虾团、红梅海胆、烩酸辣乌鱼蛋、浇汁鱼、煎转黄鱼、捶烹里脊、李记坛肉、油泼仔鸡、沟帮熏鸡、鸡丝豌豆、锅塌豆腐等
7. 素菜(寺院菜)	各类植物、菌菇、豆制品等	分寺院素菜、宫廷素菜、民间素菜。寺庙有北京广济寺、上海玉佛寺、南京鸡鸣寺、扬州大明寺、西安卧佛寺、沈阳太清宫、成都文殊院、重庆罗汉寺、山东斗母宫等。名店有北京全素斋、上海功德林、杭州灵隐寺、福建普陀寺、成都光灵寺等	营养丰富、容易消化吸收、清淡不腻、补而不滞	葡萄鱼、醋熘素鲤、蒜子烧素鱼、海参鸽蛋、魔芋素鱼、核桃素虾仁、山石脆鳝、素火腿、糖醋素排骨、炸梅子肉、冬笋炒素牛肉、回锅素肉、炒豆腐脑、半月沉江、鼎湖上素、罗汉斋、清汤萝卜宴、脆皮烧鸡、鲜菇素鸡片、椒麻素鸡片、素扣、素夹沙肉等

二、烹饪的原料选择广泛

中国烹饪所用原料多，可以说天上飞的、陆上走的、水里游的、山中藏的，无所不用。动物性原料、植物性原料、矿物性原料、发酵制品原料以及其他各种原料全有。中国菜原料之丰富是世上没有一个国家可以比拟的。就连法国的蜗牛，在中国宫廷菜中也早已出现。选料广泛是一大特色，当今世界的时髦食品，如蚂蚁、蚯蚓、蝗虫、蜗牛、蛇等都早已是中国人餐桌上的佳肴，不少在千百年前就已上了中国的食谱。从现今的环境保护和生态平衡观点来看，很多动植物原料是不应该吃的，是应该加以保护的，而且有些“食材”吃了对人体是有害的，有很多病是由吃引起的，如非典、疯牛病、口蹄疫、禽流感等。

三、烹饪的烹调方法多样

中国烹饪菜肴的烹调方法有几十种之多，其中，炸、熘、爆、炒、焖、煨、煎、贴、汆、煮、烤、扒等是常用的几种。西方的法国大菜、土耳其菜肴的操作方法也很讲究，但和中国的烹调方法相比，相差甚远。有一些中国的烹调方式，如爆、炒等快速加热方式，是世界上绝无仅有的。

四、烹饪的菜点品种丰富

由于中国烹饪的流派多、烹调方法多、调味的组合多，所以，中国菜点的数量也多。据统计数据显示，中国的名菜有 2 万之多，中国的名点有 1 万多种。随着经济的发展和人们生活水平的提高，大家对“吃”的需求越来越高，名菜、名点的种类也越来越多。

例如，以鸡蛋、鸭蛋这样一个普通的食材原料，由于加工方法的不同，可以制作成松花蛋(皮蛋)、咸蛋、糟蛋、糖蛋、醋蛋等；由于烹饪方法的不同和调味的不同，可以制作白煮蛋、茶叶蛋、虎皮蛋、酱油蛋，蛋白糕、蛋黄糕，煎蛋、炖蛋、炒蛋、芙蓉蛋、跑蛋、混沌蛋，无白蛋、换心蛋、和合蛋、涨蛋、蟹粉蛋、熘蛋酪、熘黄菜等50多种菜肴。

任选一个菜系如川菜，由于烹饪方法多，调味复合多样，即使使用普通食材，也可烹制多种美味菜肴。川菜的很多名菜，如回锅肉、鱼香肉丝、宫保鸡丁、麻婆豆腐、水煮牛肉、蒜泥白肉、白煮麻辣肉、毛肚火锅、咕噜肉、酱爆肉等都是人们非常喜欢的菜肴。

中国各地都有各自的名牌小吃与特色食品，如北京的龙须面、小锅头、炸酱面和肉末烧饼等；山东的蓬莱小面、盘丝糕、状元饺等；辽宁的萨其马和马家烧卖等；陕西的羊肉泡馍；广州的点心叉烧包、虾饺、沙河粉；四川的赖汤圆、龙抄手(馄饨)、夫妻肺片、粉蒸肉、马红苕、担担面、火边子牛肉、宜宾燃面、广汉三合泥；江苏淮安文楼的汤包、镇江蟹黄包、无锡小笼包、扬州三丁包等；上海的南翔小笼、排骨年糕、鸡鸭血汤；浙江的宁波汤圆、嘉兴五芳斋粽子等；天津的狗不理包子、桂发祥大麻花、耳朵眼炸糕、贴饽饽熬小鱼、嘎巴菜炸蚂蚁等；山西的小吃花样更多，有金丝一窝酥、麻仁太师饼、天花鸡丝卷等百余种晋式面点，又有荞麦灌肠、大头麻叶、豆面瞪眼、筱面搓鱼、鸡蛋旋笋百余种面类，还有正餐大成的山西面饭、栲栳、滑垒、漂泯曲、油柿子、豆角焖面，奶油烤面、“面人”“面洋”等喜庆礼馍；广东的小吃数以千计，其代表品种有马蹄糕、腊肠糯米饺、煎堆、艇仔粥、皮蛋粥、娥姐粉果等。

另外，我国的特色细点，如北京宫廷御点是中华历代宫廷贵族御用点心的集大成，又以代表满族民族生活特色的满洲饽饽为基础，融合蒙古族“白食”，回民节点和大河上下、大江南北面食糕点长期演化而成。它们用料广泛、面团多样、质量规范、制作精巧，突出吉祥图案，有数百种之多。其中，豌豆黄、小窝头、肉末烧饼、芸豆饼、焦圈、麻蓉包、酥盒子等也是经常可以吃到的。

第四节　烹调工艺学的研究内容

烹调工艺是从人类的饮食需要出发，又对食品卫生、营养、美感三者进行合理控制，使菜肴成为色、香、味、形、质、意、营养俱佳的一门综合工艺。中国的烹饪工艺是以我国传统风味菜点加工为主的一门工艺，是在千百年来众多前辈们不断研究基础上，总结、完善和提高形成的，它已经成为研究菜肴制作原理、方法和程序的一门既有理论、又有实践的学科。

一、烹饪原料的加工及工艺

可食性原料是中国烹饪的物质基础，是烹饪生产加工的对象，是烹饪工艺的起点。因而，要了解可食用原料的品种、产地、产期及质量鉴定方法；要了解可食用原料的结构及配套性质；要了解可食用原料的加工工艺和加工原理，如烹饪原料的选择、鲜活原料的初步加工、动物原料的分档取料、干货涨发等工艺。

(一) 原料的种类和分类

烹饪原料的品种很多，需要加以分类，而分类的方法很多，现代分类方法大致有两种。

(1) 国内分类法，是指将所有可食性原料按不同的原则来划分。按原料的性质可分为动物性原料、植物性原料、矿物性原料等；按加工的不同可分为：鲜活原料、干货原料、复制品原料等。按原料在烹饪中的实际应用可分为：主料、辅料(副料)、调味料等。

(2) 国际分类法，有资源分类和食品群分类两种。资源分类是指按其资源的属性分为农、

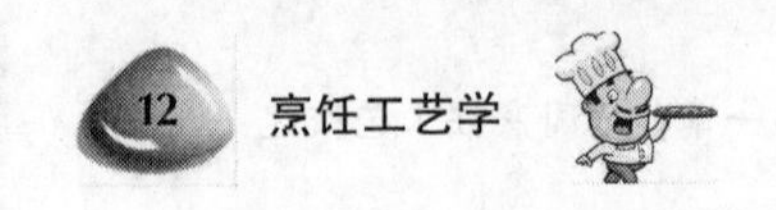

林、牧、副、渔及其他等六类。食品群分类，也称营养分类，各个国家有所不同。如美国将其分为黄色食品(热量素)、红色食品(构成素)、绿色食品(保全素)等。日本则将其分为蛋白质食品、无机盐食品、维生素C食品、糖类食品、油脂食品等。

(二) 常见的动植物原料

1. 常见的植物性原料

植物性原料是以可食性植物为原料，以其构造、营养或食用部分作为分类依据，分为叶菜类、茎菜类、根菜类、果菜类、花菜类和食用菌类。其中的叶菜类是蔬菜中品种最多的一种，由于生长期短，一年四季都有供应。它又可分三类：普通叶菜、结球叶菜和香辛叶菜。

2. 常见的动物性原料

地上跑的、天上飞的、水里游的各种动物，皆可以作为动物性原料。它主要有水产类原料(虾类、淡水鱼类、海水鱼类、蟹贝类等)；禽畜类原料(鸡、鸭、鹅、鸽、猪、牛、羊、兔、蛋类等)。其中每一类都有很多品种，如淡水鱼类中，常用的有青鱼、草鱼、花鲢、鲢鱼、鲤鱼、鲫鱼、鲥鱼、鳜鱼、鳊鱼、刀鱼、银鱼、鳝鱼、河鳗、甲鱼、泥鳅等；常用的海水鱼类则更多，我国约有1 500多种，有经济价值的鱼类有200多种。其中捕捞最多的是大黄鱼、小黄鱼、带鱼、墨鱼、鲐鱼、鲅鱼、鳓鱼、海鳗、鲳鱼、鳕鱼、鲷鱼等。还有众多的贝壳类都是经常使用的烹饪原料。

(三) 原料的初步加工工艺

原料的初步加工包括七个方面：宰杀、洗涤、剖剥、整理、拆卸、干货涨发、初步热处理等，其中重点工序是拆卸、干货涨发和初步热处理三个方面。

1. 原料的拆卸

原料的拆卸是指把动物性原料，按其结构的不同部位、质量，正确地进行拆骨，分档成各种符合烹饪要求的原料。其主要内容是拆卸、分档取料和整料出骨。通过拆卸这道工序可为加工成形创造条件，为细加工提供方便；可以合理使用原料，做到大材大用，小材小用，物尽其用；此保证菜肴的特色，正确用料是保证特色的前提。

2. 干货原料的涨发

为便于运输、储存和调节时令，增加原料的特殊风味，许多动物性原料要将新鲜原料加以脱水制成干货。干货原料用来烹调，首先就须进行涨发，以使原料重新吸收水分，最大限度地恢复原有的鲜、嫩、松、软状态，并除去其所含杂质和异味，供烹调加工食品之用。

干货原料涨发的方法很多，可以有水发(冷水发、温水发、热水发)、蒸发、油发、碱发、盐发、砂发、硼砂发、石灰水发、烤发、火发等。其中，最常用的涨发方法是水发、油发、和碱发。不同的干货，采用的涨发方法不同，如海参以直接水发为主；鲍鱼的涨发方法有两种：硼砂发和水发加碱发；干贝的涨发方法是蒸发；鱿鱼的涨发以碱发为主，但烧碱水发的质量最好；猴头菇的涨发方法有三种：水发、碱水发和石灰水发；竹荪的涨发方法为冷水发；香菇的涨发为温水发等。

3. 初步热处理

初步热处理是指把经过初步加工的原料放入锅中进行初步加热，使原料成为半熟或刚熟的状态，以供正式烹调之用的一道工序。其内容主要有过油、走红、焯水、蒸制和制汤等，重点在焯水和制汤。这道工序是烹调过程中的一项基本功。如果处理不当，会直接影响菜肴的质量。但这道工序对技术要求较高，如果掌握不好，工序不符，则菜肴的质量会受影响。其工序流程如下：

(1) 过油，即油锅热处理，使之成熟或将成熟（半成品），俗称"过油"。

(2) 走红，即把某些有色调味品投入水锅中，再把原料放入锅内加热使其上色。

(3) 焯水，即把经过初步加工的原料放入水锅中加热到半熟或刚熟的状态，随即取出，以备进一步烹调之用。

(4) 蒸制，即汽锅热处理，是指经过切配处理的原料上笼蒸熟或蒸至半熟的方法。

(5) 制汤，即把含蛋白质、脂肪丰富的原料放入水中烧煮，使原料中的可溶性蛋白溶解成为鲜汤的过程。它是一项重要的热处理工艺，是主要的调味品之一。汤的种类很多，可分成奶汤、清汤，如素汤、虾汤、火腿汤、海米汤、三合汤等。

二、烹饪刀工技术的分类及工艺

我国烹饪刀工有着悠久历史。孔子所说的"割不正不食"就是指的刀工技术。中国菜肴讲究色、香、味、形、质、意、营养等，这里的"形"与刀工有着密切关系，经过长期实践，我们的烹饪工作者创造出了独特精湛的刀工技术。根据原料的不同性质，依据不同的烹调方法，运用各种刀法将原料加工成形态整齐、粗细均匀的块、片、丝、条、段、丁、粒、末、丸、茸泥、球等形状的操作过程。

（一）刀工、刀法技术

中国烹饪刀工技术的精细程度早已被世人所称赞。它是烹调过程中的重要工序，是厨师必须掌握的基本功。

刀工是按食用和烹调需要使用不同的刀具运用不同的刀法操作，将烹饪原料或半成品切割成不同形状的技术。目的是对完整原料分解切割，使之成为配制菜肴所需要的基本形状。刀工的基本要求和作用主要有如下几点：

(1) 原料形状规格整齐，方能受热入味均匀。如果粗细不均，厚薄不匀会影响菜肴质量。

(2) 注意根据原料特质下刀，才有利于烹调。比如根据肌的纹理，顺切鸡肉，斜切猪肉或横切牛肉。

(3) 合理用料，根据不同的部位进行加工。

（二）刀法的种类和处理

刀法就是使用不同的刀具将原料加工成一定形状时采用的各种不同的运刀技法，简单地说，刀法就是运刀的方法。刀法是随着人们对各种原料加工的特性认识不断深化和烹饪加工自身的需要发展起来的。由于烹饪原料的种类不同，烹调的方法不同，所以有各种形状的出现，多种形状不可能用一种运刀技法去完成，因此就产生了各种刀法，构成刀法体系。

现行各地运刀的方法、名称和操作技术并不完全相同，但是基本可以分为普通刀法和特殊刀法两大类。其中普通刀法是指使用普通刀具进行的刀工加工的方法；特殊刀法是指使用特殊刀具进行的刀工加工的方法，如食品雕刻。

根据运刀时刀身与砧板平面是否存在角度关系来分，普通刀法可分为标准刀法与非标准刀法两类。标准刀法指刀身与砧板平面（或原料）有一定角度关系的运刀方法，通常根据所成角度的大小可分为直刀法、平刀法、斜刀法和弯刀法四大类。非标准刀法包括所有刀身与砧板

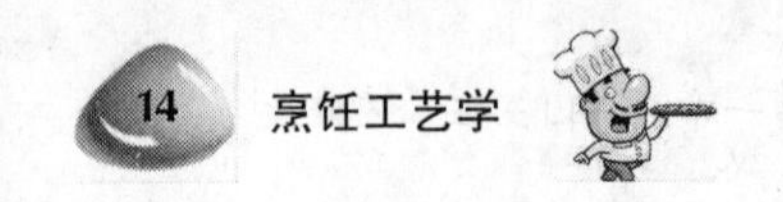

平面不存在规律性角度关系的运刀方法，如剞、起、撬、刮、拍、削、剖和戳等。

三、加热对烹饪原料的影响

原料的成熟过程是加热的过程，烹调离不开加热。所以，热传学在烹调中应用广泛，热的传递需要一定的介质，每种媒介各有其特性，因而对热传递的效果也不尽相同，决定了其在烹调中的运用也不同，由此也产生了各种不同的烹调方法和烹调器具。通过长期实践，人们逐渐认识烹饪原料经合理加热后，其色泽、香味、形态等性状都会发生一系列变化，比如糖的焦化、蛋白质受热后的变性等，都对菜肴的质量有较大影响。

（一）烹饪加热方法原理

食物原料经烹饪加热处理，可以杀菌并增进食品的色、香、味，使之味美且容易被人体消化吸收，提高其所含营养素的利用率。但在运用烹饪加热方法加工食品，食品也会发生一系列的物理、化学变化，使某些营养素遭到破坏，因此运用正确的烹饪方法尽量利用其有利因素提高营养，促进消化吸收，尽量减少营养素的损失。各具特色的烹饪方法丰富了人们的饮食生活，然而对人体健康的影响却迥然不同，应尽量选择对健康有利的烹饪方法，而不要过度追求对口味的嗜好。

（二）烹饪加热方法

1. 以水为主要介质的加工工艺

蒸、煮、炖、焖是利用水及水蒸气作为热的传导介质，温度一般不会超过100℃，营养素的损失较少，而且可使蛋白质充分变性，碳水化合物完全糊化，有利机体的消化吸收；烹饪过程不会产生有害健康的物质，保持原汁原味，是首选的烹饪方法。

2. 以油脂为介质的加工工艺

以油脂为介质的加工工艺大多可获得较高的温度，烹饪出色、香、味俱佳的食物。热炒，用油量少（大量原料入锅后油温就下降了），旺火快炒，时间短，营养素的损失也不大。但当油煎或油炸，油温高达200～300℃时，维生素等营养物质损失极大。过度的加热和很高的含油量使食物不易消化；更为糟糕的是高温油炸时会形成多种杂环胺等胺类化合物；它们在体内有可能转变为致癌、致畸的有害物质，严重影响身体健康。因此油炸食品不宜过多食用。

3. 其他加热工艺

烧烤和烟熏时的不完全燃烧会产生大量的多环芳烃化合物，其中的苯并芘在动物试验中发现有极强的致癌性。食物与火焰或灼热的金属接触也会产生杂环胺，这些都对健康有害，有可能诱发消化道的肿瘤。烧烤和烟熏被认为是不良的烹饪方法，尽量不要采用。此外，腌制似乎不能算是烹饪，只是一种古老的保存食物方法，虽然也提供了别有风味的腌腊食品，但亚硝酸盐含量很高，在体内能转变为亚硝基化合物，有害健康，只可偶尔食之，调换口味。

四、菜肴的形态与组合工艺

人体每天要摄入大量均衡的营养，没有一种原料能提供给人体全面、均衡的营养。为此，在烹调过程中要将各种原料有机、合理组合，以达到人体每天所需的全面、均衡营养。同时，又要通过原料的有机、合理组合，以达到菜肴的色、香、味、形、质、意的完美呈现，供人类享用。当然，对菜品要求不同，其组合的形式也会不尽相同，这就要看人们对菜肴的关注点是突出香、味，还是突出形、质；是突出意境或是营养等，都需要餐饮工作者运用自己综合素养，以达到菜肴最完美的组合。

五、烹饪调和工艺技术

调味是烹调过程中最重要环节之一。把组成菜肴的各种主料、辅料与各式各样调味合理调配在一起，在不同环境、温度等条件下，使之产生一系列理化变化，去其异味、增其香味，使菜肴具有不同的风味。调味过程，不仅可以使菜肴的味发生一系列变化，而且还会对菜肴的颜色、香味、造型、质感、营养产生一系列变化。如拔丝苹果，糖经加热后变性、变色，使菜肴具有特别的风味。所以，研究色、香、味的基本理论，找出其在实践操作过程中的规律，对我们中餐烹饪具有重要意义。

六、菜肴质量要素的评价

在菜肴烹调过程中，菜肴质量肯定是我们最为关注的焦点。然而，如何评价菜肴的质量，这就需要有比较合理、完善的菜肴质量评价体系。能否有效、客观、准确、科学地评价菜肴质量是烹调工艺研究的重要内容之一。

七、菜肴的烹制方式创新

我国烹饪历史悠久，烹饪文化影响深远，需要我们很好地传承传统烹调技术，使之发扬光大。菜肴的烹制工艺是烹调工艺学研究的核心内容，是对传统烹调技术的提炼。随着科学研究的不断深入，新型烹饪食材的不断涌现，高端烹调设备的开发，需要人们不断地丰富和发展新的烹调工艺，这就是我们所说的创新。我们一定要谨记“继承传统和勇于创新”，做好中餐烹饪的传承与发扬。

练习思考题

(1) 简述烹饪和烹调的概念。
(2) 简述清代烹饪文化发展的历史特点。
(3) 中国烹饪菜肴的特色有哪些？
(4) 烹饪工艺学研究内容有哪些？

第二章　烹饪原料的鉴别、选择和初加工

学习目标

通过本章的学习，了解初加工的基本原理，为学习精加工奠定基础；熟悉烹饪原料选择与鉴别的基本方法和一般规律及主要原则；并通过实训操作，掌握各类烹饪原料（植物性原料、动物性原料、水产品原料、干货原料等）初加工的各种方法，以及这些方法在成菜中的作用，以达到初步具备初加工烹饪基本功的能力。

学习重点

（1）掌握烹饪原料的鉴别和选择。
（2）掌握果蔬类、畜类、禽类和水产类等的初加工工艺。
（3）初步掌握干制品原料的涨发和干制品的处理工艺。

第一节　烹饪原料的鉴别

一、烹饪原料鉴别的目的及原则

烹饪原料鉴别是指依据一定的标准，运用一定的方法，对烹饪原料的特点、品种和性质等方面进行判断或检测，从而确定烹饪原料的优劣，保证正确地选择和利用优质烹饪原料，对于发挥原料本质属性、食品安全等均具有重要作用。菜肴烹调原料，包括蔬菜和豆制品、肉类和肉制品、家禽和蛋品、水产、野味、干货、海味和瓜果等。

（一）烹饪原料鉴别的目的

1. 合理选择原料是发挥原料本质属性、保证菜点质量的重要条件

为菜点制作提供合适的原料，可保证菜点的基本质量，有助于形成菜点的风味特色和传统特色。烹调前对烹饪原料的品质进行鉴别，可以正确地选择原料，发挥原料的特点。以提供风味基础（色、香、味、形等），为食物的烹调提供前期的风味准备。合理地选择原料，还可以对原料的组合搭配扬长避短，使烹饪原料得到充分合理地应用，有效发挥烹饪原料的使用价值。

2. 有效满足人体的营养和卫生要求，避免伪劣原料混入膳食

伪劣原料不仅无法保证菜点质量，甚至会导致食物中毒。烹饪原料的好坏与人类的健康甚至生命安全有着密切的关系（微生物、变质、有害物质污染），这也是保障食品安全的前提和

保证。在烹调食物时对原料的鉴别和选择,也可以促进烹调工艺的全面发展和逐步完善,使食品制作更具科学性和合理性。

(二)烹饪原料鉴别的原则

烹饪原料种类繁多,不同种类的烹饪原料因其形态结构、化学成分和物理性质的不同,在烹饪过程中运用的方法也有所不同。烹饪原料的合理选择对保证烹饪产品的质量和特色具有重要意义。从烹饪科学角度而言,烹饪原料的合理选择主要考虑选料的广泛性、严格性、针对性、互补性和补养性。其鉴别原则:①充分考虑菜品的质量要求;②充分考虑各种原料的性质,发挥原料固有的特点和效用。

二、烹饪原料鉴别的方法

对烹饪原料鉴别的方法主要有三种:感官鉴定、理化鉴定和生物鉴定。就原料的选择鉴定而言,则以感官鉴定为主。感官的鉴别选择就是凭借人体主要感觉器官,对食物的质量状况做出客观评价。理化鉴定和生物鉴定就是通过仪器设备和化学试剂等手段对原材料做出科学分析和鉴定,以达到精准分析、标准化制作的目的。

(一)感官鉴定

感官鉴定就是凭借人体自身的感觉器官,对食品的质量状况做出客观的评价,也就是通过眼睛看、鼻子嗅、耳朵听、口品尝和用手触摸等方式,对食品的色、香、味、形进行综合性的鉴别和评价。具体见表 2-1。

表 2-1　感官鉴定

鉴定方法	鉴别内容	判断原料的品鉴质	鉴 定 实 例
视觉检验	原料的形态、色泽、清洁程度	判断原料的新鲜程度、成熟度及是否有不良改变	新鲜蔬菜的茎叶挺直、脆嫩、饱满、表皮光滑、形状整齐,不新鲜蔬菜的茎叶干缩萎蔫、脱水变老
嗅觉检验	鉴别原料的气味	判断原料是否腐败变质	核桃仁变质后产生哈喇味,西瓜变质带有馊味
味觉检验	检验原料的滋味	判断原料品质的好坏,尤其是调味品和水果	新鲜柑橘柔嫩多汁,滋味酸甜可口,受冻变质的柑橘绵软浮水,口味苦涩
听觉检验	鉴别原料的振动声音	判断原料内部结构的改变及品质	根据手摇鸡蛋的声音,确定鸡蛋的品质好坏;检验西瓜的成熟度
触觉检验	检验原料的重量、弹性、硬度	判断原料的质量	根据鱼肉质的硬度和弹性,可以判断鱼是否新鲜

(二)理化鉴定

烹饪的理化鉴定是指利用仪器设备和化学试剂对原料的品质好坏进行判断。其鉴定方法可分析原料的营养成分、风味成分、有害成分等。理化鉴定的结果比较精确,能具体而明确地分析原料的成分和性质,做出原料品质和新鲜度的科学结论。如猪肉中是否含有"瘦肉精"(盐酸克伦特罗);水发烹饪原料的鱿鱼、黄管、牛肚、蹄筋、鸭掌是否用甲醛溶液(福尔马林)浸泡过;白砂糖、粉丝、腐竹是否添加了"吊白块"(甲醛次硫酸氢钠);甲鱼是否使用激素饲养(已烯雌酚),蔬菜中是否有残留农药等。因此这种方法在食品加工过程中使用较多。

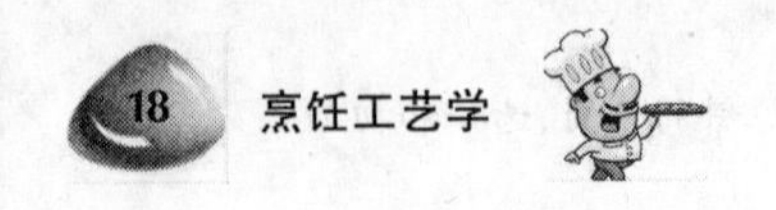

（三）生物鉴定

生物鉴定主要是测定原料中有无毒性成分。此法是借助于显微镜进行微生物检测，有时还会使用小动物进行毒理实验。因这种生物监测方法对烹饪原料的鉴别是科学、有效的，因此常使用于食品加工的过程中。但此种鉴别方法对于检测的场地、器材的精确度等要求比较高，要求检测人员具备一定的专业知识与技能。

三、烹饪原料感官鉴别的内容

对烹饪原料进行感官鉴别是食品卫生和卫生监测中最常用的方法，与其他鉴定方法同样具有法律上的效应。感官鉴定的主要内容是通过对食材自然属性，即原料的色泽、质地、部位、气味、成熟度、完整度等方面进行选择与鉴定，从中区分原料品种和等级。具体鉴别主要有如下几种：①区分优质、次质的烹饪原料品种，如新鲜猪肉、变质猪肉的鉴别；②原料的等级及质量鉴别；③加工制品的质量鉴别；④名贵原料的鉴别；⑤常见劣质原料的鉴别；⑥动物原料健康肉与病死肉的鉴别；⑦掺假原料的鉴别；⑧有毒害性原料的鉴别；⑨原料的真假鉴别；⑩同类原料的品种鉴别等。

四、烹饪原料感官鉴别方法

（一）畜肉类

畜肉及肉制品的鉴别主要通过畜肉类的颜色、弹性、气味、清洁等几方面进行。新鲜的肉及肉制品，可根据具体情况进行必要的选择。对稍不新鲜的原料一般不限制选择，但选择之后要尽快用完；对有腐败气味的原料要高温处理后再用。在此以猪肉感官界定为例，进一步说明（见表 2-2）。

表 2-2　猪肉感官鉴定表

鉴别内容	新鲜度	感官性状
外观	新鲜猪肉	表面有一层微干或微湿的外膜，呈淡红色，有光泽，切断面稍湿；不沾手，肉汁透明
	次鲜猪肉	表面有一层风干或潮湿的外膜，呈暗灰色，无关泽，切断面的色泽比新鲜的肉暗，有黏性，肉汁混浊
	变质猪肉	表面外膜极度干燥或沾手，呈灰色或淡绿色；发黏并有霉变现象，切断面也呈暗灰色，很黏，肉汁严重混浊
气味	新鲜猪肉	具有鲜猪肉正常的气味
	次鲜猪肉	在肉的表面能嗅到轻微的氨味，酸味或酸霉味，但在肉的深层却没有这些气味
	变质猪肉	腐败变质的肉，不论在肉的表层还是深层均有腐臭气味
弹性	新鲜猪肉	新鲜猪肉质地紧密且富有弹性，用手指按压凹陷后会立即复原
	次鲜猪肉	肉质比新鲜肉柔软，弹性小，用手指按压凹陷后不能完全复原
	变质猪肉	组织失去原有的弹性，用手指按压凹陷
脂肪	新鲜猪肉	脂肪呈白色，具有光泽，有时呈肌肉红色，柔然而富有弹性
	次鲜猪肉	脂肪呈灰色，无光泽，容易沾手，有时略带油脂酸败味和哈喇味
	变质猪肉	脂肪表面污秽，有黏液，常霉变呈漆绿色，脂肪组织很软

（续表）

鉴别内容	新鲜度	感官性状
煮沸后的肉汤	新鲜猪肉	肉汤透明、芳香，汤表面聚集大量油滴，油质的气味和滋味鲜美
	次鲜猪肉	肉汤浑浊，汤表面浮油滴较少，没有鲜香的滋味，尝略有轻微的油脂酸败和霉变气味及味道
	变质猪肉	肉汤极混浊，汤内漂浮絮状的烂肉片，汤表面几乎无油滴，具有浓厚的油脂酸败或显著的腐败臭味

（二）禽肉类

对家禽类食物的鉴别主要通过放血、切口、皮肤、脂肪、肌肉组织等的内容进行鉴别，对肥度、新鲜度等通过感官性质判断原料的优劣程度。在此以禽鸡为例做进一步说明（见表 2-3）。

表 2-3　禽肉感官鉴定表

鉴别内容	类　别	感官性状
放血切口	健禽肉	切口不整齐，放血良好，切口周围组织有被血液浸润现象，呈鲜红色
	死禽肉	切口平整，放血不良，切口周围组织无被血液浸润现象，呈暗红色
皮肤	健禽肉	表皮色泽微红，具有光泽，皮肤微干而紧缩
	死禽肉	表皮呈暗红色或微青紫色，有死斑，无光泽
脂肪	健禽肉	脂肪呈白色或淡黄色
	死禽肉	脂肪呈暗红色，血管中淤存有暗紫红色血液
胸肌腿肌	健禽肉	切面光洁，肌肉呈淡红色，有光泽，弹性好
	死禽肉	切面呈暗红色或暗灰色，光泽较差或无光泽，手按在肌肉上会有少量暗红色血液渗出

（三）水产类

水产品的感官鉴别性质主要从原材料本质属性及特征展开。新鲜的水产品均可用，但对黄鳝、甲鱼、乌龟、河蟹及贝类均应选鲜活的，死亡的均不可用。次鲜水产品或次质水产品选择后应立即使用。在此以海参为例做进一步说明（见表 2-4）。

表 2-4　鉴定表

海参类别	感 官 性 状
良质海参	身体大，个头整齐均匀，干度足（水分在 22%以下），水发量大；形体完整，肉肥厚，肉刺齐全无缺损；开口端正，膛内无余肠和泥沙；有新鲜光泽
次质海参	个头均匀整齐，干度足（水分在 22%以下），参肉稍薄，个别有化皮现象，肉刺稍有缺损，泥沙存留较少
劣质海参	个头不整齐，参肉瘦，有化皮现象

（四）蔬果类

由于蔬果类原料的色素一般不太稳定，受遇光、遇热等外界条件影响后容易变色。首先，观察是外观形态，新鲜的原料外观应该饱满、无干瘪、无破裂的现象；其次，可以从手感上进行判断；还有些蔬菜类原料需要进行泡发后观察其品质。综合上述的一些特点，对其进行感官鉴

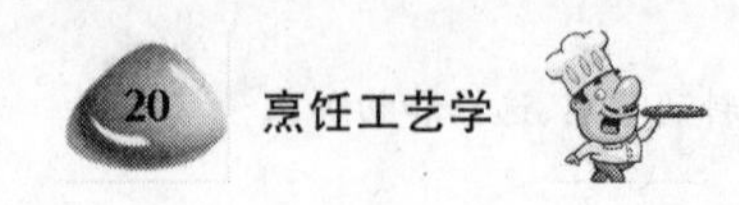

定，从色泽、手感、口味、泡发程度的特性判断其新鲜程度，从而判断其是否可以用于烹饪。在此，以木耳为例做进一步说明(见表 2-5)。

表 2-5 木耳感官鉴定表

鉴别内容	类 别	感官性状
外观色泽	正常木耳	褐色或黑色，平滑，外面呈淡褐色，而且有柔软短毛。组织纹理清晰，干品呈松散状
	掺假木耳	内外颜色灰暗，质地酥，易潮解，组织纹理不清晰，干品结团
手感	正常木耳	用手抓木耳放于掌心掂量，感到木耳体轻柔和
	掺假木耳	用手抓木耳放于掌心掂量，感到木耳扎手且发沉，同一重量，掺假的比未掺假的数量明显减少
口味	正常木耳	用手指捏木耳少许，用舌轻舔，没有异味
	掺假木耳	舌舔有异味则说明掺了假，掺盐的发咸，掺糖的发甜，掺矾的发涩，掺卤的发苦，挂锅底灰的有烟油味，掺砂的则硌牙感
泡发	正常木耳	浸泡后涨发性很强，色泽较淡，肉质肥厚，弹性强，表面有湿润的黏液，品尝有独特的香味
	掺假木耳	涨发性很强，肉质软而无力，弹性差(甚至没弹性)，并可能有糟烂现象

第二节 烹饪原料的选择

烹饪原料的选择即食材的选料，是指烹饪工作者在对烹饪原料进行初步鉴定的基础之上，为使其更加符合食用和烹调要求，对原料的种类、品种、品质、部位、卫生状况等多方面的综合挑选过程。

一、烹饪原料的选择与鉴别的关系

烹调工艺中首道工序就是选择原料，原料的选择是否合理，不仅影响菜品的色、香、味、形，还影响人的身体健康以及菜品的成本控制。合理选择原料的前提是能否识别原料、鉴别原料。高质量的烹饪原料是高质量菜品的基础。而烹饪原料选择的目的就是决定烹调方法和为菜点制作提供优质原料。烹饪原料的鉴别是选择的基础，只有在对烹饪原料进行鉴别的基础上，才能选择出最为合适烹饪要求的原料。

二、烹饪原料的选择方法

烹饪原料的选择大致分为三个层次：首先，确定原料能否作为烹饪的原料；其次，在选定烹饪的原料之后以何种方法烹调，才能发挥原料的优点，或者说，根据菜肴的要求，选择什么样的原料才能保证菜肴的质量；最后，原料的选择还要符合民俗风情以及宗教信仰等人文社会因素。

(一) 烹饪原料辨别

能否作为烹饪原料，根据可食性，将原料分成两类：可食用原料和不可食用原料。所有的动植物原料必须同时具备以下四个条件，才能列入烹饪原料：①保证食用的安全；②不是假冒伪劣原料；③不是野生动植物原料，尤其是受法律法规保护的野生动植物；④必须具有营养价值。

（二）烹饪原料选择

依据菜肴的要求选择烹饪原料，主要包括四个方面：①根据种类、产季、部位、产地等选择烹饪料；②选料与烹饪方法相适应；③形态必须完整，色彩鲜艳有光；④原料一般以鲜活为佳。

（三）依据人文社会因素选择烹饪原料

①主要依照人体需要和健康状况进行选择；②根据不同的民族风情进行选择。以鱼为例，说明选择原料的三个层次，如图 2-1 所示。

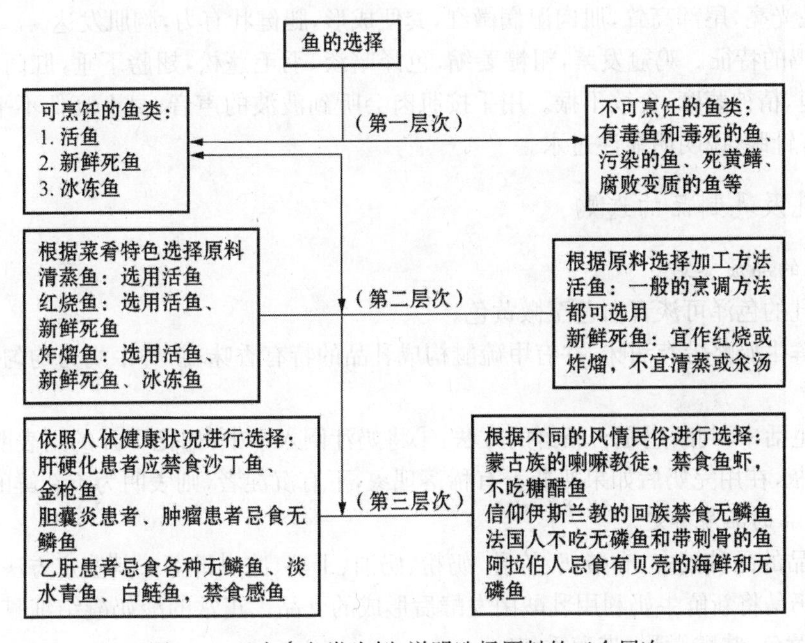

图 2-1 以水产鱼类为例，说明选择原料的三个层次

三、常用烹饪原料选择的规律

（一）肉类原料的选择

肉类原料的选择，首先，要注意原料的新鲜度；其次，注意选购原料的品种和产地，这也是影响肉类品质的主要因素之一。

1. 生鲜肉类品质的检验和选购

(1) 肉色。生鲜肌肉的颜色及是否保持相对稳定，是否发生变化，是判断肉品质量和新鲜度的重要指标之一。新鲜肉的表面呈红色，有光泽，而不新鲜肉的表面呈暗灰色，无光泽。

(2) 肉品的弹性。肉品的坚实度和有无弹性，是肉品新鲜度的重要指标之一。新鲜肉的弹性好，用手指按压后立即复原，肉的表面不黏腻；不新鲜肉无弹性，用手指按压后不能复原，并有较多黏液。

(3) 肉品的气味。新鲜肉的气味正常，而不新鲜肉能闻到腐臭味。

(4) 肉品是否黏腻。新鲜肉的表面不黏腻，肉汁透明；而不新鲜肉表面黏腻，肉质浑浊。

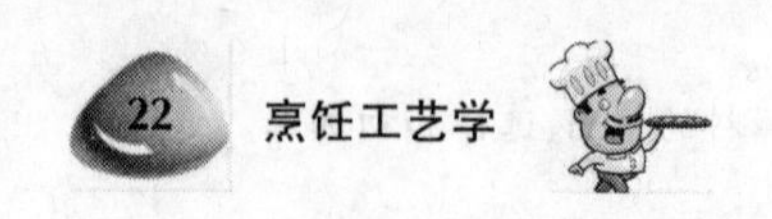

如生鲜家畜肉类质量标准,可分新鲜肉、次鲜肉、变质肉、冷冻肉、解冻肉、再冻肉等。新鲜肉的色泽红润,肌肉有光泽,脂肪洁白;外表微干或微湿润,不黏腻;指压后凹陷立即恢复;气味正常,肉质灰绿色,肉汤透明,脂肪团聚于表面,有香味。

变质肉的肌肉无光泽,脂肪灰绿色,外表湿润、黏腻,指压后凹陷不能恢复有明显痕迹;气味不好,有臭味,肉汤浑浊,有絮状物。

2. 生鲜家禽肉类的检验和选购

活禽品质检验,一般采取感觉鉴定法,其品质主要按其健康状况所表现出来的外部特征来划分。

(1) 健康鸡的特征。冠及肉垂色泽鲜艳,冠挺直,眼有神,行动敏捷,嘴紧闭,干燥无涎,两翅紧贴,羽毛光亮,尾部高耸,肌肉湿润微红,粪便成形,腿健壮有力,胸肌发达。

(2) 病鸡的特征。鸡冠发紫,粗糙萎缩,色泽暗淡,羽毛蓬松,翅膀下垂,肛门羽毛带有稀便,胸肌清瘦,精神萎靡,食欲不振。用手按肌肉会听到波波的声音;身上高低不平,象有肿块似的;周围有针眼,说明明显注过水。

(二) 乳及乳制品的选购

1. 牛乳的品质鉴定

(1) 牛乳的色泽可淡青白色至微黄色。

(2) 新鲜牛奶略带有甜味,并有甲硫醚构成乳品的特有香味;新鲜牛奶为均匀的液体无沉淀,不含杂质。

(3) 在生活中,判断奶是否新鲜的方法:①将奶汁倒入水中,如化不开的则表明是鲜奶;②装满奶的奶瓶,在用完奶后如果奶瓶上有稀落现象,下有沉淀者,则表明为不新鲜的奶。

2. 乳制品的品质鉴定

牛乳制品的品种繁多,有酸奶、炼乳、奶粉、奶油、干酪、冰淇淋等。其鉴定方法如下。

(1) 酸奶是将新鲜牛奶利用乳酸菌发酵后形成的乳品。正常的酸奶凝结细腻,无气泡,色白或略带浅黄色,味酸微甜,带醇香气味。

(2) 炼乳是将牛奶浓缩到原体积的40%左右而制成,故又称浓缩牛奶。据其是否加糖可分为淡炼乳和甜炼乳两种。淡炼乳当均匀有光泽的淡奶油色或乳白色,黏度适中无脂肪上浮,无凝块,无异味;甜炼乳呈匀质的淡黄色,黏度适中,在24°左右角度倾倒时可成线状或带状流下,无凝块,无乳糖结晶沉淀无霉斑,无脂肪上浮,无异味。

(3) 奶粉的质量一般而言以不结块,颜色为白色或略微黄为优质奶粉。

(4) 其他乳制品:

① 稀奶油。在食品工业中称为"稀奶油",而在餐饮行业中常称为"奶油",它是指"纯度比较高的黄油",其色泽略带淡黄色,呈半流质状态,在低温下较稠,加热后可熔为液态。稀奶油以气味芳香纯正,口味稍甜,细腻无杂物,无结块者为佳品。

② 奶油。在烹饪中常称为"黄油""白脱油""牛油"等;在食品工业中称为"奶油"或"乳酪"。优质奶油包装开封后仍保持原形,没有油外溢,表面光滑;透明呈淡黄色,有特殊芳香;用刀切时,切面光滑,不出水滴。而劣质奶油则变形,油外溢,表面不平,偏斜和周围凹陷,有酸味、臭味等。选购时还需注意冷藏温度和贮存时间。

③ 干酪。干酪又称奶酪,"吉司""芝司"等。它是将牛奶、羊奶或混合奶等鲜乳经杀菌后,

在凝乳酶的作用下使其中的蛋白质凝固形成凝乳，再经过加热，加压成形，在微生物和酶的作用下发酵熟化制成的一种乳制品。干酪的种类很多，全世界有一千多种，优质干酪呈白色或淡黄色，表皮均匀细落，切面均匀致密，无裂缝和硬脆现象，有小孔，切片整齐不碎，有特殊的醇香味，微酸。

（三）蛋及蛋制品的选择

1. 禽蛋的品质检验

一般采用感官鉴定的方法，即通过视觉、听觉、触觉等方法检验蛋品的品质。

(1) 鲜蛋外壳无花斑，表面粗糙似粉状，没有光泽；如果表面发亮，变暗，有裂纹等。则为次品。

轻摸发涩，手感发沉为正品；如果手摸发光，手感轻飘，则为次品，如果将蛋品对着光照，横竖都呈透明，且没有黑点，打开后，蛋白浓厚，透明，黏而有光泽，蛋黄呈球形，或者扁球形，颜色不一，说明该蛋品比较新鲜，如果蛋白稀薄、蛋黄扁平，表明蛋品的新鲜度较低。

(2) 裂纹蛋的蛋壳有裂纹，外界的微生物容易侵染，蛋内的水分容易蒸发，因此，蛋品很快会变质，应及时拣出。

(3) 散黄蛋一般可以使用，但由于微生物侵染而造成的蛋黄膜破裂，如伴有浓重的臭味，则不能食用。

(4) 霉蛋气味大，壳上有灰褐色或黑色霉斑，打开后蛋壳膜呈黑色，轻者因霉菌尚未深入蛋白中，还可以食用；重者因霉菌遍及全蛋，有异味，不可食用。

(5) 黏壳蛋。由于长时间贮存，而又没有翻动所引起的鲜蛋的变化，称为靠黄蛋。如继续发展下去就形成黏壳蛋(又称红贴皮蛋)。该蛋的蛋白稀薄，蛋黄膜韧性变弱，蛋黄系带弹性降低，使蛋黄上浮贴在蛋壳，蛋品的质量下降。

黏壳蛋蛋黄与蛋壳接触处呈黄色，还可以食用；但如发现其颜色呈黑色，蛋壳表面有黑斑，有异味，则表明蛋已变质不可食用。

2. 蛋制品的品质检验

蛋制品是以新鲜禽蛋为原料，经加工后制成，主要品种有皮蛋、咸蛋、糟蛋、卤蛋和醋蛋。

(1) 皮蛋又称松花蛋、彩蛋、变蛋，是将新鲜鸭蛋用烧碱、食盐、石灰、茶叶和香料等腌制加工制成的蛋制品。

鉴定皮蛋质量好坏，主要看如下几点：皮蛋外面都裹有泥和砻糠，凡砻糠颜色金黄、鲜润，其质量都较好；以外壳灰白色，无黑斑，无裂纹为好；将皮蛋放在手掌中掂一掂，感触颤动大的，质量好，反之就差；将皮蛋摇动，无响声则好，有声音则差。值得注意的是，皮蛋不能在冰箱中贮存，只要把其装进塑料袋密封，置于阴凉的地方，随吃随取。

(2) 咸蛋又称腌蛋、盐蛋，是将新鲜鸭蛋用食盐腌制而成的蛋制品。鉴定咸蛋蛋制品的好坏，主要有如下几点：咸蛋外裹泥完整，无霉变，去泥后色泽白或灰白，有透明感；蛋壳光整无裂纹，手摇有振动感；在灯光下透视蛋黄呈鲜红色，蛋白透明清澈，蛋黄靠在一边，则为优质咸蛋，相反则为劣质咸蛋，应禁用。

(3) 糟蛋是以鸭蛋或鹅蛋为原料，用酒、食盐、醋等腌渍而成的蛋制品。糟蛋以浙江平湖产最著名，其蛋壳柔软，蛋色晶莹，蛋白呈乳白色的胶冻状，蛋黄呈橘红色半凝固状，香味浓郁，滋味醇美，沙甜可口，回味无穷。

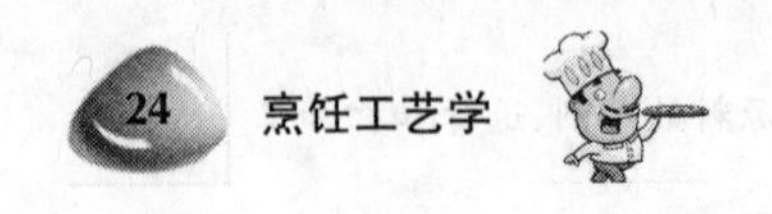

(四) 水产类原料及其加工性原料的选择

选购水产类原料，一般视具体原料的品种而定，相同原料还必须注意其品种、产地、产期和品质等特性来选购。

1. 生鲜水产类原料的选择

生鲜水产类包括两栖类(鸟类，哺乳类等)、爬行类(鳖，金龟，蛇)、鱼类、贝类、虾蟹类等。本节，以鱼类原料的选择为例加以说明。

(1) 鱼类品种和产期的选择。鱼类原料的选择必须注意原料的产期和品种，不同品种的鱼类品质和价格差距较大。如一些名贵鱼类的品质和价格远高于一般鱼类。相同鱼类则因地产不同，其品质和价格也有一定的差别。如鲫鱼，海里产的和长江下游产的品质和价格相差较大。同一品种同一地区的鱼类，应注重鱼类的产期。如清明刀鱼、端午鲫鱼、六月黄鳝、立秋鲈鱼等。

(2) 鱼类原料的品质检验(见表2-6)。在实践中一般采用比较直观的感官鉴定方法进行鉴定，由于鱼类是一种比较容易变质的原料，因此，在烹饪中常采用鲜活鱼类制作菜肴。对于少数生鲜和冷冻鱼类，则必须严格鉴定其新鲜度，并加以妥善保管。

表2-6 鱼类原料品质特征

分类项目	优良品质特征	劣等品质特征
活鲜	活鱼放在水中往往游在水的底层，鳃盖起伏均匀地呼吸。稍次一点的活鲜鱼，常用嘴贴近水面，尾部下垂，游在水上层	漂在水面上的鱼为即将死去的鱼
鲜鱼	鲜鱼，嘴紧闭，口内清洁无污物；鳃色鲜红、洁净、无黏液和异味；眼睛稍凸，眼珠黑白分明，眼面明亮、无白蒙；鱼体表面黏液洁净、透明，略有腥味；鱼的肉质硬实，并富有弹性，鳞片紧贴鱼身	不新鲜的鱼，嘴黏；鳃盖松弛，色由红变暗变灰；黑眼珠浑浊，有白蒙，逐渐下榻；鱼身失去光泽，黏液增多，黏度较大，出现黄色，腥臭味浓；鱼体变松软，肉质缺乏弹性
冻鱼	质量好的冻鱼，鱼鳞完整，色泽鲜亮，肌体无残缺；眼球凸起，角膜清亮；肛门完整无裂，外形紧缩不凸出	质次者鱼鳞脱落，皮色暗淡，体表不整洁，有残缺；眼球下陷、没有光泽、浑浊，并有污物。体内不新鲜胀气，导致肛门松弛、突出，甚至腐烂有破裂

2. 加工性水产品的选择

(1) 鱼类制品选择。鱼类制品主要有盐腌和干制两大类，大多是海鲜鱼类. 盐腌鱼品的质量常与食盐的质量、用量以及腌制时间有关。食盐质量的好坏，直接影响鱼制品的质量和风味，一般以含氯化钠在96%左右为理想用盐；其次是食盐的用量，一般是鲜鱼重量的25%～30%，同时腌制的时间也很关键，时间过短达不到腌制的目的；过长会使鱼脱水过度，蛋白质变性程度高，脂肪组织的氧化程度会过高，并产生过多的过氧化物，从而使鱼肉的组织变得松散、干缩，鲜香全无，并有哈喇味，情况严重的，不能使用。

干制品常见的有淡干制品和咸干制品两种，淡干制品质量较好，含水量较低，较容易保养；而咸干品，因含盐分有吸湿作用，在贮存中较容易吸收水分，故含盐量较高，贮存时间较短，且难以保管。由于鱼类干制品、盐腌品容易产生油烧和干湿现象，所以干制品在贮存过程中应注意控制贮存的温度和湿度。

表 2-7 加工性水产品原料品质特征

品种	特 性	产 地	品 质 特 征
鱼翅	由鲨鱼和鳐鱼的鳍或尾端部分经加工而成的海味品	鱼翅在我国主要产地为广东、福建、浙江、山东及台湾等省	鲨鱼翅又因其背鳍、胸鳍、臀鳍和尾鳍皆可加工成鱼翅，并且质量各不相同，鲨鱼翅的品种常以鱼鳍生长部位划分，有勾翅、脊翅、翼翅、荷包翅之分；鳐鱼翅是由尖齿锯鳐和犁头鳐的鳍加工干制而成的鱼翅。鱼翅质量以干燥、色泽淡黄或白润、翅长、清净无骨的为优质品
鱼肚	由大型海鱼鳔，经漂洗加工晒干制成的海味品	主要产于我国浙江沿海（舟山群岛一带，如温州、岱山、象山等）、福建沿海、广东沿海、海南岛以及广西北海等地。我国各地的鱼肚产期有所不同，每年5～10月均有生产	鱼肚的品质特点与品种有着密切的联系，依其加工所用鱼类不同，鱼肚可分为黄唇鱼肚、鲟鳇鱼肚、毛常鱼肚、黄鱼肚、鮸鱼肚，常鱼肚和鳗鱼肚等；从质量上来说，黄唇鱼肚、鲟鳇鱼肚、毛常鱼肚和鮸鱼肚质量最好；黄鱼肚和鳗鱼肚质量稍次。鱼肚的质量以身干，体厚，片大，整齐，色泽淡黄或金黄透明者为上品
鱼皮	鲨鱼皮加工制成的	我国主要产区是福建省宁德、蒲田和龙溪，广东省的烟台和辽宁省的大连等地区	从加工部位区分，以鲨鱼腹部皮加工而成的鱼皮，片大胶厚，质量好。一般来说鱼皮的质量以皮面大，肉面洁净，色泽透明洁白，外面不脱沙，无破孔，皮色泽光润，呈灰黄、青黑或纯黑，皮厚实，无咸味者为上品，鱼肚的加工每年4～12月均有生产
鱼唇	用鲨鱼吻部周围的皮及所连软骨加工而成的名贵海味品	生产于山东和福建等沿海地区，每年农历三月至十一月均有生产	鱼唇的质量以色泽透明、唇肉少、皮质厚，骨及杂物少、干度适宜、无虫蛀者为上品；唇肉多，骨多，色泽透明度差，体软，干度不够或干燥过度，有虫蛀质变的质量较差
鱼骨	用鲨鱼或鲟鱼之头部软骨组织经加工干制而成	主要产于辽宁、山东、浙江和福建等沿海地区，每年农历三月至五月为加工生产的主要时期	鱼骨，其形状有圆有扁。每块大者重约50～100克，小者重约5～10克；品质好的鱼骨具有色泽金黄、质地明亮或半透明、油性大、干燥柔软、无外骨等特征。色泽发红或发黑，质地不明亮，油性较小的质量较差；鱼骨色泽发红发黑的原因主要是加工不及时，又经暴晒的结果
鱼子	鱼卵的腌制品和干制品的通称	主要产于黑龙江、四川等地	红鱼子，又称鲑鱼子，是用大马哈鱼的卵加工制成的，呈颗粒状，形似赤豆，衣膜已脱离，外表附黏液层，呈半透明状，色鲜红，故俗称“红鱼子”；黑鱼子，是用鲟鱼和鳇鱼的卵加工而成的，呈颗粒状，形似黑豆，包裹一层衣膜，外附着一层薄薄的黏液层，呈半透明状，黑褐色，故俗称“黑鱼子”；青鱼子，又称鲱鱼子，是用鲱鱼的卵加工而成的，体型较小，颜色泛青，故俗称“青鱼子”
咸鳓鱼	其制品花样很多，有糟醉鳓鱼、酶香鳓鱼、五香鳓鱼、油浸鳓鱼等	主要产于浙江沿海	咸鳓鱼的质量要求体形完整，鳞片完整，体色灰白有光，鱼肉结实，气味清香，食盐量不超过18%，以鲜咸适口为佳

（续表）

品种	特 性	产 地	品 质 特 征
咸鲐鱼	咸鲐鱼常见的品种有雪片、鲐鱼片、鲐鱼滚、背开口鲐鱼滚等四种	各地沿海均有生产	咸鲐鱼的品质以原料新鲜，体形完整，刀口光滑平整，肉质坚实，体壮肥，肉质鲜红，表面花纹清晰可辨，无杂物，有正常盐香味，咸淡适口，盐量不超过18%为上品
鳗鲞	用海鳗经盐腌后风干而成的产品	主要产于浙江沿海	风鳗品质以个体大，肉质厚，表面干燥没有潮湿感，鱼体硬实，味道清香没有哈喇味，肉质红润为好
大黄鱼鲞	用大黄鱼经盐腌后风干而成的产品	浙江、福建和广东等省著名的鱼制品	大黄鱼鲞的品质以刀割正确，刀口平整，尾弯体圆，鱼肉紧密，肉质颜色淡黄，清洁，干燥，含盐量不超过15%为上品
比目鱼干	大部分是用比目鱼类中的鲽鱼加工干制而成的	各地沿海均有生产	比目鱼干的品质以体型完整，肉质新鲜，有光泽，肉色白色或淡褐红色，咸淡适中，干湿均匀适中，味道清香没有异味者为上品

（五）粮食与粮食制品选择

粮食类的谷物是中国主要的获得能量的来源，是烹饪中的主食，应用范围最广泛。粮食制品主要包括谷物制品、豆类制品和淀粉制品，餐饮行业中使用粮食类原料主要用于产品的生产和作为菜肴加工的辅料，品种包括谷类原料及其制品，豆类品及其制品等。

1. 谷物原料的选择

谷物原料大多为加工型原料，选购时须从加工后的品质鉴定着手，一般要求颗粒分明，均匀完整，无发霉，无杂质异物等。下面选择一些谷物类原料加以说明。

(1) 大米的选购。稻米的品质，一般要看粒形、新鲜度、腐败等指标。优质稻米，粒形整齐均匀，碎米和爆腰米含量少，未成熟米粒、病斑米粒和其他杂质占比很少。其次，稻米的新鲜度是衡量其品质的重要指标。新鲜的稻米有光泽，米糠少，虫害杂质少，米粒完整，有透明感，味道清香。煮成米饭后，黏性好，润滑而有光泽，饭香扑鼻。陈米则因储存时间较长，品质下降，颜色发暗，米粒透明度差，米糠和杂质多。又因气候条件的变化，易发生受潮、发霉、出虫等现象。陈米一般缺少清香味，涨发性高，煮成米饭黏性小，口感较差。再次，要看稻米的腹白（稻米粒上呈乳白色不透明的部分），带有腹白的米粒吸水率低，出饭率低，易出碎米，蛋白质较少。因此，米粒腹白是衡量稻米品质的另一个重要标准。优质的稻米透明度高，腹白米粒低。

另外选购大米时应该考虑大米的品种和规格，不同品种的大米，因种子、气候、土壤和管理的不同，其品质有着明显的区别（详见表2-8）。

表2-8 大米品质特点

品种	产 地	品 质 特 征
齐眉米	广东省的三水、番禺、增城等县，尤以南海和东莞出产的最佳	米质坚实，出米率高，碎米少，色泽油白，透明光亮，煮粥焖饭味香宜人，入口清香，嫩润绵软，素有“米王”之称
精小站	主要分布于天津市郊区小站和宁河县等	米粒外形椭圆，色白光润，米粒饱满，油性大，米质坚半透明，品质优，是我国稻米中著名的粳米品种

（续表）

品种	产　　地	品 质 特 征
黑米	产于陕西洋县	外皮墨黑，质地细密。煮食味道醇香，用其煮粥，黝黑晶莹，药味淡醇，为米中珍品，有“黑珍珠”之美称
紫米	仅产于云南思茅和西装版纳地区	紫米有皮紫内白非糯性和表里皆紫糯性两种。米粒细长，表皮呈紫色，俗称“紫珍珠”，素有“米中之极品”之称
蒸谷米	稻谷经过热水浸泡（一般水温为74～76℃），再经蒸煮，干燥后碾制而成的米称为蒸谷米	米粒质坚实，碎米率低，出米率高。色、香、味和营养成分，能够充分渗透米的表层进胚乳，而且大米的胚芽完整无缺，具有营养全面，米粒整齐，久放不易霉变，煮饭不混汤，口感好，并且易消化等特点
精制米	挑选的优质稻谷。在研磨加工时，利用碾磨时产生的高温，注入水，通过机械动作充分扩散、汽化，使米粒表层淀粉受到汽化膨胀，近似糊化，形成角质薄膜，达到洁净、光滑、明亮、晶莹的外观色泽	米粒形瘦细短，淀粉组织微密，角质里很多、透明度高、白嫩细洁、光亮透明、清香溶口、易于消化

(2) 谷物类制品的选择。主要包括米线、米粉、面筋等。对米粉品质的要求是干磨粉要求粉质干燥、吸水性强、易于保存、使用方便，但粉质较粗，色泽较次。湿磨粉要求粉质较细，吃口软滑，色泽洁白，品质好，但储存性较差。对米线的要求是韧性好、不易断条。对面筋的要求是色泽灰白，有弹性。对烤麸的要求是色泽橙黄，松软而有弹性，质地多孔，呈海绵状。对油面筋的要求是色泽金黄，中间多孔而酥脆，重量轻，体积大。

(3) 面粉的选择。面粉的质量一般以加工精度来衡量，选购时要注意面粉质的细腻程度和精度。此外，对包装面粉应保持包装完整，粉质无发霉、潮湿，色泽乳白，无杂质等特点。

2. 豆类原料的选购

近年来，豆类原料作为绿色食品和保健原料逐步被大家所重视，因而餐饮业对豆类原料的选择日益重视。一般在选购时，多从豆类的品种、规格、新鲜度等方面进行考量。同时，豆制品原料以其特殊的工艺有着不同的特性，保存及使用中也需要特别地对待，多加注意。

(1) 豆类原料的选择。豆类也因地区差异的不同分为不同的品种和特点，在烹调食用过程中也因性质的不同有所差异（见表2-9）。

表2-9　豆类品种的特点

品种	主 要 产 地	特　　征	使 用 特 点
大豆	主要产地有黑龙江、河南、山东、吉林、辽宁、安徽、河北、江苏、湖北等省	又称黄豆，有“豆中之王”的美誉，根据大豆种皮的颜色可分为黄大豆、青大豆、黑大豆和其他色大豆四大类	以大豆为原料生产的副食品至少有一百多种，其中豆腐、豆腐皮、豆浆、豆腐干等豆制品，是日常不可缺少的副食品
绿豆	主要产区集中在华北及黄河平原地区	绿豆按生产季节可分为春播绿豆和夏播绿豆	绿豆为夏令时节的极好消暑保健食品，制成绿豆稀饭、绿豆汤、绿豆糕等食品。此外，也是副食品生产的重要原料，如绿豆芽、绿豆粉丝、绿豆淀粉等

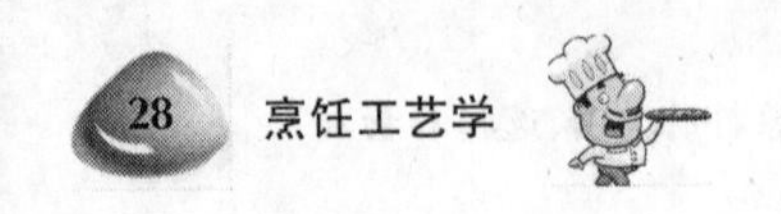

(续表)

品种	主要产地	特征	使用特点
小豆	黑龙江、吉林、辽宁、河北、河南、山东、安徽、江苏等省都是小豆的主要产区	又名赤豆、赤小豆、红豆等；根据其纯度分为纯小豆、杂小豆两类；纯小豆是指各色小豆互混限度总量为10%以下，杂小豆则超过10%的互混限度及混入其他如菜豆、豇豆、绿豆等豆类	粒稍大而鲜红、淡红者供食用；颗粒紧小，褐紫色的小豆一般以入药为好；小豆蛋白质的氨基酸组成与绿豆相似，因此常与小米或大米配合使用，可使粥、饭等营养更加丰富

(2)豆制品原料的选择。豆腐干要求色泽正常，味道芳香，手感干爽，有韧性，可随意加工成片、丁、块等。

腐竹以颜色浅麦黄，光泽较亮，蜂孔均匀，外形整齐者为上品。

豆腐乳以色泽鲜艳，有特殊乳香味、酒香气浓郁、质地软嫩而细腻、味浓而鲜者为上品。

豆芽要求在发芽过程中不使用任何化学药剂的有机商品或无公害食品，含有丰富的水分、质地脆嫩者为上品。

(3) 淀粉制品的选择，主要有淀粉、粉丝、粉皮、西米等。

淀粉有马铃薯淀粉、玉米淀粉、甘薯淀粉、小麦淀粉、绿豆淀粉、藕粉、葛粉等，不同淀粉的性质有很大的差异，吸水性和黏性各不相同，故其制品也有差别。例如，小麦淀粉黏度较低；马铃薯淀粉黏度较高，且稳定性较好；绿豆淀粉黏度较低；甘薯淀粉黏度较高，且稳定性较好；藕粉，葛粉的品质以质地洁白、细腻、爽滑可口、有芳香味者为佳。

粉丝以绿豆粉丝质量最好，它的品质是丝质均匀，光亮透明，韧性强，不断条。

粉皮以绿豆粉制成的较好，而以薯粉制成的较差。干粉皮以片薄平整色泽亮中透绿、质地干燥、韧性较强、久煮不化者为佳。

西米的品质以大小均匀、色泽白净、耐烧煮、加热后透明度高，不黏糊者为佳。

(六) 蔬菜类原料的选择

蔬菜的品质检验，主要是从其外观指标上来判断。根据国家标准，蔬菜的质量主要取决于色泽、质地、含水量以及病虫害等情况。优质蔬菜色泽鲜亮、有光泽，刀口断面会有汁液流出；劣质蔬菜则色泽较暗、无光泽。优质蔬菜质地鲜嫩、挺拔，发育好、无黄叶、无刀伤；劣质蔬菜外形干瘪、失去光泽，黄叶多，梗粗，有刀伤，萎缩严重。优质蔬菜无霉烂及虫害，植株饱满完整；劣质蔬菜严重霉烂，有很重霉味或虫蛀、空心现象，基本失去食用价值。另外蔬菜品质与存放时间有很大关系，存放时间越长，蔬菜质量下降的越多。

1. 新鲜蔬菜原料的选择

(1) 叶菜类因质地鲜嫩、色泽多样、营养丰富，是日常膳食中不可缺少的品种。按其结构特点又可分普通叶菜类，结球叶菜类和香辛叶菜类三种类型。它们各有特点各起不同的作用。

例如，大白菜选购时要注意:叶片是否完整、有无腐烂叶，结球是否大而结实；小白菜(又称青菜)，以植株短矮，叶片较肥光滑、色泽绿、无黄叶烂叶者为优质；韭菜(又称起阳韭菜)，以脆嫩新鲜，叶片完整而不枯萎脱水，为优质。甘蓝(又名卷心菜)，以平头形和圆头形质量好，心叶肥嫩，出菜率高且菜质细嫩质优味美。尖头形的菜出菜率低，口味也差；菠菜要选择整叶片肥厚，色深绿、饱满无虫害。荠菜是一种时令蔬菜，选择时首先要注意时间，荠菜一般为早春时令

菜；其次，选择野生荠菜风味最佳；此外要求色泽鲜绿，植株完整，无老叶枯萎现象。荠菜的品质，以梗挺直光滑，色泽青翠，叶不枯萎变黄者为佳。

(2) 果蔬类有番茄、黄瓜、冬瓜、丝瓜、毛豆、刀豆、辣椒等，都是营养丰富极受欢迎的蔬菜。果蔬类的品质，如番茄，以果粉红色、近圆球形，脐小、果面光滑，果型光整匀称，果皮无虫害为佳；茄子以外形光整、没虫咬、色泽紫红有光泽，成熟度适中者为佳；青椒以外形光整，肉质轻，脆嫩，无虫咬或萎缩现象者为佳；黄瓜以大小均匀、条直、带刺、后把小，无大肚，色鲜绿，带白霜，肉质酥，脆；冬瓜以皮绿，细嫩，瘦长，肉厚瓤小者为佳；丝瓜以形状平直，果体完整，瓜纹明显，水分足，新鲜为佳；刀豆以豆荚鲜嫩、饱满、色绿、脆嫩、完整、无虫蛀和断裂者为佳。

(3) 花菜类，常见的有花椰菜、西蓝花、黄花菜，韭菜花及菊花菜等。这类菜含有丰富的维生素C和蛋白质。选购时要注意，如花椰菜品质以个大、花粒小、结球坚实，色洁白为佳；黄花菜(又名金针菜)品质以含苞紧密、花瓣青绿色或黄绿色为新鲜者为佳，主要以花瓣供食用，其品质以黄绿色的星形鲜花瓣为佳。

食用孢子植物原料类主要有蕨类、石耳、木耳、银耳、香菇、草菇、海带、紫菜等。蕨菜品质以春天来临之际，蕨菜刚萌芽、叶芽卷曲、色泽比率、质地鲜嫩者为佳；香菇以香味浓、肉厚实、菇面平滑，个头大、完整均匀、菇身干燥、色泽褐或黑褐，菇柄端而粗壮，无焦味为佳；紫菜的品质以色泽油润发亮，紫色稚嫩，气味鲜香，无杂质、干燥而质地轻者为佳；海带的品质以宽厚、色浓黑、无沙土、无枯黄为佳。

2. 蔬菜制品的选择

蔬菜制品的种类很多，主要有干菜类、腌菜类，蔬菜蜜饯，蔬菜罐头、速冻蔬菜等。

(1) 干菜类。如笋干、其中以乌笋干和白笋干产量最高。选购时，白笋干呈黄白，乌笋干为烟黑色。有特殊的烟熏香味；玉兰片的品质要求色泽金黄或玉白，表面光洁，片身短，半透明。笋片紧密，质地嫩，无胶片和虫蛀。

(2) 腌菜类。如榨菜的干湿适度，咸淡适口，淘洗干净，修建光滑，色泽鲜明，质地脆嫩，在阳光下晒去部分水分可以增加其风味和延长保存时间；腌雪菜要求色青绿，有香味，质地脆嫩，无根须、老根、污物等。

(3) 速冻蔬菜。要求耐储存，解冻后品质和风味接近于新鲜蔬菜。

(4) 蔬菜罐头。要求耐储藏，便于运输。

第三节　一般烹饪原料的初加工

一、烹饪原料初加工概述

烹饪原料的初加工是把烹饪原料加工成食品的重要一步，其内容主要有畜禽类原料的畜禽类宰杀、洗涤、剖剥皮、整理、拆卸加工的基本工艺；水产类原料的初加工工艺；植物类果蔬原料初加工工艺；以及干货涨发，初步热处理等几个方面。其中，重点是畜禽类原料的拆卸、干货涨发和初步热处理等三个方面。

(一) 烹饪原料的拆卸

原料的拆卸主要针对畜禽类原料，是初加工的前提。它包括拆卸、分档取料和整料出骨等

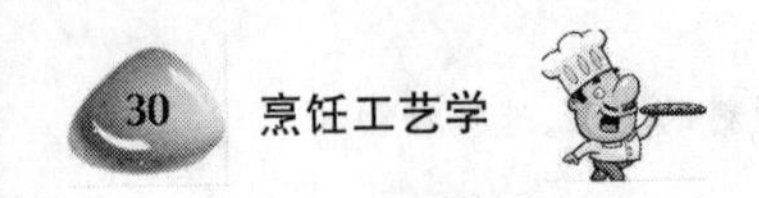

三个方面。所谓拆卸，就是把整只原料按其骨架的特征，肌肉组织的不同部位正确地进行拆骨和分档出符合各种烹调要求的原料。其作用在于为加工成形创造条件，为加工提供方便，合理使用原料，做到大材大用、小材小用、物尽其用，不浪费原料，用料正确，保证菜肴的特色。在拆卸中，要注意整料出骨、选料要精，要符合烹调的要求。初加工时，要为整料出骨做好准备，出骨时要准确下刀。

(二) 烹饪原料的干货原料的涨发

干货原料是由新鲜原料脱水干制而成，目的是便于运输，便于存储，便于调节时令，还可以增加原料特殊的风味，而干货涨发的目的是使其重新吸收水分，最大限度地恢复其原有的鲜嫩、松软状态，除去杂质和异味，以供烹调之用。干货涨发的方法有很多，最常用的方法是：水发、油发和碱发。

(三) 烹饪原料的初步热处理

烹饪原料的处理是指把经过初步加工的原料放入容器中进行初步加热，使其成为半熟或刚热的状态，以备烹调之用。初步热处理的内容主要有过油、走红、焯水、蒸制和制汤等步骤，其中重点是在焯水和制汤。这是烹调过程中的一项基本功，技术要求高，值得探究。

本节重点对植物性原料、畜禽类、水产类原料的初加工工艺进行描述。而对于烹饪原料的干货原料的涨发工艺将在本章第四节重点讲述。

二、植物原料的初加工

(一) 初加工工艺流程

植物原料主要包括谷类、豆类、薯类粮食、各种蔬菜、各种果品。初加工的基本流程是：原料选择—剔择、整理或削皮—洗涤—待用(见表 2-10 及图 2-2)。初加工的目的是为了除去不能食用的根、叶、皮、壳、虫卵等杂质，清洁泥沙及残留的农药、化肥，使原料清洁，保证食用健康。

表 2-10　植物性原料初加工

类别	品种	初加工方法
叶菜类蔬菜	青菜、水芹、豆苗、草头、韭菜等	一般采用择和切的方法，先择去老帮、老叶、黄叶、烂叶、切去老根，然后洗净
茎菜类蔬菜	莴苣、菜薹、藕、姜、慈姑、马蹄、洋葱、竹笋等	主要用刮、剜、切的方法，先将外皮筋膜等刮去，切去不用部分，再剜去腐败有害的部位，洗净即可
根菜类蔬菜	白萝卜、胡萝卜、山药、番薯等	一般采用刮和切的方法。先用刮刀刮去、菜的老皮和根须、然后切去硬根等，洗净即可
果菜类蔬菜	丝瓜、南瓜、冬瓜、辣椒、毛豆、扁豆、黄豆芽、绿豆芽等	瓜果类一般要用手掰掉尖部，顺势撕去老筋，洗净即可。茄果类一般要去蒂，部分瓜果蔬菜需要去皮，然后洗净
花菜类蔬菜	花椰菜、青花菜、黄花菜等	刮去锈斑，去掉老叶、老茎、洗净即可
食用菌	鲜蘑菇、鲜平菇、香菇、黑木耳等	择去明显的杂质，剪去老根，用水洗去泥沙，漂去杂质即可

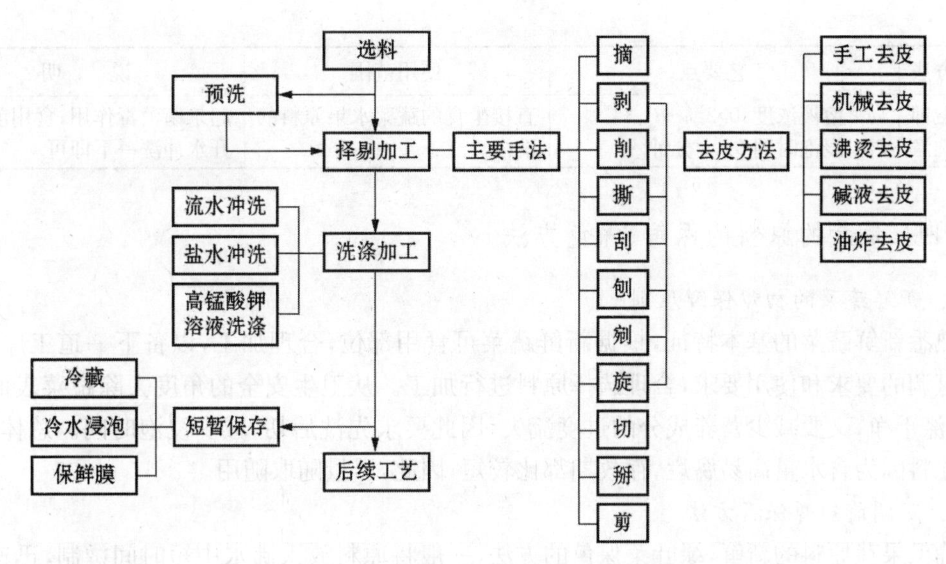

表 2-2 植物性原料的初加工基本流程

(二) 择剔加工的基本原则

根据原料的特征、成菜的要求和节约的原则加工。果蔬加工中要注意以下几点：①保持形体的完整性、美观性；②根据成菜要求，采用不同的方法；③对虫卵、泥沙、农药、化肥以及夹缝中滞留多量的杂技应重点清理；④先洗后切(见表 2-11)。

表 2-11 蔬果去皮初加工

去皮方法	加 工 措 施	适 用 原 料
人工去皮	用剜、刨、撕、剥等方法将原材料去皮	一种主要的去皮方法，多用于形态细小或细长的原料，如牛蒡、芋头等
机械去皮	利用旋转刀片手工旋转进行去皮	梨子、苹果、萝卜
沸烫去皮	原料入沸水(或采用蒸气)中短时间加热烫制，冷却去皮	桃、番茄、枇杷、核桃仁
碱液去皮	原料入热碱液中，用竹刷搅拌去皮	莲子、芡实及大量的土豆、胡萝卜的去皮
油炸去皮	原料入油锅中加热浸炸，熟后轻搓去皮	花生、核桃仁、松仁等

(三) 植物性原料的洗涤加工

洗涤加工的目的是去除原料表面的泥沙、农药残留，以确保食用安全(见表 2-12)。

表 2-12 果蔬原料的洗涤方法

洗涤方法	工艺要点	使用范围	说 明
流水冲洗	直接用水冲洗，主要去除原料表面泥沙及残留农药等	须加热成熟后才能食用的蔬菜	不可直接生食的原料
盐水洗涤	(1) 盐水浓度：2%～3% (2) 浸泡时间：15～20 分钟 (3) 盐水原料比例不低于 2∶1	虫卵较多的蔬菜原料，特别是体内有虫卵的豆荚类原料	

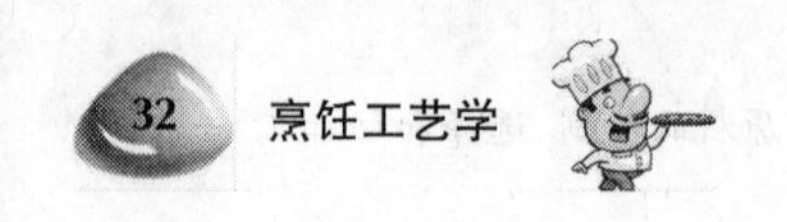

（续表）

洗涤方法	工艺要点	使用范围	说　明
高锰酸钾溶液洗涤	(1) 溶液浓度：0.2%～0.3% (2) 浸泡时间5～6分钟	直接生食的蔬菜水果原料的洗涤	起杀菌消毒作用，食用前用冷开水冲洗一下即可

(四) 果蔬的原料的保鲜、保色方法

1. 新鲜蔬菜的初步保鲜原则

熟悉新鲜蔬菜的基本特征，根据新鲜蔬菜可食用部位，合理加工，以备下一道工序使用。根据烹调的要求和使用要求，合理选择原料进行加工。从卫生安全的角度去除蔬菜表面的污垢，洗涤干净，又要减少营养成分的过度流失，因此要求先洗后切，减少浸泡时间。总体来说，果蔬原料因为含水量高易腐烂，存放期都比较短，因此，尽量随取随用。

2. 烹调前短暂保存方法

确保果蔬原料的新鲜，绿叶菜保色的方法，一般将原料放入沸水中短时间烫制，迅速放入凉水中冲洗，用网格沥去水分，可起到保色的作用。冬季在放室内，夏季可放冰箱保存。另外，对易发生变色的原料，可浸入稀酸或食盐中护色，但不能浸泡时间过久，以免营养流失过多，因此原料去皮后，应尽量迅速烹调。

二、畜类原料的初加工

畜肉原料的加工须按照一定程序进行操作，主要有宰杀放血（或摔死）、褪毛（或剥皮）、开膛、内脏整理、洗涤等几个环节。在加工过程中按照畜类的生物肌体特点进行，加工后的原料再进入不同的环节处理，然后再实施后续烹调工艺的处理。

(一) 副产品的整理及清洗

副产品的整理及清洗包含如下几个部分：①肾脏的整理与清洗；②胃（肚）的整理与清洗；③肠的整理与清洗；④肺的整理与清洗；⑤心脏、肝脏的整理与清洗；⑥脑的清洗；⑦舌的整理与清洗；⑧猪蹄及其他部位的整理与清洗。

1. 肾脏的整理与清洗

撕去外表膜→切成两片→去掉肾髓（腰臊）→洗净。

2。胃（肚）的整理与清洗

猪肚的外表有很多黏液，加工时一般用盐和醋揉搓，再进行里外翻洗，清黏液。

3. 肠的整理与清洗

肠有大肠、小肠之分，一般大肠用于烹调菜肴，小肠用于制作红肠的肠衣。在清理过程中需要进行盐搓处理，以去除污垢与表面黏液。

4. 肺的整理与清洗

肺部里分布有较多的毛细血管，用灌水洗涤的方法，可使肺部的瘀血和杂质溢出，用手轻轻拍打肺部，直到肺外表呈现白色无血斑，即为洗净。

5. 心脏、肝脏整理与清洗

首先，修理心脏的脂肪和血管，然后剖开心室，再用清水洗去瘀血即可。肝脏取出部分带色肝、筋膜，用清水洗去血液、黏液。

6. 舌的整理与清洗

舌也称为口条，舌表面有一层硬舌苔，污垢多，加工时用沸水泡烫至发白，再用刀刮剥舌苔及舌的根部和舌根背上的扁桃体。

（二）畜肉的分割与剔骨处理

畜肉的分割与剔骨是便于原料的后续加工，并可多方位观察原料的品质特点，扩大原料在烹调加工中的使用范围，调整或缩短原料的成熟时间，利于提高菜肴的质量，有利于人的咀嚼与消化，满足不同人群对菜肴的多种需求。

同时在分割与剔骨的时要遵循以下几点原则：①必须符合卫生要求；②按照原料的不同部位和质量等级进行分割与归类；③必须符合所制材料的品质要求；④剔骨时必须去除全部硬骨与软骨，并尽量保持肉的完整性。在分割与剔剔程中要下切准确，并力求做到骨不带肉，肉不带骨。

（1）猪的取料部位及用途（见图 2-3 和表 2-13）。

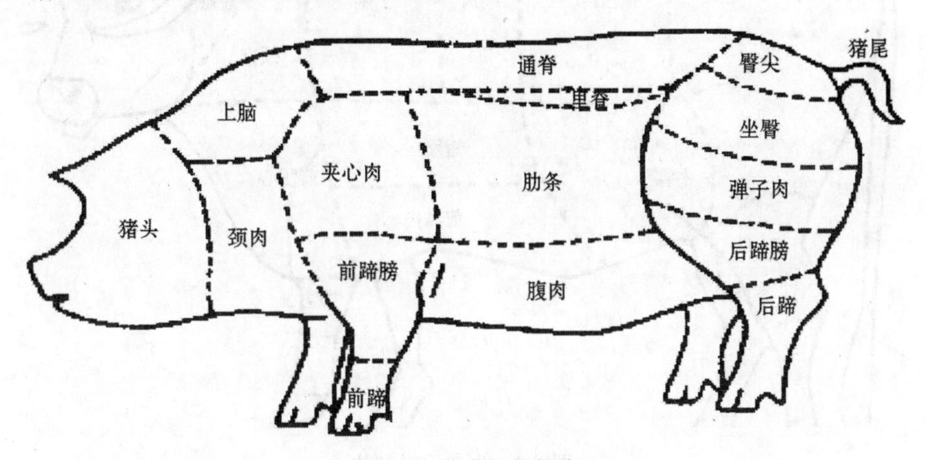

图 2-3　猪肉取料部位

表 2-13　猪的取料部位及用途

部位与名称		特　点	用　途
前肢部分	颈肉	肉间夹杂脂肪与结缔组织	常用作馅料
	上脑	肌纤维较长，结缔组织少，质嫩	适用于熘、炒、氽、涮等
	夹心肉	结缔组织多，肉质紧，吸水量大	适用于制肉糜
躯干部分	前蹄	皮厚，腱膜组织丰富	适用于炖、焖、煨等
	脚圈	皮厚，筋多	可用烧、卤、酱等烹调方法
	通脊	俗称“扁担肉”肌纤维长，色淡，结缔组织与脂肪少，质嫩	宜于炒、熘、炸、煎、氽、涮等烹调方法
	大排	通脊肉和椎骨相连取下	可以烧、焖
	梅条肉	位于腰椎处，呈长条形，色红，肌肉纤维长，脂肪少，质嫩	宜于炒、爆、熘、煎、氽、涮等
	肋骨	连全部夹层肌肉取下的为肋排，即小排	宜于烧、煮、炸、焖、煨、蒸等烹调方法
	硬肋	即硬五花肉，在肋骨下，脂肪与肌肉相夹呈五层	宜于烧、烤、扒、清蒸、粉蒸、红焖等
	软肋	即下五花肉，无肋骨，组织疏松，脂肪多，肌层薄	宜于制肉糜
	奶脯	脂肪与结缔组织多，质量最差	烹饪用途狭窄，宜于炼油

（续表）

部位与名称		特　点	用　途
后肢部分	弹子肉	外缘由筋膜包裹、剔除筋膜后，肌肉厚实，质嫩	宜于炒、爆、熘、炸、煎、氽等
	黄瓜条		
	抹档肉		
	臀板肉	长方形，质较嫩	用法同上
	后蹄	较前蹄小	用法同前蹄
副产品	猪头、猪尾、猪爪	胶质含量丰富	宜于扒、烧、卤、酱
	内脏	组织结构独特，食用价值高	适宜多种烹调方法

（2）牛的取料部位及用途（见图 2-4，表 2-14）。

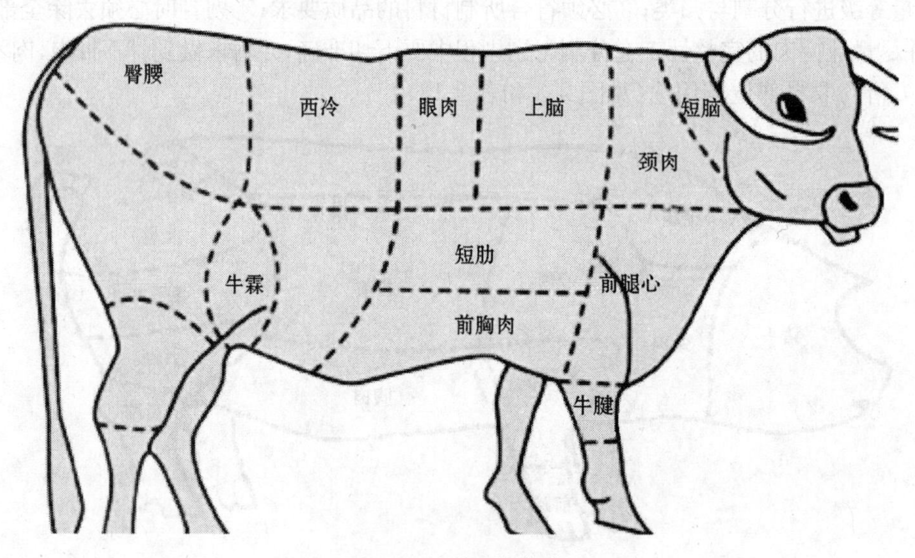

图 2-4　牛肉取料部位

表 2-14　牛的取料部位及用途

部位与名称		特　点	用　途
前肢部分	颈肉	瘦肉多，脂肪少，纤维纹理纵质量属三级牛肉	宜于煮、酱、卤、炖、烧等，更适于做馅
	短脑	位于脖颈上方	用途同颈肉
	上脑	位于脊背的前部，靠近后脑与短脑相连。其肉质粉嫩，属一级牛肉	宜加工成片、丝、粒等，用于爆、炒、熘、烤、煎等
	前腿	位于短脑、上脑的下部属三级牛肉剔除筋膜后可作一级牛肉使用	宜于红烧、煨、煮、卤、酱及制馅
躯干部分	胸肉	位于前腿中间，肉质坚实，肥瘦间杂，属二级牛肉	宜加工成块、片等，适宜红烧、滑炒等
	肋条	位于胸口肉上方。肥瘦间杂，结缔组织丰富，属三级牛肉	宜于加工成块、条等，适宜红烧、红焖、煨汤、清炖
	腹脯	在肋条后下方，属三级牛肉，但筋膜多于肋条，韧性大	最宜于烧、炖、焖等
	外脊	位于上脑后；米龙钱的条形肉，为一级牛肉。其肉质松而嫩，肌纤维长	宜加工成丝、片、条等，适于炒、熘、煎、扒、爆等

（续表）

部位与名称		特　点	用　途
躯干部分	里脊	即牛柳,肉质最嫩,属一级牛肉,也有将其列为特级牛肉	宜于煎、炸、扒、炒等
	榔头肉	肉质嫩,属一级牛肉	宜于切丝、片、丁、适于炒、烹、煎、烤、爆等
后肢部分	底板	即仔盖,属二级牛肉,若剔除筋膜,取肉质较嫩部位可视为一级牛肉使用	用法与榔头肉相同
	米龙	相当于猪臀尖肉,属二级牛肉,肉质嫩,表面有脂肪	
	黄瓜肉	与底板和仔盖肉相连,其肉质与底板肉相同	
	仔盖	位于后腱子上面,与黄瓜肉相连,属一级牛肉。其肉质嫩,肌纤维长	宜于加工成丁、丝、片、块,适于煎、炒、熘、炸、烤等
	腱子肉	后腱子肉较嫩,属二级牛肉	宜于卤、酱、拌、煮,是制作冷菜的好材料
副产品	牛头爪	皮多,骨多,肉少,脂肪少,以脸颊肉为最嫩	宜于卤、酱、白煮、制作冷菜等
	牛尾蹄	结缔组织多,骨多	宜于煨、煮、炖、烩、红烧

（三）禽类原料的初加工

1. 禽类原料的初加工

包含以下几个环节:①宰杀;②褪毛;③开膛;④内脏整理。

2. 禽类原料的分档取料

(1) 鸡的分档取料。具体可分为鸡脯肉、鸡大腿肉、鸡腹肉、鸡小腿肉、鸡翅膀肉等。鸡的出肉加工。具体操作:①将鸡平放在菜墩上,在脊背部,自两翅之间至尾部,用刀划一长口;从腰窝处至鸡腿裆内侧,用刀划破皮;②左手抓住一鸡翅,从刀口自肩骨节处划开,提取筋膜,在翅骨上划一刀,刮后将骨头取出;③在鸡胸前部位置割断锁骨、取出,然后分别割取鸡里脊肉,并去掉大筋;④左手抓住一鸡腿,反关节用力,用刀在腰窝处划断筋膜,割取栗子肉,再用刀在坐骨处割划筋膜,用力即可撕下鸡腿,(带栗子肉)再从胫骨与跖骨关节处拆下,取出鸡腿骨;⑤将鸡架上的鸡嘴剁下,剁去翅尖和鸡爪爪尖,然后将鸡翅、鸡脯、鸡腿、鸡架、鸡爪分类放置即分割完成。

3. 禽类原料的整料去骨

整鸡去骨:①划开颈皮;②去前翅骨;③去躯干骨;④出后腿肉;⑤翻转出肉。具体步骤如下。

(1) 划开颈皮,斩断颈骨。在鸡颈和两肩相交处,沿着颈骨直划一条长约 6 厘米的刀口,从刀口处翻开颈皮,拉出颈骨,用刀在靠近鸡头处,将颈骨斩断,需注意不能碰破颈皮。

(2) 去前肢骨(翅骨)。从颈部刀口处将皮翻开,使鸡头下垂,然后连皮带肉慢慢往下翻剥,直至前肢骨的关节(即连接翅膀的骱骨)露出后,可用刀将连接关节的筋腱割断,使翅骨与鸡身脱离。先抽出桡骨、尺骨,然后再抽翅骨。

(3) 去躯干骨。将鸡放在砧墩上,一手拉住鸡颈骨,另一手拉住背部的皮肉,轻轻翻剥,翻剥到脊部皮骨连接处,用刀紧贴着前背脊骨将骨割离。再继续翻剥,剥到腿部,将两腿向背部轻轻扳开,用刀割断大腿筋,使腿骨脱离。再继续向下翻剥,剥到肛门处,把尾椎骨割断(不可割破尾处皮),这时鸡的骨骼与皮肉已分离,随即将躯干骨连同内脏一同取出,将肛门处的直肠

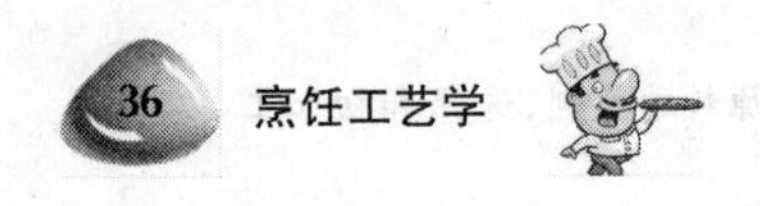

割断。

(4) 出后肢骨(后腿骨)。将后腿骨的皮肉翻开,使大腿关节外露,用刀绕割一周。割断筋腱后,将大腿骨抽出,拉至膝关节处时,用刀沿关节割下。再在鸡爪处横割一道口,将皮肉向上翻,把小腿骨抽出斩断。

(5) 翻转鸡肉。用水将鸡冲洗干净,要洗净肛门处的粪便,然后将手从颈部刀口伸入鸡胸膛,直至尾部,抓住尾部的皮肉,将鸡翻转,仍使鸡皮朝外,鸡肉朝里,在形态上仍成为一个完整的鸡。如在鸡腹中加入馅心,经加热成熟后,会十分饱满、美观。

4. 去骨整禽的烹饪应用

整鸡剔骨有较强的技术性。剔骨后的鸡应皮面完整,刀口正常,不破不漏。过嫩、过肥、过瘦的鸡不利于整料剔骨。鸡的不同部位在烹饪中均有广泛使用价值,整鸡在分档取料后其头、颈、架宜于煮汤;而鸡翅宜于煮、酱、卤、炸、烧、炖等;鸡腿宜于加工成丁、剁块,适于炒、爆、熘、炸、烧、煮、卤等;鸡脯宜于加工成丁、条、丝、片、蓉泥,适于炒、熘、炸、煎、氽等;鸡爪宜于酱、卤、煮等。鸡肝、鸡心、鸡炖等;可整用也可加工成片,宜于卤、酱、炒、爆等。

(四) 水产原料的初加工

1. 鱼类及内脏的清理加工

(1) 鱼体表及内脏的清理加工包含以下几个部分:①去鳞加工;②去鳃加工;③开膛加工;④内脏清理;⑤无鳞鱼的黏液去除。

(2) 鱼的分割与剔骨加工对体现鱼的各部位特点,提高食用效果和经济价值具有一定的积极意义。鱼的分割与剔骨方法可分为分档剔骨与整鱼剔骨两种。

2. 鱼类的分割与剔骨

(1) 梭形鱼的分档,一般为三个部位,即头部、躯干部和尾部。

鱼头,以胸鳍为界线直线割下,鱼头骨多肉少、肉质滑嫩,皮层含胶原蛋白丰富,适用于红烧、煮汤等。

鱼躯干(去掉头尾即为躯干)中段可分为脊背与肚裆两个部分。

鱼脊背的特点是骨粗(一根脊椎骨又称龙骨)肉多,肉的质地适中,可加工成丝、丁、条、片、块、蓉等形状,适合于炸、熘、爆、炒等烹调方法。鱼躯干是一条鱼中用途最广的部分。

鱼肚裆是鱼中段靠近腹部的部分。肚裆皮厚肉层薄,含脂肪丰富,肉质肥美,适用于烧、蒸等烹调方法。

鱼尾俗称“划水”,以臀鳍为界线直线割下。鱼尾皮厚筋多、肉质肥美,尾鳍含丰富的胶原蛋白,适用于红烧,也可与鱼头一起做。

(2) 长形鱼的分档。长形鱼的剔骨与梭形鱼剔骨稍有不同。长形鱼一般指鳝鱼、鳗鱼等。以鳝鱼为例,其剔骨方法有生料剔骨和熟料剔骨两种,熟料剔骨行业内又称“划长鱼”(划鳝丝);生鳝鱼剔骨是将鳝鱼宰杀放尽血,放在砧板上,用刀从喉部向尾部剖开腹部,去内脏,洗净,抹干,再用刀尖沿脊骨剖开一长口,使脊部皮不破,然后用刀铲去椎骨,去头尾即成鳝鱼肉。用此鱼肉可制成“炒蝴蝶片”“生爆鳝背”“炖鳝酥”等。

(3) 扁形鱼的分档。扁形鱼的剔骨出肉,以鲳鱼、龙鱼等为主,方法是先将鱼头朝外,腹向左平放在砧墩上,顺鱼的背侧线划一刀直到脊骨,再贴着刺骨批进,直到腹部边缘,然后将一面鱼肉带皮取下;再将鱼翻过来,用同样方法,将另一面鱼肉取下;最后将鱼刺和皮去掉即可。这类鱼肉体形较薄，一般适用于整片煎、炸等。

(4) 整鱼剔骨。整鱼剔骨即在不破坏整鱼外观形象的情况下，将鱼体内的主要骨骼及内脏通过某处刀口取出的方法。适合整鱼剔骨的鱼通常有鲤鱼、鳜鱼、鲈鱼、刀鱼等，前三种鱼的重量每条在500～1000克为宜，刀鱼的重量通常以每条250克为宜。剔骨的方法主要有脊背部剔骨和项部剔骨两种。

整鱼脊背部剔骨法。将鱼放在砧墩上，鱼头朝外，腹向左，左手按住鱼腹，右手持刀紧贴背脊骨上部横批进去，从鳃后直到尾部批开一条长刀口，再从刀口紧贴鱼骨向里批，批过鱼的脊椎骨，直至将鱼的胸肋骨与脊椎骨相连处批断为止，使鱼身一面的脊椎骨与鱼肉完全分离。然后将鱼翻身，使鱼头朝里，甩刀在鱼尾骨紧贴着背脊骨上部横批进去，刀法同前，直至将鱼的胸肋骨与脊椎骨相连处批断为止，使全身另一面的脊椎骨也与鱼肉完全分离。接着在背部刀口处将脊椎骨拉出，在鱼头和鱼尾处将脊椎骨斩断、取出，但头、尾仍与鱼肉连在一起。剔胸骨时，先将鱼腹皮朝下放在砧墩上，从刀口处翻开鱼肉，在被割断的胸骨与脊椎骨相连处，胸骨根端已露出，将刀略斜，紧贴着一排胸骨的根端往下批进去，使胸骨脱离鱼肉。然后将鱼身肉合起，在外形上仍成为一条完整的鱼。

3. 其他水产品的初加工

(1) 虾的初加工，有挤、剥两种方法，小的一般用挤法，大的虾用剥皮法。

(2) 蟹的初加工，有两种：①熟出法。先蒸熟，再掀盖，出蟹肉、蟹黄(如蟹粉豆腐，上海菜)；②生出法。面杖擀制、挤压出肉，再烹制(如芙蓉大蟹等)。

(3) 软体动物的加工有如下几种：

鲍鱼的加工：宰杀、浸泡、刷洗、定形、煲制；

蜗牛的加工：饿养、挑选、焯水、除液；

田螺、河蚌、蛏、蛤蜊的加工以及乌贼的加工。

第四节　干制原料的涨发和加工制品的处理

一、干制原料涨发目的

干制原料复水后恢复原来新鲜状态的程度是衡量干制品品质的重要指标。干制原料的涨发主要表现为干制原料的复水过程，基本类型有吸水、膨润、膨化后吸水三种。

二、干货原料涨发的工艺原理

(一) 水渗透涨发工艺原理

1. 毛细管吸附作用

原料干制后，因大量失水，呈蜂窝状，有许多类似毛细管的小孔通道，通过毛细管可吸收一部分水。

2. 渗透作用

原料干制后，细胞大量失水，细胞内干物质浓度增大，当重新与水接触时，细胞外渗透压小于细胞内渗透压，由于水具有较强渗透性，细胞外水分开始向细胞内渗透，直到细胞内外达到

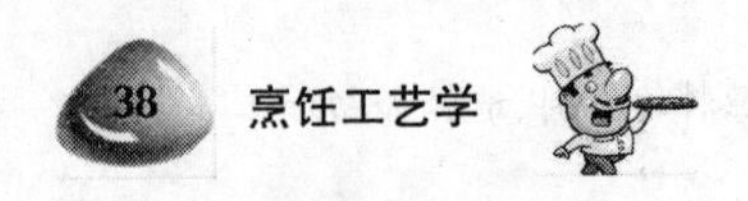

平衡，外观表现为吸水涨大。

3. 亲水性物质吸附作用

通过原料中所含的亲水基团，如—CO，—OH，—NH_2等，与水分子形成氢键，吸收一部分水。

（二）热膨胀涨发的工艺原理

热膨胀涨发就是采用各种手段和方法，使原料的组织膨胀松化成空洞结构，然后使其复水，而成为利于烹饪加工的半成品。

氢键是束缚水与亲水集团相结合的纽带，它主要是由水中氢原子和氧原子与亲水集团中氧与氢原子缔合形成。氢键的平均键能是463 kJ/mol，而风吹日晒的能量很低，不足以破坏氢键，因此通常条件不能排除束缚水。

如果将原料置于一定环境中，温度升高到一定程度时（200℃以上），积累的能量大于氢键键能，就可以破坏氢键，使束缚水脱离组织结构，变成游离态水，这时的水就具有一般水的通性，在高温条件下急剧汽化膨胀，使原料组织形成蜂窝状孔洞结构，为进一步复水创造了条件。

鱼肚（蹄筋）的涨发：就是利用热膨胀涨发的工艺原理，进行发制。其中氢键是束缚水与亲水集团相结合的纽带，它主要是由水中氢原子和氧原子与亲水集团中氧与氢原子缔合形成。氢键的平均键能463 kJ/mol，而风吹日晒的能量很低，不足以破坏氢键，因此通常条件不能排除束缚水。

鱼肚（蹄筋）的涨发流程：鱼肚（蹄筋）→冷油下锅（油料3∶1，小火）→炸制（收缩3/1，硬变软，由白浅黄）→反复2～3次，捞出→炸发（油加温到六至七成热）→体积膨大，乳白变浅黄，1～2分钟→捞出→热碱水去油（有响声，膨大）→清水漂洗碱→清水浸泡→半成品。

（三）干制原料的涨发类型

干制原料的涨发类型，如表2-15所示。

表2-15 干制原料的涨发类型方法

<table>
<tr><td rowspan="6">水渗透涨发</td><td rowspan="2">冷温水浸发</td><td>冷温水浸发</td><td>自然水浸发</td></tr>
<tr><td>碱液浸发</td><td rowspan="5">水油发</td></tr>
<tr><td rowspan="4">热水涨发</td><td>煮发</td></tr>
<tr><td>焖发</td></tr>
<tr><td>泡发</td></tr>
<tr><td>蒸发</td></tr>
<tr><td rowspan="4">热膨胀涨发</td><td>油介质</td><td>油发</td><td rowspan="4"></td></tr>
<tr><td>砂介质</td><td>砂发</td></tr>
<tr><td>盐介质</td><td>盐发</td></tr>
<tr><td>干热空气介质</td><td>热膨化发</td></tr>
</table>

三、干货原料涨发工艺的分类说明

（一）水发

水为介质，直接将干制原料复水的过程统称为水发。由于干制品内部水分少，可溶性固形物的浓度很大，所以渗透压很高，而外界水的渗透压又很低，导致干制原料发生吸水的现象。因此，干制原料的水发，实质上是水分子向干制原料内部进行传递的过程。水发要受到干制原料的性质、结构成分、体积、水发温度、水发时间等条件的影响。

1. 冷水发

冷水发是指用室温的水，将干制原料直接静置的涨发过程。适用于一些植物性干制原料，如银耳、木耳、口蘑、黄花菜、粉条等。另外，冷水发是热水发、碱水发的预发，可以提高干制原料的复水率，可避免或缓解某些干制原料的表面破裂和受到碱液直接腐蚀。主要适用的干制原料有鱼翅、莲子等。

2. 温水发

温水发是指用60℃左右的水，将干制原料直接静置涨发的过程。适用的干制原料与冷水发大致一样。温水发比冷水发的速度要快一些，适用于冬季用冷水发的干制原料，以提高水温加快水发速度。

3. 热水发

热水发是指用60℃以上的水，将干制原料进行涨发的过程，是冷水发的继续。用于热水发的干制原料应先用冷水浸泡，再用热水浸发。主要适用于组织致密、蛋白质丰富、体型大的干制原料。根据干制原料的不同，热水发分为煮发、焖发、蒸发和泡发四种加热方法。

(1) 煮发是将涨发水锅由低温到高温逐渐加热至沸腾状态的过程。主要适用于体大、厚重和特别坚韧的干制原料，如海参、牛蹄筋、大鱼翅等。煮发时间为10～20分钟不等。有的原料还需适当保持一段微沸状态，有的还需反复煮发。

(2) 焖发是将干制原料置于保温的密闭容器中，保持一定温度，不继续加热的过程。这实际上是继煮发之后的配合方法。其温度因物而异，一般为60～85℃不等。

(3) 蒸发是将干制原料置于笼中，利用蒸气加热涨发的过程。主要适用于一些体小易碎的或具有鲜味的干制原料。

蒸发可有效地保持干制原料的形状和鲜味，使其不至于破损或流失鲜味汤汁，同时也是对一些高档干制原料进行增加风味和去除异味的有效手段。如干贝、蛤士蟆、龙肠、乌鱼蛋及去沙的鱼翅、燕窝等。

(4) 泡发是将干制原料置于容器中，用沸水直接冲入容器中涨发的过程。主要适用于粉条、腐竹、虾米和经碱发后的鱿鱼。有时容器需加盖，以保持温度的持久性。

在涨发过程中常将泡发称为“一次性涨发”，将煮、焖、蒸发称为“反复多次性涨发”。在不同类型的涨发过程中，都要对原料进行适时的整理，如海参去内脏、鱼翅去沙、剔除蹄筋筋间杂质等。

（二）碱发

1. 碱发原理

(1) 表面膜的破坏。原料放入碱液中，碱首先与原料的表面膜发生作用，这层膜由脂肪等物质构成，与碱作用可发生水解、皂化等一系列反应，从而把这层防水保护膜“腐蚀”掉，使水顺利与原料结合，这时，原料对水的吸收一部分是蛋白质水化作用，另一部分是毛细管现象。

(2) 吸水膨胀。在蛋白质分子间的($—NH_2$、—COOH、—OH、—CO等)亲水，经碱液浸泡后，大量暴露出来，增加了蛋白质水化能力，加入碱后，使pH值远离正电点。增加蛋白质分

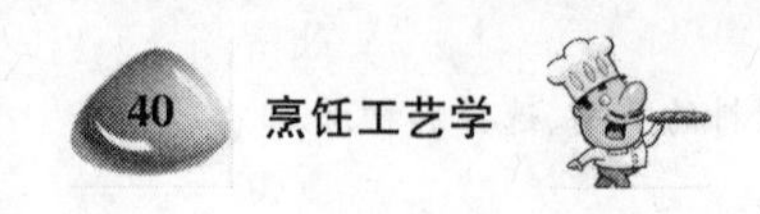

子表面电荷数，使其分子水化能力加强，从而增强了吸水能力。

(3) 漂洗继续膨胀。碱发原料和清水可看成两个分散体系，碱发后原料在清水中利用盐析作用、浓度差作用、毛细管水作用，相当于一个半透膜，通过透析现象可吸水。

2. 碱水配制方法

(1) 生碱水(又称石碱、碳酸钠)10 公斤冷水加 500 克碱面，溶化后即成 5%的生碱水溶液。

(2) 熟碱水：9 公斤开水加 350 克碱面和 200 克石灰拌后冷却。

(3) 火碱水：10 公斤冷水加火碱 3.5 公斤(0.02%～0.03%)拌匀即可，其腐蚀性和脱脂性非常强。

碱发工艺流程：干料→浸泡 8～12 小时→入碱液→浸泡 8～12 小时→清水浸泡漂碱→半成品。

碱发技术要点：①碱溶液选择；②碱水的温度；③掌握时间及时检查；④涨发前用水泡软。

(三) 油发

油发是将干制原料置于高温度的油中，使化学结合呈现水汽化，形成原料组织均匀的孔洞结构、体积增大(膨化)、再复水的过程。主要适用于含有丰富胶原蛋白的动物性原料，如猪皮、蹄筋、鱼肚等。

1. 油发的阶段形特征

(1) 低温油焐制阶段是将干制原料浸没在冷油中，加热使油温达到 100～115℃的焐制过程。时间根据物料的不同而异，如鱼肚(提片)20～40 分钟，猪皮 120 分钟，猪蹄筋 50～60 分钟。经过第一阶段的干制原料，体积缩小，冷却后更加坚硬。有的具有半透明感。

(2) 高温油膨化阶段是将经低温油焐制后的干制原料，投入 180～200℃的高温油中，使之膨化的过程。经第二阶段的干制原料，体积急剧增大，色泽呈黄色，孔洞分布均匀。

(3) 复水阶段是将膨化的干制原料，放入冷水中(冬季可放入到温水中，切勿放入热水中)进行复水，使物料的孔洞充满水分处于回软状态。

2. 油发工艺流程

干料→分类→冷油下料(油 3～5 倍)→温油浸透(二至五成热；3～5 次)→热油炸发(七八成热)→碱水浸泡回软→温水漂碱→清水浸泡→清水浸泡。

(四) 盐发

1. 低温盐焐制阶段

是将干制原料放入 100℃左右的盐中(盐量是原料的 5 倍)焐制。焐制时间约为油发第一阶段的 1/2 或 1/3，至物料重量减轻干燥时即可。

2. 高温盐膨化阶段

原料不用取出锅，直接用高温加热，迅速翻炒，使之膨化的过程。经过第二阶段的干制原料，体积急剧增大，色泽呈黄色，孔洞分布均匀。

3. 复水阶段

将膨化的干制原料放入冷水中进行复水使原料的孔洞充满水分，处于回软状态。盐发与油发区别主要有两点：①盐发需热盐下锅，原料可稍湿；油发需冷油下锅，原料需干燥；②盐发焐制阶段时间少于油发的焐制阶段；油发的原料色泽较好，香气优于盐发的成品。

(五) 混合涨发

混合涨发是将干制原料用两种以上介质进行涨发的过程。目前仅用于蹄筋、鱼肚等少数干制原料。

1. 低温油焐阶段

将干制原料放入低温油中加热焐制。油温保持在110℃左右,时间为30～60分钟,即可捞出。

2. 水煮阶段

将第一阶段的干制原料放入水锅中加热煮沸。时间为40分钟左右,原料略有弹性。

3. 碱液静置阶段

配置5%的食碱溶液,温度保持在50℃左右,连同原料放入保温的容器中静置的过程,时间为6～8个小时。物料的体积有所增大。

4. 冷水洗涤阶段

将原料从碱溶液中取出后,洗去原料表面的碱溶液的漂洗过程。将原料静置在冷水中,每过2小时左右换一次水,7～8个小时即可。

5. 注意问题

(1) 在第一阶段,物料表面不能起泡。

(2) 混合涨发的时间较长,在具体应用时需把涨发时间计算好。

除了上述的涨发类型以外,也有人将火发、沙发归纳为涨发的两种类型。火发实际上是一种在正式涨发之前的加工处理,是用火烧去某些干制原料粗劣的外皮,以方便正式涨发。如乌参、岩参等。

(3) 沙发目前几乎不再使用了,现在的沙发主要是用沙炒,目的是使原料受热均匀,而不是为了原料的膨化。

四、常见原料涨发的加工实例

(一) 水发实例

此处所述为水渗透涨发工艺实例。

1. 鱼翅的涨发

(1) 操作流程如下:分类→剪边→冷水泡12个小时→小火煮发→焖发→褪沙→切根→分质装蓝→加料蒸发→1～1.5个小时→去翅骨及腐肉→换水、蒸发40分钟→分别储藏→半成品。

(2) 涨发鱼翅的注意事项:忌铁器,发好后不宜久藏,浸发鱼翅时,要视鱼翅的厚度、老嫩、耐火程度,控制煮焖时间(见表2-16)。

表2-16　鱼翅的涨发

品　种	来　源	特　　点	焖煮的时间
天九翅	鲸鲨的鳍	皮肉嫩,不耐火,翅针爆开后,翅沙会藏于肉膜中影响品质	煮5分钟

（续平遥）

品　种	来　源	特　　点	焖煮的时间
群翅	犁头鳐的鳍	翅深厚，翅针粗壮，肉膜薄	煮20分钟
黄胶翅	大型鲨鱼	胶质重，翅针粗，肉膜不太厚	煮1个小时
珍珠群翅	热带鲨鱼	沙粒黄而粗，翅身不大，翅针粗，肉膜不太厚	煮30分钟
恩爱神油翅	小型鲨鱼	鱼翅体小，沙薄	用40℃左右温水浸发即可

2. 燕窝的涨发

先把燕窝放入冷水内浸数小时，去除羽毛和杂质，用清水漂洗，主要流程如下：干料→开水泡软→摘净燕毛→蒸发（20分钟）→冷水浸泡→半成品。

燕窝涨发注意事项：①适用于汤菜式，不可发足，以防煨煮过头；②发好后，不宜长存；③涨发时不可沾有油污。

3. 海参

海参涨发流程是：分类→温水泡发12个小时→烧煮至回软→剖腹取肠→小火煮发20分钟→焖发，反复2～3次→清水浸泡→半成品。

海参主要有两种类型，即皮薄肉嫩型，如红旗参、乌条、花瓶参等；皮坚肉厚型，如大乌参、岩参、灰参等。皮薄肉嫩型应少煮多泡；皮坚肉厚型需先用火烤，再采用少煮多焖的方法。

涨发海参的注意事项：盛器、手、和水不能沾有油、盐、碱等物质。勤换水，去掉不良气味。剖腹去肠，不碰破腹膜。涨发时要随好随捞，不可一刀切。涨发时少煮多焖，不能大沸。

4. 鲍鱼

鲍鱼涨发有如下两种：

（1）干料→清水浸泡12个小时→加料蒸发→至无硬心→原汤浸泡→半成品。

（2）干料→清水浸泡12个小时→加料煮发→焖至无硬心→原汤浸泡→半成品。

5. 哈士蟆油

哈士蟆油涨发的主要流程：冲洗干净，去除杂质→放入凉水中浸泡8小时→换水，去除筋膜再次换水浸泡16小时，用镊子进一步去除杂质→使用前放入80℃水温中加盖焗2分钟，再加热至近水开取出便可。

快速涨发发：将干料入水温60～70℃中浸泡3～4小时，拣去杂质，冲洗干净，加入冷水没过原料，上火蒸制10～15分钟。此方法涨发原料涨发度较低，口感略差，只建议应急使用。

6. 海蜇

分为头和皮两部分：

海蜇→70～80℃水→烫收、洗净→批成薄片→浸泡于流动水中→涨发→半成品。

不烫法：将海蜇丝放入清水盆里，按每1000克海蜇放10克苏打的比例放入苏打，搅匀后浸泡约20分钟，然后用清水洗净，捞出沥水后，即可进行拌制。

（二）碱发

以鱿鱼为例。鱿鱼的涨发方法：干料→温水浸泡回软12个小时→入碱液→泡发8个小时→清水漂碱→清水浸泡→半成品碱发（鱿鱼）。

技术要点：①根据原料性质和烹调时的具体要求，确定碱液浓度；②认真控制碱水的温度；③严格掌握时间，及时检查；④涨发前用清水将干料泡软，减少碱液对原料的腐蚀。

（三）油发

以鱼肚为例。油发鱼肚：干料→分类→温油下锅→小火炸法→反复3～5次→捞出→热油炸发→碱水漂油→清水漂碱→清水浸泡→半成品。

注意事项：①潮湿的原料先烘干，否则不易发透；②温油下锅（60℃左右）并逐渐加热；③油发后根据原料性质确定热碱水的温度，去除油腻。鱼肚、蹄筋涨发有水发、油发、盐发、混合涨发四种。

五、其他加工制品的处理

（一）冷冻原料的解冻处理

1. 解冻原料的品质变化

（1）汁液的流失，重量减少。

（2）冻品的复原性受到影响。

（3）微生物、酶活性增强。

2. 减少汁液流失的措施

（1）提高冻结速度，降低和稳定冻藏温度。

（2）控制解冻速度。

（二）解冻的方法

解冻方法如表2-17所示。

表2-17　解冻方法分类表

解冻手段	具体操作方法
空气解冻	静止空气解冻、流动空气解冻
水解冻	静水解冻、流水解冻、淋水解冻、盐水解冻、碎冰解冻、真空水蒸气凝结解冻
电解冻	低频电流解冻、高频电解质加热解冻
压力解冻	加压流动空气、高压（400 MPa）解冻
组合解冻	各种解冻方法联合起来

练习思考题

（1）试比较烹饪原料的三种鉴定方法的异同。

（2）烹饪工作者通过感官结合经验来鉴定原料，当感官鉴定为正时，鉴定结果取决于经验。这种说法是否正确？为什么？

（3）烹饪师要选择合适的原料，需具备哪些条件？

（4）利用选择原料的三层理论，来说明猪肉的选择。

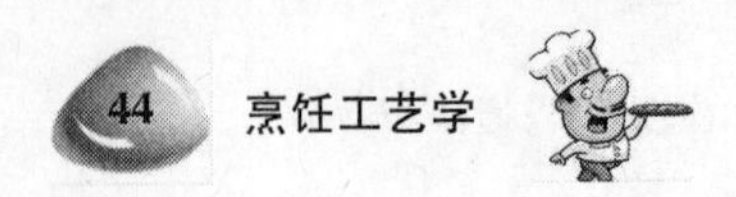

(5) 在餐饮企业的厨房里,鲜活原料的初加工范围是在扩大还是缩小?为什么?
(6) 整禽去骨适用于哪些原料?去骨后如何烹饪应用?
(7) 简述不同部位的猪肉及其可食用内脏的特点。
(8) 牛肉各部位的名称较多,有商品名,行业名,地区名等,怎样统一这些名称?
(9) 畜类原料的初加工几乎都在厨房外,而水产原料的初加工大多在厨房内,为什么?
(10) 整鱼去骨适用于哪些鱼类?去骨的方法及要求是什么?
(11) 干制原料有何特点?为什么要进行涨发?
(12) 简述干制原料的涨发方法。
(13) 以鱼翅涨发为例,说明水渗透涨发工艺的过程和注意事项。
(14) 以鱼肚涨发为例,说明热膨胀涨发工艺的过程和注意事项。
(15) 简述冷冻原料的解冻处理。

第三章 烹饪原料的精加工

学习目标

通过本章学习，使学生了解刀工、配菜、上浆挂糊和勾芡的基本原理；通过实训操作，熟悉刀法与加工性原料组织特征的关系，并掌握刀工的要求和运用各种刀法，具备对烹饪原料的精加工实践操作水平。

学习重点

(1) 掌握配菜的意义和具体要求。
(2) 掌握调制浆糊、勾芡的技术。
(3) 掌握平刀法、直刀法、斜刀法的基本方法和技术关键。

第一节 原料切割的刀工工艺技术

所谓刀工，是根据烹调和食用的需求，运用各种刀法及其相关用具，将原料切成符合菜式烹饪要求的各种形状的技艺。它包含了粗加工和精加工两部分，是为烹饪做好准备的一道工序。中国烹饪的刀工技术，汲取了人类几千年来创造和积累的实践经验，并加以不断创新和发展，最终形成了现在的刀法体系。

一、刀工的目的和意义

我国烹饪刀工方法发展至今，可分为四大类，即直刀法、平刀法、斜刀法、剞刀法。通过不同刀法可将原料加工成各式形状。所以，刀工是烹调和食用的需要，是将烹调原料加工成一定形状的操作过程。原料经过初步加工或涨发后，很多原料还不能直接烹饪，因为这些原料有的过大、过厚、过长或过宽，有些原料也是厚薄不均长短不齐的。这就需要按烹调需要，将原料经过刀工处理，加工成长短一致、粗细均匀的烹饪原料，符合烹调和食用的需求。因此，刀工是烹调技术的重要组成部分。

刀工是菜肴制作的重要环节，它决定了菜肴的外形。如经过刀工处理的鱿鱼等原料，加热后自然卷曲成梳子、麦穗等各种形状，这就是刀工改变了烹调原料的外形，对原料进行了美化。在烹调过程中，经刀工处理后的原料，因原料的大小统一了，所以原料的成熟度也基本一致，有利于成菜的质感，同时也便于加热成熟，更加入味。各种刀工技术还可以创造出更多新颖的菜品，有利于菜肴的创新。在不断的实践过程中，人们了解到在虾的背部和腹部开刀，虾受热后

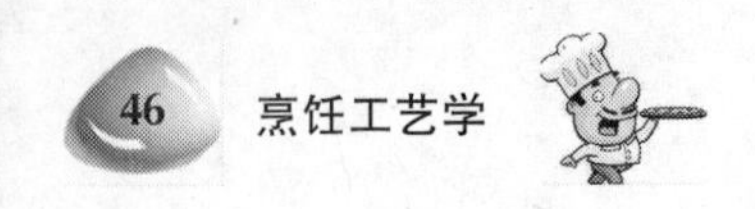

卷曲的方向完全不同,成菜的造型也不同,因而有了现在流行的开片虾和元宝虾等创新菜肴。当然,刀工处理的另一个目的也是为便于食用,促进人体更好消化吸收。

掌握娴熟的烹饪刀工技术,是学习烹饪技术的先决条件和基础。当今,烹调技术的不断发展,要求刀工技术也有不断改进和创新。掌握烹饪刀工技术是我们每个烹饪工作者的基本功,也有助于我们更好理解"烹饪自古重刀工"的意义。同时,也有助于我们全面掌握烹调技术,更好为社会服务。

二、刀工工具的种类及用途

中国烹饪因地域不同,流派不同,厨师擅用的刀具品种也不尽相同。针对原料和成菜质量不同,有时用的刀具也会有所不同。烹饪刀工是一门复杂的工艺,必须有一整套得心应手的刀具,各种类型的刀是烹饪刀工的主要工具。刀具的好坏,直接影响菜肴的外形和质量。

(一) 刀具的种类及用途

1. 刀具按用途分类

刀具及用途,如表 3-1 所示。

表 3-1　刀具及用途

刀具名称	形　状	用　　途	性　　能
片刀(批刀)	圆头、方头等	用于切或批无骨的动、植物原料	重 500～750 克,轻而薄,刀口锋利、尖劈角小,是切、批工作中基本工具
砍刀(斩刀、劈刀、骨刀)	长方刀、尖头刀	用于砍骨或体积较大的坚硬原料	重约 1 000 克以上,分量较重,厚背、厚膛,大尖劈角,是劈砍工作中常用工具
前片后斩刀(文武刀)	马头刀、柳刀、剔刀	刀口锋面的中前段适宜片、切,后端适宜砍小型带骨的原料	重 750～1 000 克,刀口锋面中前端近似于片刀,后端厚而钝,近似于砍刀;应用范围广,功能多
烧鸭刀、刮刀、镊子刀、剪刀、牛角刀等特殊刀具	各种形状	用于对原料的粗加工,如刮、削、剔、剜等	重 200～500 克,刀身窄小,刀口锋利,轻而灵便,外形各异,具有各种功能

2. 按形状分

常用的烹饪刀具按形状分,可分为方头刀、圆头刀、马头刀、尖刀等。以前,江苏、浙江一带厨师习惯用圆头刀;四川、广东等地厨师喜欢用方头刀;北京、天津一带厨师习惯用马头刀;而尖刀等一般是用于原料的粗加工。

(二) 磨刀石及刀具的保养

1. 磨刀石的种类及使用

磨刀石是磨刀的用具,其大小不一,一般呈长方形。磨刀石的粗细也不同,常用的有粗磨刀石、细磨刀石和油石。在实践操作时要根据不同刀具,使用粗细不同的磨刀石,合理保养刀具。磨刀石的种类及适用范围如表 3-2 所示。

表 3-2　磨刀石的种类及

品　种	质地及特性	适 用 范 围
粗磨刀石	质地松而硬，颗粒粗，用天然黄沙石料凿成	(1) 常用于新刀开刃 (2) 磨刀刃有缺口的刀
细磨刀石	质地坚实，颗粒细腻，用天然青沙石料凿成	一般和粗磨刀石结合使用，先用粗磨刀石，再用细磨刀石
油石	品种较多，粗细皆有，用金刚砂人工合成，成本高	主要用于磨砺工业刀具，烹饪刀具要以油石粗细选用合适的磨砺方法

2. 刀具的保养

要给常用的刀具配上合适的刀鞘，以保护刀刃和刀身。要经常保持刀刃的锋利，选用合适的磨刀石和磨刀方法磨砺刀具。磨刀后要用清水将刀具冲洗干净。擦干，再均匀涂上食用油，以防腐生锈。刀具使用后要用清洁软布擦干，尤其是加工过带咸味的原料，如榨菜、咸肉等，一定要将刀具洗净擦干，防止刀身变色生锈。另外，也可将用好的刀洗净擦干后放在冰箱中冷藏保存。

3. 磨刀的方法

"磨刀不误砍柴工"，正确的磨刀方法可使刀口保持锋利状态，提高切割效率。磨刀时并对人的站姿有一定要求，人要保持两脚分开，前后站立，重心前移，收腹，人微微向前倾，双手持刀，目视刀刃。

磨刀前先要把磨刀石固定在平面上，也可在磨刀石下方垫上抹布以防止打滑，方便操作，运刀自如，磨刀石操作台高度约在人的腰部下方，为人的一半身高。磨刀时手掌和三个手指握住刀把，拇指和食指成直角状，拇指顶在刀背，食指压在刀面上；另一只手小指、无名指、中指自然弯曲，拇指和食指伸直成直角状，同样拇指顶在刀背，食指压在刀面上，而弯曲的中指指关节顶在下侧刀面，以起到抬升刀面作用。磨刀时刀与磨刀石呈 3°～5°夹角。具体方法是：磨两头带中间，刀口要推出砖面；两面用力要均等，次数要相同。在磨刀过程中要看砖面起的砂浆慢慢淋水。这样才能保证磨好的刀刃平直锋利，也能使磨刀石始终保持平整，符合要求。

刀磨完后，要检验刀刃的锋利状况，检验者可以将刀刃朝上，面向光源，两眼直视刀刃，检查刀刃上是否有白色光带，如见到的刀刃上是一条直线没有反光光带，就表明刀已磨锋利了；如有白痕就表明刀刃有不锋利的地方。另一种方法是将磨好的刀刃在拇指的指甲上轻轻拉动，如有明显的滞涩感觉，则表明刀刃已锋利；如刀刃在指甲上感觉比较滑爽，表明刀刃还未磨好。当然，还可以采用实物来鉴定刀口的锋利状况。

三、案板的选用与保养

案板又名菜墩、砧墩，是刀工操作过程中的衬垫工具。案板质量好坏直接关系到刀工操作时的技术发挥，从而影响原料成形后质量的好坏。

（一）案板的选择

案板的尺寸高 20～25 厘米、直径 35～45 厘米为佳。案板选择时不要选择质地过硬或过软的木料。过硬的木材在操作过程中没有弹性，不利于操作，同时也会损伤刀具；过软的木材在操作时会让刀刃陷入案板，同时会产生木屑。所以，一般都选用柳树、榆树、椴树、银杏树的

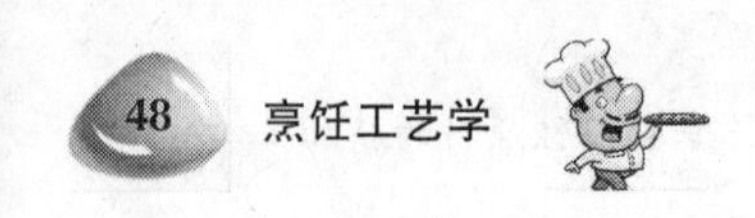

树木作为材料，这些树质地坚实适中，木质紧密，有弹性，不伤刀。制作案板的材料要求树皮相对完整，如不完整需用不锈钢、猪皮等做箍加以固定；树心不空、不烂、没有结疤。案面的横截面上颜色均匀，无花斑、霉斑。

(二) 案板的保养

新的案板最好要在稀释的盐水中浸泡数小时，也可以在大锅中加热煮透，这样做的目的是使案板的木质收缩，结构更加紧密，结实耐用，不易开裂变形，以增加案板使用寿命。

案板使用时要注意尽量避免在中心位置使用，应在中心位置的四周切制食物，且经常旋转案板。这样可以有效防止案板中心凹陷，影响操作。一旦发现案板凹凸不平时，要及时将案板修正、刨平。案板使用过程中应尽量避免阳光直射、暴晒，防止案板开裂。

案板用完后要及时将油污刮除，清洗后晾干。一般在收档后会把刮洗干净的案板侧立晾干，有效防止案板发霉等现象，当然这也是食品卫生安全的需要。

四、刀工操作规范化

在刀工操作之前，一定先要了解刀工操作的基本要领，因为这是刀法入门的基础知识。在中餐烹饪实际操作中，刀工依然是由厨师手工操作，依靠一定体力，灵活运用各种刀法来完成。在操作过程中，须注意用刀安全，刀工操作，以既能方便工作有利于提高工作效率，又能减少操作者疲劳为目的。所以，操作者一定要严格遵守刀工的操作规范，掌握操作要领。

(一) 刀工操作的基本要领

(1) 集中注意力操作，熟练掌握各种刀法。操作时要集中精神、安全第一，思想紧跟运刀的刀刃和节奏。

(2) 平时注重锻炼身体，站立姿势正确，有“站功”，尤其要注重锻炼持久的臂力和腕力。

(3) 养成猛、狠、准，干净利落的操作手法。操作台面要有条不紊、干净整洁。不要杂乱无章，拖泥带水。

(4) 因刀工操作的厨房内多为地砖地面，操作时要注意穿好防护鞋套，做到防滑、防潮。

(二) 刀工的操作规范化内容

1. 刀工操作前准备工作

刀工操作前准备工作主要是指刀案的摆放位置、各类工具器皿的摆放和卫生准备。刀案位置(指刀工操作时的工作台位置)，尽量选择宽敞的空间、采光好的地方摆放工作台，尤其要考虑操作时不会受他人影响或碰撞。工作台应根据工作人员身高随意调节。工具、器皿存放以方便、安全、卫生为首要原则，如杂料盘应放于案板的左侧，并贴紧案板。刀工操作前应对案板、刀具、工具等进行清洗，必要时可用沸水浸烫或用消毒液杀菌消毒，同时还要保证操作者手部的清洁。总之在整个操作过程中，操作者要保持案面、工作台面和地面的清洁。

2. 操作姿势正确

刀工操作时间普遍较长，所以操作姿势是否正确显得尤为重要。要求操作者双脚呈丁字形站立，重心位于一只脚(两脚可轮换重心站立)，挺腰收腹，腹部与案板保持一拳间隔。双肩水平，双臂自然下垂成八字形，肘部放松贴腰。

3. 握刀运刀方法是刀工技术的关键

(1) 运刀切原料。要求操作者手心贴紧刀柄，拇指贴住左侧刀面靠刀柄处；食指卷曲，同样贴住右侧刀面靠刀柄处。靠拇指和食指来夹住刀面，不让刀左右晃动；左手按料，指尖弯曲，中指前突，中指第一个指关节贴住刀面，刀的上下运动始终依靠中指的指关节，且运刀的距离由中指指关节掌握。在运刀过程中要掌握“刀推手”，而不是“手带刀”。

(2) 运刀片原料。要求操作者手心和四个手指紧贴刀柄，拇指伸出，贴住右侧刀面靠刀柄处；左手按料，手掌放松，手跟贴于案板上，食指和无名指放于原料上，靠食指和无名指指头来感觉所片原料的厚薄。总之，在刀工操作时，左手持料要稳，右手落刀要准。

五、刀工的基本原则

烹饪原料在刀工作用下，运用各种刀法切成符合菜式要求的块、段、片、条、丝、丁、粒、末、茸(泥)等各种形状。在加工切制原料时，要遵循如下原则。

(一) 原料的形状要适应烹调方法的需要

刀工的质量会直接影响菜肴的质量。只有完美的刀工，才能使菜肴的制作尽善尽美。刀工和烹调作为烹饪技术整体中的两道工序，是相辅相成的。所以原料形状的大小，一定要适合菜肴烹调方法的需求。如芫爆墨鱼花，此菜是以热油迅速加热成熟，所以要求墨鱼片要加工成相对较薄的片，且剞上花刀以便于加速成熟；干煸牛肉丝和鱼香肉丝，都采用肉丝作为主料，但在刀工制作时要有所区分，前者因肉丝经慢火煸炒，要求肉丝相对粗些；后者肉丝经上浆后滑油处理，肉丝可相对细些。另外，主料和辅料的形状、大小也要相互协调，要做到辅料略小于主料；辅料少于主料，以达到突出主料的目的。

(二) 刀工处理要配合原料形状和菜肴颜色

菜肴的质量不仅是指菜肴的调味和火候，还包括菜肴的形状和颜色的美观，而这些大部分依赖刀工处理。刀工处理时要做到原料间形状大小的搭配，要考虑一款菜肴中主料、辅料和料头的形状大小是否和谐；同时要考虑整桌宴席各款菜肴间原料形状大小的搭配合理性；还要做到原料配色的合理性。还要考虑一款菜肴中主料、辅料和料头的颜色，主料是浅色的，就要配上深色辅料；如主料是深色的，搭配浅色辅料。代表的菜如锦绣鱼丝，洁白无瑕的鱼丝配上红绿相间的青椒等，色彩艳丽。同时，还要考虑整桌宴席的颜色搭配，要做到浓淡分明，深浅相间，绚丽多彩，要有完整、和谐、统一的美。

(三) 原料形状要整齐均匀，大小、薄厚、粗细、长短应均匀一致

在烹调过程中，可能会因原料切配时大小不均、粘连刀而导致菜肴入味不均、受热不均。大的、粗的、厚的肯定不易入味，不易成熟；小的、细的、薄的肯定比较容易入味，容易成熟，在烹调时直接影响了火候和调味。所以，通过刀工处理的原料，无论是什么形状，都应做到整齐均匀，大小、薄厚、粗细、长短均匀一致，这绝不仅是为了菜肴的形状和美观。在实际操作中我们要掌握这样一个原则，即依据不同烹调方法和菜品的要求，运用不同刀法，切制长短一致、粗细均匀的原料。如炒的、爆的菜肴一般烹调时间较短，所以原料加工时因小些、薄些、细些；焖、炖、烧等烹调方法一般烹调时间普遍较长，所以原料加工时可适当大些。但不管是大是小、是

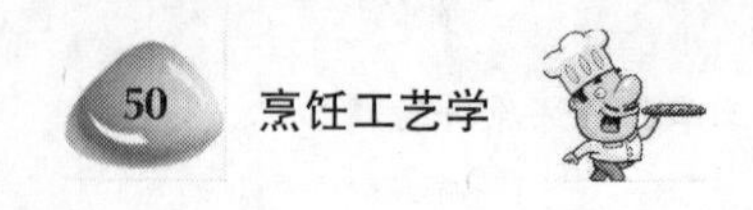

厚是薄、是长是短，在切制原料时一定要做到有规则；反之，则是烹调中的大忌。

（四）合理用料、灵活用料

合理用料、灵活用料，是烹饪过程中非常重要的原则，也是一个好厨师必须具备的优良潜质。在实践操作中要熟悉原料各部位不同的品质，做到大料大用、小料小用、物尽其用。如一条里脊肉，可以把中间好的部位切丝、片等，两头边角料切粒、末等，拉下的筋膜汆水后用于吊汤，这样就没有一点浪费的原料。同样，在改刀青红椒时我们都会把两头先切下，有些厨师会把切下的头尾直接扔了，其实这些头尾也可以切成米、粒等用于其他菜肴配色。所以在选料时要做到心中有数，合理用料、灵活用料。

六、刀法的种类及适用范围

刀法，是指使原料成为各种形状的加工过程，即使用刀工合理处理原料的各种方法。是根据原料的质地、烹调方法和食用要求，将原料加工成一定形状时所采用的有效技法。精湛的刀工技术在于熟练地掌握和运用各种刀法，刀法的种类很多，依据刀刃与案面接触的角度和运刀的规律，刀法可以分为：直刀法、平刀法、斜刀法、其他刀法等四大类，每大类中又包含不同的小类。

（一）直刀法

直刀法是在运刀过程中刀与案板成 90°直角的一种刀法，是一种比较复杂的刀法，也是运用最广的刀法之一。依据用力不同，直刀法又可以分成切、剁、劈三种。

1. 切

依据运刀时用力的方向可分为直切、推切、拉切、据切、铡切、滚料切等几种切的刀法。

(1) 直切，用力垂直向下，切割原料，不移动刀料位置即叫直切（连续迅速切断原料叫跳切）。直切适用于脆嫩性植物原料的加工，如萝卜、土豆、白菜等。

(2) 推切，运用推力切料的方法，刀刃垂直向下、向前运行，适用于薄嫩易碎料，如豆腐干、猪肝、里脊肉、鱼肉等的加工。推切要求一推到底，刀刀分清。

(3) 拉切，运用拉力切料，刀刃垂直向下、向后运行，适用于韧性原料的加工，如一般的肉。拉切要求一拉到底，刀刀分清，用力稍大。

(4) 锯切，是推拉切的结合。对酥烂易碎原料，如羊膏、脊肉等常采用此法。锯切要求以轻柔的韧劲入料，加强摩擦强度，减弱直接的压力，先切至 2/3 时再直切下。

(5) 铡切，运刀如铡刀切草，是特殊的切刀法。对薄壳和颗粒原料的切碎常采用此法。如螃蟹、虾米等。

(6) 滚料切，在切料时，一边进刃一边将原料相应滚动的方法，它是对球形或柱状原料切块的专门刀法。

2. 剁

按用力大小分为砧剁、排剁、跟刀剁、排刀剁和砍剁等。

(1) 砧剁，将刀扬起，小臂用力，迅速垂直向下，截断原料的方法。带骨和厚皮的原料常采用此法。

(2) 排剁，即反复有规则、有节奏的连续剁，是制肉蓉、菜泥的专门方法。

(3) 跟刀剁，将原料嵌入刀刃，随刀扬起剁下断离的方法。一般用于圆而滑的原料，如鱼头等。

(4) 拍刀剁，刀刃嵌入原料，左手掌猛击刀背，截断原料。

(5) 砍剁，借用大臂力量，将刀高扬，猛击原料的方法。专指对大型动物头颅的开片方法。

3. 排

运用排剁的刀法，但又不将原料断离，只使其骨折、断筋、肉质疏松的方法。分为刀跟排和刀背排。

（二）平刀法

平刀法是刀面与墩面或原料基本接近平行运动的一种刀法。平刀法有平刀批、推刀批、拉刀批、抖刀批、锯刀批、滚料批等几种，一般适用于将无骨原料加工成片的形状。其操作的基本方法是将刀平着向原料批进去而不是从上向下地切入。

1. 平刀批

平刀批又称平刀片。刀法适用于将无骨的软性原料批成片状，如豆腐、鸡鸭血、肉皮冻、豆腐干等。

2. 推刀批

推刀批又称推刀片。适用于将脆性原料，如榨菜、土豆、冬笋、生姜等批成片状。

3. 拉刀批

拉刀批又称拉刀片。适用于将无骨韧性原料批成片状，如猪肉、鸡胸脯肉、鱼肉、猪膘等。

4. 抖刀批

抖刀批又称抖刀片。这种刀法用于将质地软嫩的无骨或脆性原料加工成波浪片或锯齿片，如蛋白糕、蛋黄糕、黄瓜、猪腰、豆腐干等。

5. 锯刀批

锯刀批又称锯刀片。这种刀法适用于加工无骨、大块、韧性较强的原料或动物性硬性原料，如大块腿肉、火腿等。

6. 滚料批

滚料批又称滚料片。这种刀法可以把圆形、圆柱形原料，如黄瓜、红肠、丝瓜等加工成长方片。

（三）斜刀法

斜刀法是刀面与砧板面成小于90°角的操作方法，刀刃与原料成斜角的一种刀法，角度一般是45°左右，主要用于将原料加工成片的形状。根据运刀时刀身与砧板的角度不同，一般可分为正刀批和反刀批两种

1. 正刀批

正刀批，又称斜刀批或斜刀拉批。其操作时，左手按住原料，刀刃向左，并与原料的角度为40°～50°，一刀一刀地根据要求批下原料。注意人与原料的位置、刀身的角度，以控制原料片形的厚薄，把原料自左向右一次批完。在实施批的动作时，有些像磨刀的动作，所以又被称为磨刀片。这种刀法一般适用于软性、韧性原料的加工，如鸡肉、猪腰、鱼片等。

2. 反刀批

反刀批，又称反刀片。就是在运刀时，刀背向里，刀刃向外斜，刀面稍微倾斜，运刀时方向向外的批法。操作时，左手按住原料，以左手中指第一个关节抵住刀面，以均匀的速度缓慢向

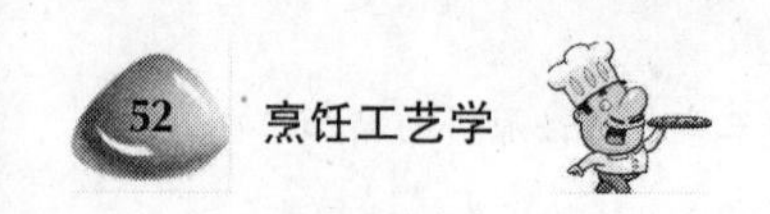

后移动，以控制原料片的厚度，使片形厚薄保持一致。运刀的角度大小应根据所片原料的厚度和原料的要求而定。运刀向后移动一点，右手持刀批下一片，有节奏地反复均匀移动，把原料批完。这种刀法适用于加工脆性、韧性、易滑动的软性原料，如蒜段、葱段、熟牛肉等。

（四）其他刀法

除了平刀法、直刀法、斜刀法之外的刀法都称之为其他刀法。这些刀法多数不能把原料加工成形，作为辅助性刀法使用。有些刀法虽然能使原料成形，但由于适应原料较少，因而使用面也较小。这些刀法有削、旋、挖、镂、剔、剞、敲、铲等，很多是在食雕中使用。因为，这些刀法单一，使用比较简易，一般掌握便可。组合刀法需要长时间训练，在专门的雕刻工艺上比较突出。

（五）剞花刀法

剞刀法又称混合刀法，是综合运用了直刀法、平刀法和斜刀法，使原料弯曲成各种形状。剞刀法是一种比较复杂的刀法，是在原料表面切或批一些有相当深度而又不断的刀纹，这些刀纹经加热可呈现各种美观的形状，因此又称之为花刀。

1. 剞花刀法分类

（1）直刀剞。这种刀法适用于各种脆性、软性、韧性原料。如黄瓜、猪腰、鸡鸭肫、墨鱼、青鱼、豆腐干等。可制成荔枝形、菊花形、兰花形、柳叶形、十字形等多种形态，也可结合其他刀法形成更多美观形状，如麦穗形等。

（2）斜刀推剞。这种刀法适用于各种韧性原料、脆性原料。如猪腰、鱿鱼、猪肉、鱼类等，可结合其他刀法加工成麦穗形、蓑衣形等多种美观形状。

（3）斜刀拉剞。这是结合运用其他刀法加工出多种美观形态。譬如灯笼形、葡萄形、松鼠形、牡丹形、花枝片等。

2. 剞花的目的与原料选择

剞花的目的是便于成熟，便于调味，又能增加原料形态的美观。原料选择的要求，一般是软中带韧、韧中带脆、软性或脆性的原料。这样可以通过刀法加工使原料呈现良好的质地、口感和美观的外型。

3. 剞花工艺的注意事项

剞花工艺是综合运用传统刀法的组合，在运剞花刀工艺时需要注意使用原料的特点进行厚薄深度等内容的把握，主要有如下几点：

（1）根据原料的质地和形状，灵活运用剞刀法。

（2）花刀的角度与原料的薄厚和花纹的要求相一致。

（3）花刀的深度与刀距皆应一致。

（4）所剞花刀形状应符合加热特性，区别运用。

七、基本料形及应用特征

（一）块的加工

1. 块的刀工运用

块形采用的方法一般用切或劈的方法。无骨原料多用切的刀法，带骨原料则用劈的刀法。

块的形状颇多，菱形块、大方块、小方块、长方块、滚料块等较为常见。切成块的原料，大多因为原料本身较小，或依据原料原有的形状直接切劈，一般多先切成同大的条或段，然后再切成块。另一种劈柴块是先用刀背敲击原料，使原料纤维软化后再切成的块。块的形状依料理的需要与原料的特征而定，一般而言，在加热时间较长的烧或焖时，可切成较大块；加热时间较短的熘、炒时，则切成小块。原料质地膨松脆软的，切大块较好；坚硬有骨的宜切成稍小的块。大块的肉类原料可在正反两面刻入十字花纹，可帮助快熟以及原料的入味。

2. 常见块状原料的加工

无骨的原料用切，带骨的原料用剁；用于烧焖的原料块要打，用于炒熘的原料块要小；质地松软脆嫩的原料块要大，坚硬带骨的块要小。

(1) 方块(正方块)。成形规格：大块 4 厘米见方，小块 2.5 厘米见方。成形方法：根据原料性能，先按规格的边长切或斩成条、段，再按原来长度改刀成块。适用范围：把各种原料加工成块状，如鸡块、鸭块、鱼块、肉块等。

(2) 长方块。成形规格：大块长 5 厘米，宽 3.5 厘米，厚(高)1～1.5 厘米；小块(又称骨牌块)长 3.5 厘米，宽 2 厘米，(高)0.8 厘米。成形方法：先按规定的高度加工成厚片，再按规定的长度改刀成条或段，最后加工成长方块。适用范围：把各种原料加工成块状，如鱼块、排骨块等。

(3) 菱形块，又称象眼块。成形规格：形状如几何图形中的菱形，又与象眼相似，所以起名为菱形块或象眼块。一般大块边长为 4 厘米，厚(高)为 1.5 厘米；小块边长约 2.5 厘米，高 1 厘米。成形方法：先按高度规格将原料批或切成大片，再按边长规格将大片切成长条，最后斜切成菱形块。适用范围：适用于形状比较规则、平整的原料，如将蛋白糕、蛋黄糕、戈渣、面包等原料加工成菱形块。

(4) 劈柴块：成形规格：这种块形长短、厚薄、大小不规则，因像烧火用的劈柴而得名。成形方法：先用拍刀将原料纤维拍松，再按长方块的成形方法加工成块。适用范围：主要用于纤维组织较多的茎菜类蔬菜，如冬笋块、菱白块等。这种块形可使原料纤维组织疏松，烹调时易于成熟入味，吃口鲜嫩。

(5) 滚料块：成形方法：采用滚料切的方法，每切一刀就将原料滚动一次，滚动的幅度大，块形即大；滚动的幅度小，块形即小。适用范围：一般把圆形、圆柱形的原料加工成滚料块，如土豆、茄子、茭白、竹笋、莴笋等。

(二) 片的加工

1. 片的刀工应用

片一般运用直刀或平刀法把原料切或批的刀法加工而成，操作时要注意原料的特点和形状。蔬菜类、瓜果类原料一般采用直切，韧性原料一般采用推切、拉切的方法。质地坚硬或松软易碎的原料可采用锯切的方法，薄而扁平的原料则应采用批的方法等等。必须根据原料的性能确定相应刀法切片。

2. 常见片状原料的加工

传统的片状原料以方形多见，根据原料大小一般长方片有：大厚片长 5 厘米，宽 3.5 厘米，厚 0.3 厘米；大薄片长 5 厘米，宽 3.5 厘米，厚 0.1 厘米；小厚片长 4 厘米，宽 2.5 厘米，厚 0.2 厘米；小薄片长 4 厘米，宽 2.5 厘米，厚 0.1 厘米。通常先按规格将原料加工成段，条或块，再用相应的刀法加工成片(长、宽、厚可根据原料的性质及大小而定)。适用范围：可将土豆、萝

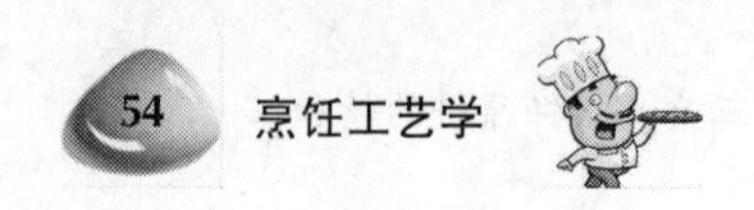

卜、黄瓜、厚百叶(干豆腐)、草鱼、肉、猪腰、猪肚等原料加工成长方片。其他常见形状的片状原料规格与方法如表3-3所示。

表3-3 常用部分片装原料加工的规格和方法

品名	规格/厘米	方法
牛舌片	10×3×0.1	先切成长10厘米、宽3厘米的块,再片成厚0.1厘米的薄片,用清水浸泡卷曲即可
灯影片	8×4×0.1	先切成长8厘米、宽4厘米的大块,再片成厚0.1厘米的片
菱形片	5×2.5×0.2	先切成长轴5厘米、短轴2.5厘米的菱形块,再将块切成厚0.2厘米的片
麦穗片	10×2×0.2	先切成长10厘米、宽2厘米的块,再将块的两边修成均匀的锯齿形,后降其切成0.2厘米的片
骨牌片	6×2×0.4	先切成长6厘米、宽2厘米的块,在切成厚0.4厘米的片
指甲片	1.2×1.2×0.2	片形较小,一端圆,一端方,先切成1.2厘米见方,再横切成厚0.2厘米的片
连刀片	10×4×0.3 (两片相连)	先切成长10厘米,宽4厘米的块,再两刀断切成厚0.3厘米的片
柳叶片	6×6×0.2 (形如柳叶)	将圆柱形原料如黄瓜、红肠、胡萝卜等顺长从中间切开,再斜切成柳叶片。先修成一边厚、一遍薄的6厘米长的块,再将其切成厚0.2的片
月芽片	厚0.1~0.2呈半圆形	将球形、圆柱形原料一切二,再切成半圆形的薄片,片的大小一般根据原料的粗细、大小而定

(三)条的加工

1. 条的刀工应用

条状一般适用于无骨的动物性原料或植物性原料,其成形方法一般是将原料先批或切成厚片,再改刀成条。它是先将原料切成片状,再用直刀法切成条。

2. 常见条状原料的加工

常见的条状按照原料特点及规格分为:①指条;②笔杆条;③筷子条;④象牙条等,具体如表3-4所示。

表3-4 常见条状原料加工的规格和方法

品名	规格/厘米	方法
指条	5×1	先切成1厘米见方的长条,再切成5厘米长的条
笔杆条	6×1.2	先切成1.2厘米见方的长条,再切成6厘米的条
筷子条	4×0.6	先切成长0.6厘米见方的长条,再切成4厘米的条
象牙条	5×1	先切成厚1厘米的梯形长条,再切成5厘米的条

(四)丝的加工

1. 丝的刀工应用

它是先将原料切成薄片,再用直切或推切法、锯切法切成丝。丝与条的形状基本相同,都是长方体，只是有粗细、长短之分。丝是基本形态中比较精细的一种，技术难度较高。加工后的丝，要求粗细均匀、长短一致、不连刀、无碎粒，要求刀工速度快，一般必须掌握以下几个操作要领：

(1) 厚薄均匀，长短一致。

(2) 排叠整齐，高度恰当。常用的排叠方法有三种，瓦楞状叠法、平叠法和卷筒形叠法。

(3) 原料不得滑动。

(4) 根据原料性质决定丝的肌纹。

(5) 根据原料性质及烹调要求决定丝的粗细按成形的粗细，丝一般可分为黄豆芽丝、绿豆芽丝、火柴梗丝和棉纱线丝。

黄豆芽丝的成形规格为长 6 厘米，粗细(宽厚)0.4 厘米，形如黄豆芽，一般适用于加工鱼丝等。

绿豆芽丝的成形规格为长 6 厘米，粗细(宽厚)0.3 厘米，形如绿豆芽，一般适用于加工鸡丝、里脊肉丝等。

火柴梗丝的成形规格为长 6 厘米，粗细(宽厚)0.2 厘米，一般适用于加工猪、牛肉丝、及海蜇、茭白、笋丝等。

棉纱线丝的成形规格为长 5 厘米(或原料的长度)，粗细(宽厚)0.1 厘米，一般适用于加工姜丝、豆腐丝、豆腐干丝、蛋皮丝、菜松等。

2. 常见丝状原料的加工

常见丝状原料根据大小分为①头粗丝；②中粗丝；③细丝，如表 3-5 所示。

表 3-5　常见丝状原料加工的规格和方法

品名	规格/厘米	方　法
头粗丝	10×0.4	用直刀法将其切成长 10 厘米的整形，先直切成厚 0.4 厘米的片，再直切成 4 厘米见方的丝
中粗丝	10×0.3	用直刀法将其切成长 10 厘米的整形，先切片成厚 0.3 厘米的片，再直切成 3 厘米见方的丝
细丝	10×0.2	用直刀法将其切成长 10 厘米的整形，先切片成厚 0.2 厘米的片，再直切成 2 厘米见方的丝

(五) 段、丁、粒、末、茸泥、球的加工

1. 段的刀工

在烹饪原料加工中用切或直剁的方法把原料加工成短料的叫段，段比条粗，切段时先将原料切成长条，再改刀成段。段有大寸段、小寸段等。一般长度为 3～4 厘米，亦称“寸段”，更短的称为小段。适用范围：常见的有黄鳝、带鱼、豇豆、刀豆、葱段等，多用于炸、熘、扒等工艺。

2. 丁的加工

丁的形状一般近似于正方体，其成形方法是先将原料批或切成厚片(韧性原料可拍松后排斩)，再由厚片改刀成条，再由条加工成丁。丁的种类有很多，常见的有正方丁、菱形丁、橄榄丁等。

3. 粒的加工

粒(又称米)粒比丁更小，加工方法与丁基本相似，是由片改刀成条或丝，再由条或丝改刀

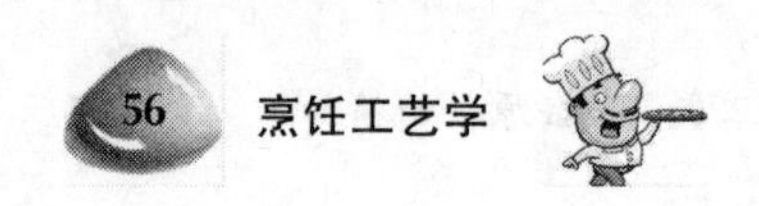

成粒。其刀工精细，成形要求较高。条或丝的粗细决定了粒的大小，根据粒的大小，粒通常可分为黄豆粒、绿豆粒、米粒等。丁是小型的方形块，由条加工而成。

4. 末的加工

末的成形规格，相比粒更为细小，形状一般不很规则。成形方法，可将原料切成丁后，再用排斩的刀法加工成末。适用范围，一般可用于制作肉元、肉馅、菜馅、姜末、蒜末等。末比粒小，如小米或芝麻，由细丝切成。

5. 茸泥的加工

茸泥是极为细腻的原料形状，一般来说，动物性原料加工至最细状态为茸；植物性原料加工至最细状态为泥。成形方法，动物性原料在制茸前要去皮、去骨、去除筋膜。虾、鸡、鱼这几种原料纤维细嫩，质地松软，加工时可用刀背捶松，抽去暗筋或细骨，然后用刀刃稍排斩几下即成。植物性原料在制泥前一般要经过初步热处理，含淀粉高的植物性原料要先将原料煮熟去皮，然后用刀膛按塌成泥状，如土豆泥。有时为提高工作效率，可用粉碎机制作茸泥。植物性原料可加工成菜泥、青豆泥、土豆泥等，动物性原料可加工成鸡茸、鱼茸、虾茸等。

6. 球的加工

球的成形规格为圆形球状，大小可根据烹调及成品要求而定。成形方法一般有两种，一种是用手工制作成形（如鱼丸、肉丸等），即先将原料加工成泥茸状，再用手工挤捏成形；另一种是用刀具加工而成，即先将原料加工成大方丁，然后再削修成球状。随着烹饪刀工技术的不断发展，工艺的不断改进，工具也在不断创新。目前一般脆性原料制球，可用半圆形的不锈钢模具加工，如冬瓜球，西瓜球等。用模具加工不仅速度快，而且球的大小一致，表面光滑。

八、肉糜的制作及应用

糜状是料形中最小的形式，北京叫“腻”、广东叫“胶”、河南叫“糊”、四川叫“糁”、山东叫“泥”等，各地叫法有所不同，本章节统称为“肉糜”，肉糜是将动物性原料的肌肉经斩碎加工成糜状后，加入2%～3%的食盐、水等调料，再经搅拌即成高黏度的肉糊，属于胶体体系。肉糜的制作主要有两个过程，首先是将各种原料切碎成细粒，然后将切碎的细肉粒与调味料、香料等均匀混合搅拌。

（一） 肉糜的形成机理

1. 鱼肉糜的形成机理

一般而言，新鲜鱼的含水量为80%左右，主要存在肌肉组织的肌纤维、肌原纤维及肌丝间的毛细管内。加热后，由于蛋白质的纤维变形凝固，失去了保水能力，使水分流出鱼肉组织。冷却后，鱼肉质感变得脆弱。

当鱼肉糜中加入水后，起初会使得鱼肉的黏度降低，鱼肉变成糊状，随着搅拌，鱼肉肌蛋白会形成网状结构，黏性会有所提升。

在加水的肉糜中加入一定量的食盐，（最低浓度为2.3%，相当于鱼肉重量的2%，低于此值，则不能形成肉糜，反之，超过3%以上，口感会受到影响），并进行适当搅拌，鱼肉的黏性会不断增强，最终形成一个整体。因为肌原纤维的肌丝由于食盐的溶解作用会被溶解、分散、肌动球蛋白的形成起水合作用，形成相互络合，致使肉糊呈现黏度。经过加热，络合形式被固定成网状结构，水被封存在网络中，使得制品嫩滑爽口。

2. 猪肉糜的形成机理

猪肉糜大多采用肥瘦相间的夹心肉加工而成。在斩肉加工中，一般瘦肉和脂肪都是分开处理。斩碎后的脂肪粒比瘦肉粒粗，脂肪细胞一般不被破坏。将各种调料加入瘦肉馅中混合搅拌，使肉馅产生黏性，俗称上劲，形成原理同鱼糜相似，肉产生黏着力之后再添加脂肪颗粒，脂肪就会被蛋白质形成的网状组织包住，形成猪肉糜。但在传统制作工艺中，常常是肥瘦混合在一起，再调味搅拌，这样的做法实际增加了上劲的难度。在制作某些传统肉糜类菜肴时，如红烧狮子头，肥瘦比例一般相等，所以口感与脂肪关系较大，而与含水量关系相对较小，这是和鱼糜存在较大的差异。

当然，除了鱼糜、猪肉糜外，烹饪中常常还会有虾肉糜、鸡肉糜、牛肉糜等，它们的形成机理基本相同，这是由其所富含的蛋白质所决定的。另外，植物类原料，如熟土豆、熟山药等加工成糊状，一般也称"泥"，它们一般无法上劲，这也是主要由它们的主要成分"淀粉"所决定。因此把握好不同原材料的属性和特点，制作不同的糜类制品显得格外重要。

（二）肉糜的制作工艺

肉糜在通用食材中有诸多品种，但加工工艺基本相同，主要有原料选择、原料漂洗、食材斩碎、调味搅拌等制作工序。

1. 原料选择

制作肉糜的原料比较特殊，一般要求无皮、无骨、无经络、无淤血，质地细嫩、持水性强。如鱼肉糜中，大多选择草鱼、白鱼等肉质细嫩的鱼类，加工时要去尽鱼刺。虾肉糜一般选用河虾仁，加工时要去除虾线并洗净沥干水分够方能使用。鸡肉糜选用鸡里脊肉为最佳，其次是鸡胸脯肉、鸡腿肉。选用上等肉类是加工的前提，也是质量的保证。

2. 原料漂洗

漂洗原料则需要足量的水份，鱼肉需用大于其重量5倍的水进行漂洗，并适当搅拌、静置，去除表面漂液，多次换水直至鱼肉干净无异味。漂洗时水温以冷水为宜，水温不宜过高，以防鱼肉蛋白质提前凝固。

3. 食材斩碎

原料斩碎处理是肉米加工的重要环节，按其加工程序分为机械加工和手动加工两类。

(1) 机械加工一般使用绞肉机，机械化程度比较高，运用也最为广泛，速度快、效率高，适用于数量多的原料。但也会存在经络碎刺，影响肉糜成形质量。因此，在绞肉前将肉适当切碎，并把握好绞肉速度，一般以中低速为宜；另外，在绞肉机机械加工中，机械制动同时会伴随肉的温度上升，使得部分肌球蛋白变性影响可溶性蛋白溶出，对于保水性和形成黏性产生影响。因此，在绞肉时应注意控制温度，肉温控制在15℃以下为宜，保证肉糜形成的稳定性。

(2) 手动加工又称为手工排剁，就是用人工刀剁的方式进行切碎、切细，速度慢、效率相对较慢，但肉的温度可控，肉中筋络和碎刺容易清除，一般适用于原料较少时操作。不同的原料采用的实际刀法也不尽相同，质地较粗的原料先将其切碎然后切成细末，质地较为细腻的如虾仁等采用拍、剁、砸等混合刀法操作，不同肉糜的加工应根据菜品的要求采用不同的方法。

4. 调味搅拌

在调味工艺中可以加入细葱、姜末、料酒、胡椒粉等调味品，辅料有淀粉、鸡蛋、肥膘等。食盐是肉糜最为主要的调味品，也是起黏上劲的主要物质。对于猪肉糜而言，盐可以和其他调味

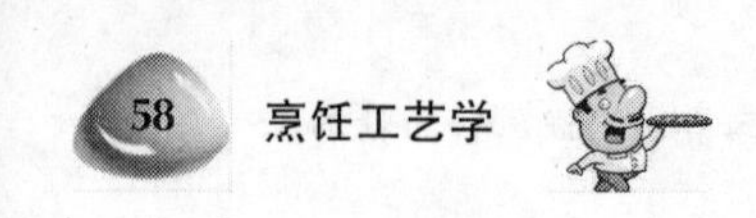

品一并加入;对于鱼糜而言,应当在掺水后加入。在调味中加入盐量除了和主料有关外,还与加水量成正比,一般控制在2%~3%。

肉糜在加盐搅拌后黏性增加,外形完整并富有弹性。鱼糜在先加水后也要搅拌,使肌肉吸水,加盐后搅拌上劲,增强肉糜持水性。但水量也需要控制,不能超过原料的吸水能力,否则很难搅拌上劲。一般鱼类吸水率为100%~150%,畜肉吸水率为60%~80%,禽肉为80%~100%、虾肉为10%,上劲后肉糜添加蛋清、淀粉等辅料,继续搅拌均匀,使其保持黏性。然后将肉糜放置2~8℃的冷藏柜中静置1~2小时,使其可溶性蛋白质溶出,进一步增加肉糜的持水性,便于烹饪出富有质感嫩、富有弹性的菜品。

(三)肉糜在烹饪中的应用

肉糜在烹饪中的应用广泛,既可以独立盛菜,也可以作为花色菜肴的辅料和黏合剂。肉糜是对原料组织和风味进行优化和改良的产物。肉糜的特点主要表现在如下几个方面。

1. 可塑性增强,易于菜肴的造型

原料经过粉碎加工后,组织结构发生改变,形态成了颗粒状,经过加水,加盐搅拌产生了黏性,使可塑性大大增强,可制作多种菜肴,如鱼圆、鱼线、鱼粥、虾饼、鸡糕等。

2. 黏性增大,利于菜品的定型和点缀

肉糜是一种黏稠状复合物,主料具有黏性,同时添加了蛋清、淀粉等辅料,增加了肉糜的黏附能力,在制作酿菜、包卷菜、锅贴菜等花色菜肴时,肉糜就是菜肴的定型的黏合剂。许多热菜的点缀,如"百花香菇""兰化鱼肚"等都必须用肉糜作为中介物,使点缀物在受热过程中不容易脱落。

3. 易于成熟,缩短烹调的时间

首先肉糜的料形非常小,其次由肉糜中掺入了一定量的水份,使得肉糜具有良好的导热性能,特别是一些细嫩的肉糜菜品,其加热成熟的时间非常短,如果过火反而会使口感变老,形态干瘪。

4. 便于使用,使用范围广

肉糜原料中纤维组织基本已被破坏,而且肉糜菜中没有筋络合骨刺,所以口感以细嫩爽滑为特色,既方便使用又利于消化吸收,适合各年龄层次的人食用。

九、原料美化的特殊料形加工

原料美化成形的刀法技术,是运用不同的刀法加工原料,使原料在加热以后形成各种优美形状的手工技艺。用这种刀法技术加工成的原料形状,有大型的松鼠形、葡萄形、蛟龙形等,也有小巧玲珑的菊花形、核桃形、荔枝形等,这种刀法技术较为复杂,技术难度较高,需要通过不断实践才能领会并掌握。

(一)小形花刀

1. 麦穗形

麦穗形一般是运用直刀剞和斜刀推剞的方法制作而成的,常用于墨鱼、鱿鱼、猪腰、猪里脊肉等原料。

实例:麦穗形鱿鱼卷的加工。

用斜刀推剞法在鱿鱼内侧剞上一条条平行的刀纹，深度为原料的三分之二；将原料转一角度，用直刀剞的刀法，剞成一条条与斜刀推剞刀纹成Ⅰ角相交的平行刀纹，深度为原料的三分之二；改刀成长约 4～5 厘米、宽约 2～2.5 厘米的长方块.加热后，即形成如麦穗的形状。

操作要领：

(1) 花刀必须剞在鱿鱼的内侧，鱿鱼的内侧有两个凸点，否则加热后不会卷曲成美观形状。

(2) 由于斜刀推剞与直刀剞两种刀法混合使用，因此应做到深浅一致，斜刀推剞比直刀剞的运行线要长。

2. 荔枝形

荔枝形是将原料用两次直刀剞的刀法制作而成的，一般用于鱿鱼、墨鱼、猪腰等原料。

实例：荔枝形猪腰花的加工。

操作过程：

(1) 在猪腰内侧(已去掉腰臊)先用直刀剞的方法剞成花纹。

(2) 将原料转一角度，用直刀剞的方法，制成与第一次刀纹成 45°角相交的花纹；改刀成边长约为 3 厘米的等边三角形块或边长为 2 厘米的菱形块；加热后卷曲成荔枝形。

操作要领：

(1) 腰臊必须去尽，否则加热后有异味。

(2) 剞花刀必须剞在猪腰内侧。

3. 梳子形

梳子形是将原料用直刀剞和直刀切(或斜刀批)的刀法制作而成的，主要适用于墨鱼、鱿鱼、猪腰、黄瓜等原料。

实例：梳子形墨鱼的加工。

操作过程：

(1) 用直刀剞的刀法剞出一条条平行的刀纹，深度为原料的三分之二，刀距为 0.2～0.3 厘米。

(2) 将原料转一角度，用直刀将原料切成片，如原料较薄可用斜刀批成片。

4. 据齿形

锯齿形是将原料用斜刀推剞和直刀切的方法制作而成的，主要用于墨鱼、鱿鱼、猪腰、黄瓜等原料。

实例：锯齿形墨鱼的加工。

操作过程：

(1) 用斜刀推剞的刀法剞上一条条平行的刀纹，深度为原料的五分之四，刀距为 0.3 厘米。

(2) 将原料转一角度，顶着第一排刀纹将原料切断，刀距为 0.3 厘米，成为曲卷的据齿形。

5. 麻花形

麻花形是将原料用批、切的刀法，再经穿拉制作而成的，常用于鸡脯肉、鸭肫、猪腰、猪里脊肉等原料。

实例：麻花形里脊肉的加工。

操作过程：

(1) 将原料批成长 4.5 厘米、宽 2 厘米、厚 0.3 厘米的片。

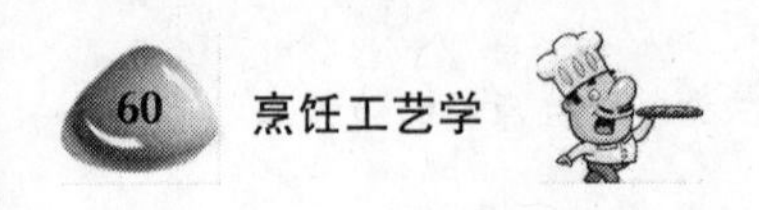

(2) 在原料中间顺长划开约 3.2 厘米的口，再在中间缝口的两边各划一道 2.8 厘米的口。

(3) 用手抓住两端并将原料一端从中间缝口穿过，即成麻花形。

(二) 整料剞花

1. 斜一字形

斜一字形花刀。一般运用斜刀拉剞的方法制作而成，常用于黄鱼、鲳鱼、鳊鱼、鳜鱼、鲤鱼等原料，适用于干烧、红烧、清蒸等烹调方法，制作的菜肴如"干烧鳜鱼""红烧鲤鱼"等。

实例：在鲤鱼上剞成斜一字形花刀。

操作过程：在鲤鱼两面剞上斜一字排列的刀纹，刀距一般在 1～2 厘米。

2. 柳叶形

柳叶形花刀是在整鱼身体的两面用直刀剞的方法制作而成的，一般适用于氽、蒸等烹调方法，如清蒸鳊鱼、氽鲫鱼等。

实例：在鲳鱼上剞成柳叶形花刀。

操作过程：在鱼的中央靠近脊背顺长直刀剞一条刀纹，再以第一刀为中线在两边各斜剞上距离相等的刀纹，即成柳叶形。

3. 十字形

十字形花刀是在整鱼身体的两面，用直刀剞的方法制作而成的。十字形花刀种类很多，有十字形、斜双十字形、多十字形等。一般鱼体大而长的可剞多十字形花刀，刀距可密些，鱼体小可剞十字形花刀，刀距可大些。十字形花刀适用于干烧、红烧、白汁等烹调方法。如干烧鳜鱼、红烧鲢鱼。

4. 牡丹形

牡丹形花刀又称翻刀形花刀，是用斜刀(或直刀)剞和平刀奇的方法制作而成的。牡丹形花刀常用于体大而厚的大黄鱼、青鱼、鲤鱼等原料，适用于脆熘、软熘等烹调方法，制作的菜肴如"糖醋黄鱼"等。

实例：在青鱼上剞成牡丹形花刀。

操作过程：在鱼身两面每隔 3 厘米直刀(或斜刀)剞一刀，剞至脊椎骨时将刀端平，再沿脊椎骨向前平推 2 厘米时停刀。两面剞的刀纹要对称，加热后鱼肉翻卷，如同牡丹花瓣。

5. 鱼网形

鱼网形花刀又称兰花形花刀，是在原料两面用直刀剞的方法制作而成的。鱼网形花刀常用于豆腐干、黄瓜、墨鱼、鲍鱼等原料。

实例：将豆腐干剞成鱼网形花刀。

操作过程：

(1) 修去四周的硬边，在底板上(反面)直刀剞上一条条与边平行的刀纹，刀距为 0.3 厘米，深度为原料的三分之二。

(2) 将豆腐干翻过来，在正面仍用直刀剞上与底板呈 34°夹角的刀纹，刀距仍为 0.3 米，深度也是原料的三分之二。

(3) 用筷子将豆腐干拉开放入油锅炸，待定型后即可成鱼网形。因花纹交叉如兰花草，所以又名兰花豆腐干。

操作要领：

(1) 用豆腐干剞花需用新鲜原料，不可用冷冻后的原料，否则原料无韧性，易断裂。

(2) 必须修去硬边，否则剞好后拉不开。

(3) 也可两面都以15°左右的夹角直刀剞，但两次夹角相加不得超过30°。

6. 松鼠形

松鼠花刀是运用斜刀拉剞、直刀剞等方法制作而成的，常用于大黄鱼、青鱼、鳜鱼等原料，适用炸熘制作的菜肴，如“松鼠黄鱼”“松鼠鳜鱼”等。

实例：松鼠黄鱼的加工。

操作过程：

(1) 去鱼头后沿脊椎骨将鱼身剖开，离鱼尾3厘米处停刀，然后去掉脊椎骨，批去胸肋骨。

(2) 在两扇鱼肉上剞上直刀纹，刀距约0.6厘米，进深为剞至鱼皮。

(3) 再用斜刀剞的刀法，剞成与直刀成直角相交的刀纹，刀距为0.6厘米，进深也是剞至鱼皮。

(4) 加热后即成松鼠形。

十、花色热菜的坯形加工

(一) 卷入法

卷入法是指利用薄软而有韧性的片状原料或将韧性的原料，加工成较大的片形作外皮，中间加入馅料，卷裹成长圆筒形，然后再烹制成熟的成形工艺。

卷的形式如下：

(1) 单卷：将原料片状(如春卷皮)卷入食材，卷成长条形。

(2) 如意卷：将原料片状(如春卷皮)卷入食材，卷至中间，然后，翻面再卷至中间，然后切成3厘米左右。

(3) 相思卷：就是将原料片状(千张)卷入食材呈现长条形形状，将卷切成7厘米左右的小段，然后每一小段对折后用牙签串上。

(二) 包裹法

包裹法是指运用薄软而有一定韧性的片状原料(可食或不可食)或加工成片形的原料作外皮，包住另一种原料的成形方法。

(三) 填馅法

将原料制做成心馅填入另一种原料的空隙处，形成生坯。

(四) 镶嵌法

一般将片状原料嵌在主料上，或将糜状原料镶在片状的底托原料上，有时为使糜胶粘牢，还用“排斩”方法在原料上排几下。

(五) 夹入法

采用切“夹刀片”的方法，切成一个个的夹刀片，然后在夹刀片的中间加上事先调制好的肉

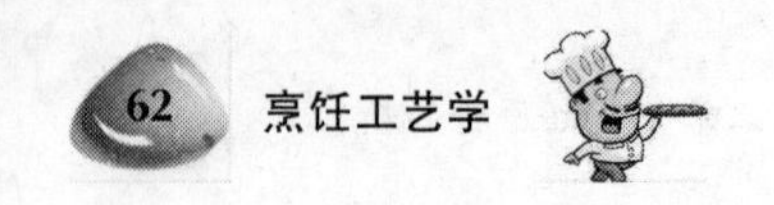

糜、虾糜或豆沙馅等馅料，即成生坯。

(六) 穿制法

穿制法是指将原料去掉骨头，在出骨的空隙处，用其他原料穿在里面，形成生坯的方法。

(七) 串连法

串连法是指将一种或几种厚片原料调汁腌制后，串在钎子上的成形方法。

(八) 叠合法

叠合法是指将不同性质的原料，分别加工成相同形状的小片，分数层粘贴在一起成扁平形状生坯的方法。

(九) 捆扎法

捆扎法就是将加工成条、段、片的原料用丝状原料成束成串的捆扎起来。

(十) 扣制法

扣制法是将所用原料按一定的次序有规则地码放在碗内，成熟后整齐的覆盖入成器中，使之具有美丽的图案。

(十一) 模具法

将糜胶或稀糊状的原料(或液体)装入模具中加热的方法成模具法。

(十二) 滚沾法

滚斩法就是在圆形的原料的表面均匀地沾上一种或几种细小的末、粒、粉、丝状物的物料而形成生坯。

(十三) 挤捏法

挤捏法是指将原料先加工成糜胶状，再用手或工具将糜胶状的原料挤成各种形状的方法。

(十四) 复合技法

所谓复合技法，是指菜肴的生坯造型通过两种或两种以上的方法加工而成。

第二节　烹饪菜肴的组配工艺

一、菜肴组配概述

根据宴席的档次和菜肴的质量要求，把各种加工成形的原料加以适当搭配，供烹调或直接食用的工艺称为配菜。配菜是紧接在刀工处理后的一道加工工序，与刀工处理有着密切的关系，有时又称切配。因配菜在很大程度上决定了菜肴的质和量，是烹制菜肴的指挥中心，必须由专人负责。其工作人员既要熟悉烹调方法、风俗习惯、菜点特色(时令菜肴的供应),又要懂得各种原料的性质、用途,菜品的成本核算,保证菜肴质价相符。烹饪配菜工艺是整个烹饪工艺的中心,起着承上启下、发挥组织和调整的功能。所以,要对这道工艺有一个概括的了解。

(一) 配菜的作用

配菜是指根据菜肴的质量要求,对各种经过刀工成形的原料,经过适当的组合,使其成为一个完整的菜肴原料,为烹饪做好最后的准备,或者是通过组配直接成为可食用的菜肴的过程。

通过配菜,各种成形原料进行适当、巧妙的搭配与安排,保证菜肴的色、香、味、形、质符合要求。配菜对于菜肴成本的控制都有着重大的影响。因此,配菜工序是烹制过程中的一个不可或缺的重要环节,起着使菜肴定形、定量、定质的作用。

(二) 配菜的基本要求

配菜的基本要求包括几个方面:一是品质和分量;二是菜肴的色、香、味、形;三是成本的控制;四是依据就餐人群特点确定营养价值;五是菜肴品种多样;六是有利于原料的合理使用,减少浪费。

(1) 菜肴组配的规格与质量控制:①按照菜肴组配确定用料规格和质量;②确定菜肴成本的价格;③核定菜肴销售价格等三个步骤来实施。

核定该菜肴全部用料的品种、规格、单价、数量、金额等,便于厨房管理人员核定菜肴成本价格,维护消费者利益,测算菜肴的销售定价依据。菜肴销售价格测算公式

$$S = \frac{C}{1-\text{销售毛利率}}$$

式中,其中 S 为售价;C 为成本。

(2) 确定菜肴的营养价值。通过组配,将多种原料有机结合在一起,营养成分相互补充,满足人体需要。

(3) 确定菜肴的口味和烹调方法。菜肴主、配、调料确定后,口味也就确定了。

(4) 确定菜肴的色泽和造型。原料固有色泽,调味品色泽,加热过程中食材的色泽变化等因素最终确定菜肴的色彩。

(三) 配菜的具体操作

配菜是一项复杂而又重要的工作,需要烹调人员有较多的业务知识,如熟悉各种原料的性质、特点、营养成分、价格等,掌握经刀工处理后的原料的形状及烹调方法等。因此,必须明确配菜的基本要求,做到四个必须:①必须了解和熟悉原料的性能特点;②必须熟悉菜肴的名称和制作方法;③必须懂得菜肴原料营养成分的组合;④必须掌握菜肴原料的成本控制,其前提是把握好质量关。

(1) 菜肴数量的配合。一份菜肴可以有大小不同的数量定额;多料菜肴中还有主辅料的数量配合。

(2) 口味的配合。一般以主料的口味为主,辅料口味要适应主料的口味,即主辅料的口味,一定要配合得当。菜肴色、香、味、形的组配原则:①淡味原则;②浓味原则;③适口原则;④

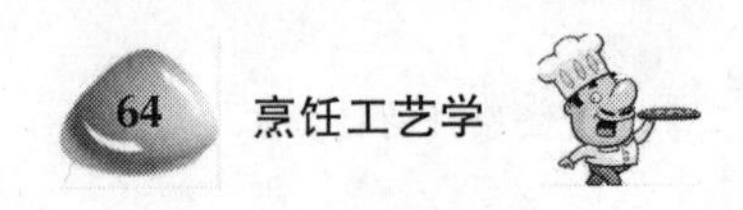

适时原则。其香味香味也要遵循菜肴香味的组配:①突出主料香味;②突出辅料香味;③调味品香味掩盖;④香味相似原料不宜相互搭配。

(3) 质地的配合。一般是脆配脆、软配软。如果软硬搭配不当,就将影响菜肴的特色。菜肴原料质地组配原则具体是:①同一质地原料相配质地相同或基本相同的数种原料组配,脆配脆、嫩配嫩、软配软;②不同质地原料相配是一种质感反差的口感。如:嫩配老、脆配韧等。

(4) 形态的配合。一般要求辅料形状要与主料形状相适应,并使主料形象突出。原则上要求块配块、片配片、丁配丁、丝配丝,辅料的形状要小于主料。菜肴原料形状的组配原则:①依加热时间长短来组配;②相似相配料形统一,辅料服从主料。

(5) 色泽的配合。一般要突出主料,辅料起衬托作用。总的原则是美观大方,有一定的艺术性。菜与菜之间的色泽配合,更应注意鲜艳、大方、相间。菜肴色泽的组配原则:①同类色的组配;②对比色的组配。

(6) 营养成分的配合。在一份菜肴或一席菜肴中,要按照营养互补的原则,予以有机的配合。例如,肉类菜肴要多配以素菜或食用菌类,是一种比较好的营养互补的配法。

(7) 盛器与菜肴的配合。一般要求盛器的品种要与菜肴种类相适应;盛器的大小要与菜肴的分量相适应;盛器的色彩要与菜肴色彩相协调;盛器质地要与菜肴的精细相适应。

(8) 菜肴的营养和卫生组配要求。概括起来有以下几个方面:①六大营养素充分均衡;②注意食物的酸碱平衡;③必需氨基酸和必须脂肪酸的含量;④注意食物中纤维素的数量。

二、配菜的基本方法

配菜的基本方法有两大类,即一般配菜和花色配菜。

(一) 一般配菜

一般配菜又可分为三种:①配单原料,即每一个菜肴只有一种原料和调味品组成;②配主辅原料,即配菜时对辅料的选择,应考虑对主料起补充、调剂作用的辅料,力求色彩鲜明、形象美观、气味相投、营养互补;③主次不分的多种原料,即一份菜使用各种原料的数量不相上下,以保持菜肴的色、形、味等的基本平衡。

(二) 花色配菜

花色菜肴要求口味鲜美、营养全面、外形美观、色彩绚丽,尤其对感官性状的要求过高,即对艺术性的要求较高。因而,在配菜时,选料要有利于造型,有利于构成菜肴色香味的完整性;配色的协调等。花色配菜的方法有多种,一般有叠、卷、填、扎(捆)、排、酿等方法。

三、菜肴的构成及组配形式

(一) 单一菜肴的构成及组配形式

1. 单一菜肴原料组配工艺

单一菜肴原料组配工艺,简称“配菜”,是指把已经过加工处理或成形的烹饪原料,经过合理搭配,使其呈现一份完整菜肴的工艺过程。一份完整的菜肴由主料、辅料和调料三个部分组成。

(1) 主料在菜肴中作为主要成分，占主导地位，是突出作用的原料。通常比重占60%～70%，是反应菜肴的主要营养及主体风味的指标。

(2) 辅料(配料)为从属原料，指配合、辅佐、衬托和点缀主料的原料。比重不能超过完整菜肴的30%，作用是补充或增强主料的风味特性。

(3) 调料主要是调和食物风味的一类原料。

2. 单一原料菜肴的组配

单一原料菜肴中没有配料，只有一种主料，配以调料以主料的香和味为主。对原料要求较高。如"清炒河虾仁""清蒸鲈鱼"。

(二) 多种主料菜肴构成及组配形式

主料品种两种或两种以上，数量大致相等，无主、辅之分。配菜时原料应分别放置，便于操作。如"三色鱼丸""植物四宝"。

(三) 主、辅料菜肴的组配

菜肴有主料和辅料，并按一定的比例构成。其中主料为动物性原料，辅料为植物性原料的组配形式较多，也有辅料是动物性原料的，如"肉末豆腐"，也有的辅料是多种，如"五彩虾仁"。

主辅料的比例一般为9∶1或8∶2或6∶4等形式，辅料的比例宜少不宜多，不能喧宾夺主。

花色菜的组配更侧重于造型、花色、模型的加工。

四、菜肴组配工艺的作用

(一) 菜肴质量保证

1. 确定菜肴原料、成本和售价

菜肴的用料售价一经确定，就具有一定的稳定性，不可随意增减、调换，以保证质量和企业的信誉。

2. 奠定菜肴的质量基础

各种菜肴都是由一定的质和量构成。

质：组成菜肴各种原料的营养成分和风味指标。

量：菜肴中原料的重量及菜肴的质量。

一定的质量构成菜肴的规格，而不同的规格决定了菜肴的销售价格和食用价值。组配工艺规定制约着菜肴原料结构组合的优劣、精细、营养成分、技术指数、用料比例、数量多少，以保证菜肴的质量。

3. 奠定菜肴的风味基础

菜肴的风味，即人们通常说的色、香、味、质等各种表现的综合。菜肴的风味不是随机性的；而是靠组配工艺确定的。烹调方法，确定菜肴的口味色泽、造型。

4. 组配工艺是菜肴品种多样化的基本手段

菜式创新的方式虽然很多，但在很大程度上是运用了原料组配工艺。原料组配形式和方法的变化直接影响菜肴的风味、形态等方面的改变，并使烹调方法与这种变化相适应。可以说，组配工艺是菜式创新的基本手段。

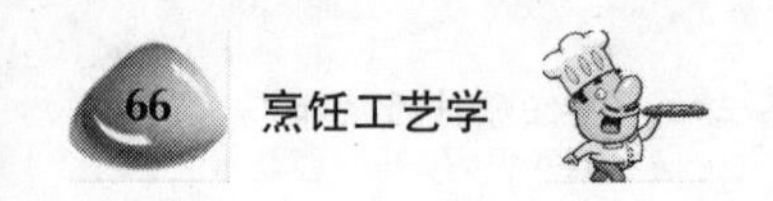

5. 确定菜肴的营养价值

随菜肴的规格质量确定下来后，各种原料的营养成分也随之固定。通过对组配原料营养成分的了解以及人体对营养素的需求，从而可以让原料与原料之间产生互补的作用，满足人体所需营养素，提高菜肴原料的消化吸收率和营养价值。

五、菜肴色、香、味、形组配的一般规律

色彩是反映菜肴质量的一个重要方面。菜肴的风味特点或多或少可以通过菜肴的色彩被客观地反映出来，从而对人的饮食心理产生极大的作用。

菜肴的色泽与三个方面有关：①主料和辅料本身固有的色泽，决定菜肴的基本色泽；②调味品所赋予的色泽，是菜肴的辅助色彩；③加热过程中的变化色泽。

菜肴的色彩可分为：冷色调和暖色调两类。通过色调来表示菜肴色彩的温度感。在色彩的七个标准色中，近于光谱红端区的红、橙、黄为暖色；接近紫端区的青、蓝、紫为冷色；绿色是中性色。

所谓冷、暖是互为条件，互为依存的。如紫色在红色环境里为冷色，而在绿色环境里又成为暖色；黄色对于青、蓝为暖色，而对于红、橙又偏冷。

1. 原料色彩的组配规律

菜肴色彩的组配可参考表 3-6，具体有如下四种形式：

(1) 单一色彩菜肴，组成菜肴的原料由单一的一种原料色彩构成的。

(2) 同类色的组配，也叫“顺色配”。所配的主料、辅料必须是同类色的原料，它们的色相相同，只是光度不同，可产生协调而有节奏的效果。如“韭黄炒肉丝”。

(3) 对比色的组配，也叫“花色配”“异色配”。把两种不同色彩的原料组配在一起。

(4) 多色彩的组配，组成菜肴的色彩是由多种不同颜色的原料组配在一起，其中以一色为主，多色附之，色彩艳丽，总体调和。如“五彩鱼丝”。

表 3-6 烹饪色彩组配

颜色	感　觉	菜　例
白色	给人以洁净、软嫩、清淡之感。当白色炒菜油芡交融、油光发亮时，则给人一种肥浓的味感	清汤鱼园、芙蓉银鱼、糟溜三白、高丽银鱼等
红色	给人以热烈、激动、美好、肥嫩之感，同时味觉上表现出酸甜、香鲜的快感	红梅菜胆、翠珠鱼花、北京烤鸭等
黄色	给人以温暖、高贵的感觉，尤以金黄、深黄最为明显，使人联想到酥脆、香鲜的口感	吉士虾卷、香炸猪排、咖喱鸡丝等
绿色	一般以蔬菜居多，清新、自然、给人以脆嫩、清淡的感觉。若配以淡黄色，显得格外清爽、明目	鸡油菜心、金钩芹菜、蒜蓉蒲菜
褐色	给人以浓郁，芬芳、庄重的感觉，同时显得味感强烈和浓厚	炒软兜、红卤香菇、干烧鳊鱼
黑色	在菜肴中应用较少，给人以味浓，干香、耐人寻味的感觉，若加工不当会有糊苦味的感觉	酥海带、蝴蝶海参、素海参
紫色	属于忧郁色，但运用得好，能给人以淡雅、脱俗之感	紫菜蛋汤、紫菜卷等

注：对比色，在色相环上相距于 60 度以外范围的各色称为对比色，此外称为调和色。

2. 菜肴香味的组配规律

香味是通过人们的嗅觉感官感知物质的感觉。研究菜肴的香味，主要考虑当食物加热和

调味以后才表现出来的嗅觉风味。

原料都具有独特的香味，组配菜肴时要熟悉各种原料的香味，又要根据其成熟后的香味保存或突出香味的特点，进行适当搭配，才能更好地掌握香味组配规律。菜肴香味组配要遵循的一般规律有如下几点。

(1) 主料香味较好，应突出主料的香味。以主料的香味为主，辅料、调料衬托，如"滑炒鸡丝"。

(2) 主料香味不足，应突出辅料的香味：如鱼翅味淡，需用鸡腿，鸡脯等原料增味。

(3) 主料有腥膻异味，可用调味品掩盖。

(4) 香味相似的原料不宜相互搭配：香味比较相似的原料，配在一起反而使主料的香味更差。如鸭与鹅、牛肉与羊肉、南瓜与白瓜、白菜与卷心菜等。

3. 菜肴口味的组配规律

口味是通过口腔感觉器官——舌头上的味蕾鉴别的，是评价菜肴质量的主要标准，是菜肴的灵魂所在，一菜一格，百菜百味。菜肴口味组配的规律如下。

(1) 突出主料的本味。就是以清淡咸鲜为主，所用调味品较少，用盐量也少，汤菜一般含盐量约在0.8%，爆、炒等菜肴含盐量在2%左右。

(2) 突出调味品的味道。所用调味品较多，以复合味较多。

(3) 适口与适时规律。根据各地风俗、风味特点、口味、时令季节等符合大多数人的味觉习性，才算是好口味。

4. 菜肴原料形状的组配规律

菜肴原料形状的组配-将各种加工好的原料按照一定的形状要求进行组配，组成一盘特定形状的菜肴。菜肴形状组配的规律如下。

(1) 根据加热时间来组配。菜肴的形状大小必须适应烹调方法。

(2) 根据料形相似来组配。主、辅料的形状必须和谐统一、相近相似，根据烹调的需要确定主料的形状，从而确定辅料的形状。如丁配丁

(3) 辅料服从主料来组配。如荔枝腰花，辅料一般为长方片或菱形片。

5. 菜肴原料质地的组配规律

配菜时应根据原料的性质进行合理搭配，以符合烹调和食用的要求。原料质地组配主要有如下两方面。

(1) 同一质地原料相配。即原料质地脆配脆、嫩配嫩、软配软、如"汤爆双脆"。

(2) 不同质地的原料相配。即将不同质地的原料组配在一起，使菜肴的质地有脆有嫩，口感丰富，给人一种质地反差的口感享受，如"宫保鸡丁""雪菜肉丝"。

6. 菜肴与器皿的组配规律

餐具种类繁多，从质地材料看有金(镀金)、银(镀银)、铜、不锈钢、瓷、陶、玻璃、木质等。从形状上看有圆、椭圆、方形、多边形等。从性质来看有盘、碟、碗、品锅、明炉、火锅等。美食需配美器，不同的菜肴要选择合适的餐具。

(1) 据菜肴的档次决定餐具。较名贵的原料，如燕窝、鱼翅等，一般要选用银质或镀银的餐具。

(2) 据菜肴的类别定餐具。大菜或拼盘用大型器皿，无汤的用平盘，汤少的用汤盘，汤多的用汤碗。

为使菜肴在盘中显得饱满，又不显臃肿，通常以器皿定量。用器皿定量这是最基本的、也是最常用的确定单个菜肴原料总量的一种定量方法，即采用不同的容量、规格的盛器，可以预先核定出菜料总量标准。

三、整套菜肴的组配

（一）宴席菜点的构成

中式宴席食品的结构，有“龙头、象肚、凤尾”之说。它既像古代军中的前锋、中军和后卫，又像现代交响乐中的序曲、高潮及结尾。冷菜通常以造型美丽、小巧玲珑为开场菜，起到先声夺人的作用；热菜用丰富多彩的佳肴，显示宴席最精彩的部分；饭点菜果则锦上添花，绚丽多姿。

（二）宴席菜肴组配的原则与要求

对宴席组配的原则与要求要：①因人配菜，迎合宾主嗜好；②因时组配；③因价配菜；④控制宴席菜肴的数量；⑤宴席的营养组配；⑥注意宴席菜肴色彩组配；⑦注意菜点的质地多样化；⑧宴席菜点要丰富多彩；⑨宴席中各菜点的比例要恰当；⑩注意菜肴与餐具的配套。

（三）宴席菜肴的组配内容

中式宴席菜点的结构必须把握三个突出原则和组配要求：即在宴席中突出热菜，在热菜中突出大菜，在大菜中突出头菜。

1. 冷菜

冷菜又称“冷盘”“冷荤”“凉菜”等，是相对于热菜而言。其形式有：单盘、双拼、三拼、什锦拼盘、花色拼盘带围碟。

(1) 单拼。一般使用5～7寸盘，每盘只装一种冷菜，每桌宴席根据宴席规格设六、八、十单盘(西北地区习惯用单数)。造型、口味较多，是宴席中最常用的冷菜形式。

(2) 拼盘。每盘由两种原料组成的叫“双拼”；由三种原料组成的叫“三拼”；由十种原料组成的叫“什锦拼盘”。乡村举办的宴席多用拼盘形式。现今饭店举办的中、高档宴席以单碟为主。

(3) 主盘加围碟。多见于中、高档宴席冷菜。主盘主要采用“花式冷拼”的方式，花式冷拼的设计要根据办宴的意图来设计。

花式冷拼不能单上，必须配围碟上桌，没有围碟陪衬，花式冷拼显得虚而无实，失去实用性，配围碟可以丰富宴会冷菜的味型和弥补主盘的不足。围碟的分量一般在100克左右。

(4)各客冷菜拼盘：是指为每个客人都制作一份拼盘，较好地适应了“分食制”的要求。这种形式多用于商务宴会式高档宴席中。

2. 热菜

热菜一般由热炒、大菜组成，它们属于宴席的“躯干”，质量要求较高，是宴席的重点，并由此逐步进入高潮。

(1) 热炒。一般排在冷菜后、大菜前，起到承上启下的过渡作用。

菜肴特点：色艳味美、鲜热爽口。

选料:多用鱼、禽、畜、蛋、果蔬等质脆嫩原料。

烹调特点:旺火热油、兑汁调味、出品脆美爽口。

烹调方法:炸、熘、爆、炒等快速烹法,多数菜肴在 30 秒至 2 分钟内完成。

加工特点:原料加工后的形状多以小型原料为主。

上菜方式:可连续上席,也可在大菜中穿插上席,一般质优者先上,质次者后上,味淡者先上,味浓者后上。

热菜一般是 4～6 道,300 克/道,使用 8～9 寸盘。

(2) 大菜又称"主菜",是宴席中的主要菜品。大菜通常由头菜、热荤大菜(山珍、海味、肉、蛋、水果等)组成。成本占总成本的 50%～60%。

大菜组成:原料多为山珍海味和其他原料的精华部位,一般是用整件或大件拼装(10 只鸡翅、12 只鹌鹑),置于大型餐具之中,菜式丰满、大方、壮观。

烹调方法:主要用烧、扒、炖、焖、烤、烩等长时间加热的菜肴。

出品特点:香酥、爽脆、软烂,在质与量上都超出其他菜品。

上菜形式:一般讲究造型,名贵菜肴多采用"各客"的形式上席,随带点心、味碟,具有一定的气势,每盘用料在 750 克以上。

(3) 头菜,是指整桌宴席中原料最好、质量最精、名气最大、价格最贵的菜肴。通常排在所有大菜最前面,统帅全席。配头菜应注意:①头菜成本过高或过低,都会影响其他菜肴的配置,故审视宴席的规格常以头菜为标准;②鉴于头菜的地位,故原料多选山珍或常用原料中的优良品种;③头菜应与宴席性质、规格、风味协调,照顾主宾的口味嗜好;④头菜出场应当醒目,结合本店的技术长处,器皿要大,装盘丰满,注重造型,服务员要重点介绍。

(4) 热荤大菜是大菜中的主要支柱,宴席中常安排 2～5 道,多由鱼虾菜、禽畜菜、蛋奶菜及山珍海味组成。它们与甜食、汤品联为一体,共同烘托头菜,构成宴席的主干。

配热荤大菜须注意:①热荤大菜档次不可超过头菜;②各热菜之间也要搭配合理,避免重复,选用较大的容器;③每份用料在 750～1 250 克;④整形的热荤菜,由于是以大取胜,故用量一般不受限制,如烤鸭、烤鹅等。

3. 甜菜

甜菜包括甜汤、甜羹在内,凡指宴席中一切甜味的菜品。甜菜品种较多,有干稀、冷热、荤素等,根据季节、成本等因素考虑。

甜菜用料广泛,多选用果蔬、菌耳、畜肉蛋奶等食材。其中,高档的有冰糖燕窝、冰糖甲鱼、冰糖哈士蟆;中档的有散烩八宝、拔丝香蕉;低档的有什锦果羹、蜜汁莲藕。

烹调方法:拔丝、蜜汁、挂霜、糖水、蒸烩、煎炸、冰镇等。

作用:改善营养、调剂口味、增加滋味、解酒醒目。

4. 素菜

素菜在宴席中不可缺少,品种较多,多用豆类、菌类、时令蔬菜等。通常配 2～4 道,上菜的顺序多偏后。

素菜入席要求:

同时还需注意素菜的选择,一须应时当令;二须取其精华;三须精心烹制。

烹调方法:视原料而异,可用炒、焖、烧、扒、烩等。

素菜作用:改善宴席食物的营养结构,调节人体酸碱平衡,去腻解酒,变化口味,增进食欲,

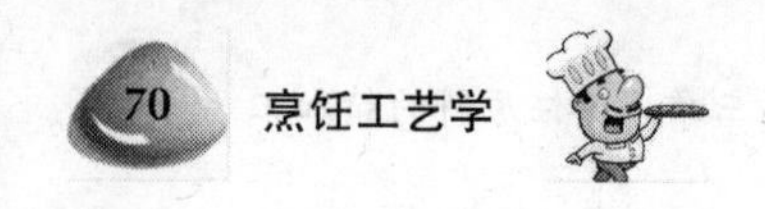

促进消化。

5. 宴席点心

宴席点心的特色要求:注重款式和档次,讲究造型和配器,玲珑精巧,观赏价值高。

点心的安排:一般安排 2～4 道,随大菜、汤品一起编如菜单,品种多样,烹调方法多样。

上点心顺序:一般穿插于大菜之间上席。

配置席点要求:一要少而精,二须闻名品,三应请行家制作。

6. 汤菜

汤菜的种类较多,传统宴席中有首汤、二汤、中汤、座汤和饭汤之分。

(1) 首汤,又称“开席汤”,此菜在冷盘之前上席。

用料:用海米、虾仁、鱼丁等鲜嫩原料用清汤汆制而成,略呈羹状。

特点:口味清淡、鲜纯香美。

作用:用于宴席前清口爽喉,开胃提神,刺激食欲。

变化:首汤多在南方使用,如两广、海南、香港、澳门。现内地宾馆也在照办,不过多将此汤以羹的形式安排在冷菜之后,作为第一道菜上席。

(2) 二汤。源于清代。由于满族宴席的头菜多为烧烤,为了爽口润喉,头菜之后往往要配一道汤菜,在热菜中排列第二而得名。如果头菜是烩菜,二汤可省去,若二菜上烧烤,则二汤就移到第三位。

(3) 中汤,又名“跟汤”。酒过三巡,菜吃一半,穿插在大荤热菜后的汤即为中汤。

作用:消除前面的酒菜之腻,开启后面的佳肴之美。

(4) 座汤,又称“主汤”“尾汤”,是大菜中最后上的一道菜,也是最好的一道汤。

用料:座汤规格较高,可用整形的鸡、鱼,添加名贵的辅料,制成清汤或奶汤均可。为了区别口味,若二汤是清汤,座汤就用奶汤,反之则反。

要求:用品锅盛装,冬季多用火锅代替。座汤的规格应当仅次于头菜,给热菜一个完美的收尾。

(5) 饭汤。席即将结束时与饭菜配套的汤品,此汤规格较低,用普通的原料制作即可。现在宴席中饭汤已不多见,仅在部分地区受欢迎。

7. 主食

主食多由粮豆制作,能补充以糖类为主的营养素,协助冷菜和热菜,使宴席食品营养结构平衡,全部食品配套成龙。

主食通常包括米饭和面食,一般宴席不用粥品。

8. 饭菜

又称“小菜”,专指饮酒后用以下饭的菜肴

作用:清口、解腻、醒酒、佐饭等功用。

小菜在座汤后入席,不过有些丰盛的宴席,由于菜肴多,宾客很少用饭,也常取消饭菜;有些简单的宴席因菜少,可配饭菜作为佐餐小食。

9. 辅佐食品

(1) 手碟。在筵席开始之前接待宾客的配套小食,如水果、蜜饯、瓜子等。

(2) 蛋糕。主要是突出办宴的宗旨,增添喜庆气氛。

(3) 时令果品。水果应选取应时鲜果,配置的数量、形式和程序可略有不同。可与冷菜同上，也可在餐后食用。高档筵席还可用各式各样的时令鲜闲，制作成艺术造型水果拼盘、果蔬雕等，不仅能烘托席面气氛，也为宾客增添了筵席的内容。同时水果中的维生素、矿物质等营养成分，有助于食物在人体内的消化和吸收。

(4) 茶品。一是注意档次；二是尊重宾客的风俗习惯。如华北多用花茶，东北多用甜茶，西北多用盖碗茶，长江流域多用青茶或绿茶，少数民族多用混合茶。

（四）宴席菜肴的组配方法

1. 合理分配菜点成本

(1) 一般宴席冷菜约占宴席成本的10%，一般热菜约占宴席成本的40%，大菜、面点约占宴席成本的50%。

(2) 中档宴席冷菜约占宴席成本的15%，一般热菜约占宴席成本的30%，大菜、面点约占宴席成本的55%。

(3) 高档宴席冷菜约占宴席成本的20%，一般热菜约占宴席成本的30%，大菜、面点约占宴席成本的50%。

上述宴席菜肴配置比例不是一成不变的，可根据本企业经营特色、各地区的饮食习惯、季节变化、宴席的规格档次及宾客的需求，灵活调配各类菜肴所占宴席成本的比例，保持整席菜点的搭配均衡。

2. 核心菜点的确立

核心菜点是每桌宴席的主角。一般来说，主盘、头菜、座汤、首点，是宴席食品的“四大支柱”；甜菜、素菜、酒、茶是宴席的基本构成，都应重视。

因为，头拆是“主帅”，主盘是“门面”，甜菜和素菜具有缓解、调节营养及醒酒的特殊作用；座汤是最好的汤，首点是最好的点心；酒与茶能显示宴席的规格，应作为核心优先考虑。

3. 辅佐菜品的配备

核心菜品一旦确立，辅佐菜品就要“兵随将走”，使宴席形成一个完美的美食体系。

辅佐菜品，在数量上要注意“度”，与核心菜保持1∶2或1∶3的比例；在质量上注意要“相称”，档次可稍低于核心菜，但不能相差悬殊；此外，辅佐菜品还须注意弥补核心菜肴的不足。

4. 宴席菜目的编排顺序

一般宴席的编排顺序是先冷后热，先炒后烧，先咸后甜，先清淡后味浓。传统的宴席上菜顺序的头道热菜是最名贵的菜，主菜上后依次是炒菜、大菜、饭菜、甜菜、汤、点心、水果。现代中餐的编排略有不同，一般是冷盘、热炒、大菜、汤菜、炒饭、面点、水果，上汤表示菜齐，有的地方上一道点心再上一道菜的做法。

总之，宴席的设计应根据宴席类型、特点和需要，因人、因事、因时而定。会花许多力气。

（五）影响宴席菜点组配的因素

宴席菜点组配是指组成一次宴席的菜点的整体组配和具体每道菜的组配，而不是将一些单个菜肴点心随意拼凑在一起。

现代宴席菜点涉及宴席售价成本、规格类型、宾客嗜好、风味特色、办宴目的、时令季节等因素。这些因素就要求设计者懂得多方面的知识。

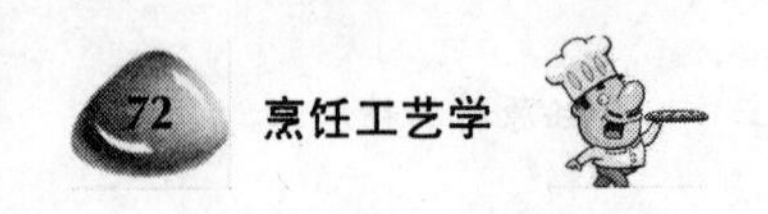

1. 办宴者及赴宴宾客对菜点组配的影响

宴席菜肴组配的核心就是以顾客的需求为中心,尽最大努力满足顾客需求。准确把握客人的特征,了解客人的心理需求,是宴席菜点组配工作的基础,也是首先考虑的因素。因此,菜点的组配要以宴席主题和参加者具体情况而定,使整个宴席气氛达到理想境界,使客人得到最佳的物质和精神享受。具体如下。

(1) 宾客饮食习俗的影响。着重了解宾客的地区差异及饮食习惯,以搭配不同的菜品,满足不同需求。

(2) 宾客的心理需求影响。分析举办者和参加者的心理,从而满足他们明显的和潜在的心理需求。

(3) 宴席主题的影响。举办者通常都有主题性设宴,菜肴的选择与设计需要与主题切合,以搭配现场气氛。

(4) 宴席价格的影响。菜肴价格是直接选用原材料及制作工艺的标准,根据价格制定菜单是重要内容。

2. 宴席菜点的特点和要求对组配的影响

不管宴席售价的高低,其菜点都讲究组合,配套成龙,数量充足,体现时令,注重原料、造型、口味和质感的变化。宴席菜点达到这些特点和要求,是满足顾客需求的前提(见图 3-1)。

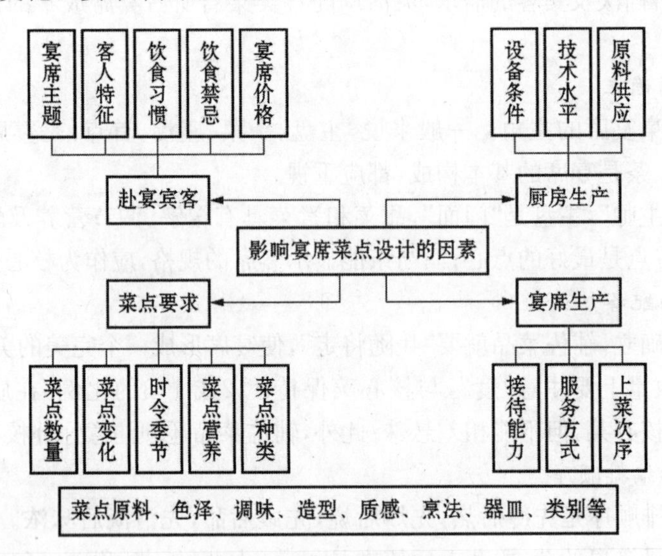

图 3-1 宴席菜肴组配管理

(1) 宴席菜点数量的影响。宴席的菜点数量通常需要达到标准,以符合宴席的量上要求,根据宴席标准进行组培菜肴。

(2) 宴席菜点变化的影响。宴席菜点的变化表现在以下几个方面:①原料选择应多样;②烹调方法应多样;③色彩搭配应协调;④品类衔接需配套。

3. 时令季节因素的影响

季节的变换,对相同的菜肴定位是有差异的,根据时令特点选择菜肴组培可以有效节约宴席成本,也可以满足季节性菜肴的营养特点等因素。

4. 食品原料供应情况影响

原料的供给情况需要进行进行细致分析,这需要盒采购进行提前协商与了解,有利益保证菜点的准备和组培的顺利进行。

5. 厨房生产因素对菜点组配的影响

组配好的宴席菜点要通过厨房部门的员工利用厨房设备进行生产加工,因此,厨师的技术水平和厨房的设备条件直接影响宴席菜点的组配。

(1) 厨师技术力量的影响。了解生产人员的技术状况,配出切合实际的菜点。在组配中要亮出名店、名师、名菜、名点和特色菜的旗帜,发挥本地本店的技术专长,避开劣势,充分选用名特原料,运用独创技法,力求新颖别致。

(2) 厨房设施设备的影响。不同的餐饮接待部门,厨房设备上的差异影响着菜肴的菜品的质量,宴会的规格应根据实际厨房能生产标准进行合理定位,有利于开展相适应的宴席,保证宴席菜点质量标准和宴席要求。

6. 宴会厅接待能力对菜点组配的影响

宴会厅接待能力的影响主要包括两方面:宴席服务人员和服务设施。

(1) 厨房生产出菜品后,必须通过服务员的正规服务,才能满足宾客的需要,这就需要服务员具备相应的上菜、分菜技巧,否则就不要组配复杂的菜肴。

(2) 组菜要考虑服务的种类和形式,是中式服务,还是西式服务;是高档服务,还是一般服务,明确上菜的程序。

(3) 组配菜肴应考虑餐具器皿,是用金器,还是银器,要充分体现本店的特色。

四、菜肴的营养组配及其对人员的要求

(一) 宴席菜点营养组配的依据

1. 宴席食品原料应多样

宴席食品原料应多样,通常包括如下五大类。

(1) 谷类及薯类,以碳水化合物为主的原料。

(2) 动物类食物,以丰富动物蛋白质为主的禽畜类原料。

(3) 豆类及其制品,以丰富植物蛋白质为主的原料。

(4) 蔬菜水果类,以维生素、植物纤维为主的果蔬原料。

(5) 纯热能食物(植物油、酒精),以富含油脂类的原料。

2. 宴席食物酸碱应平衡

人体的血液是弱酸性的,吃进的食物酸碱比例应为1:4感觉才舒服。动物性原料多为酸性,植物性原料多为碱性。

3. 宴席菜品的控制

宴席菜品的数量要适当,使营养不过剩。具体为宴席的菜品数量合理、荤素比例协调,冷菜、热菜等均合理搭配。一般以保证每个宾客能食用到标准的食用量为宜,一般为1千克/分。

4. 控制宴席食品的脂肪的含量

动物性原料富含较高的油脂,烹饪菜肴时应尽采用植物油脂,这样保证不饱和脂肪酸与饱和脂肪酸的比例在宴席营养成分上的均衡。

5. 宴席食品应清洁卫生

宴席食品原料必须经过充分洗净,同时在制作过程中经过高温、酒精等加工处理,保证食

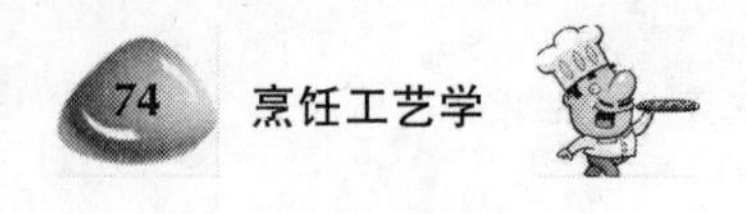

物的卫生安全。

(二) 计算机在宴席菜肴组配中的作用

现已有“饭店营养咨询系统”计算机软件,可用于宴席组配。

(三) 对宴席菜点组配人员的要求

1995年5月我国颁布的《国家职业分类大典》,将营养配餐员作为一个新的职业,并分三个等级。

第三节 烹饪原料的上浆、挂糊的工艺处理

一、烹饪原料上浆挂糊概述

在中国的烹饪艺术中,上浆、挂糊的工艺处理是中国烹饪史上的一项重大技术革新,促使我国的烹饪工艺进入一个新的阶段。

烹饪原料上浆挂糊可增强菜肴的质感、味感、使其多样化并富于变化,可使菜肴形态美化;可增加和保护菜肴的营养成分,上浆、挂糊等于在原料外面加了保护层,使其内部的营养成分不会随水分蒸发而消失;可增加新的烹法,推动烹饪工艺的发展。

(一) 上浆、挂糊的概念

上浆、挂糊是指对刀工成形的原料,为其表面涂上一层带有黏性的糊浆保护层的过程。在具体的浆、糊制作中,用料和制作方法因功能及菜肴的不同而有所差异。因而,在制作各种浆、糊之前,先要了解制作原料。一般常用的原料有淀粉、面粉、米粉、鸡蛋、苏打粉、发酵粉等。通常使用的淀粉有两种,一种是支链淀粉(又称胶淀粉),是黏性强、质量较好的淀粉,用它炸出的原料质感脆,勾出的芡汁黏性强;另一种是直链淀粉(又称糖淀粉),吸水性强,黏性差,质量稍差,炸出的原料质感软,勾出的芡汁黏性差。

(二) 浆糊的种类

1. 上浆的种类

根据不同食物原料的特点和烹调工艺的需要不同的上浆方式,通常有:①蛋清浆;②全蛋浆;③水粉浆;④苏打浆。

2. 制糊的种类

蛋糊种类多样,食物原料不同的属性以及烹调的不同需求采用不同的制糊工艺,通常有以下几种:①蛋清糊;②蛋黄糊;③全蛋糊;④蛋炮糊;⑤水粉糊;⑥发粉糊;⑦脆浆糊;⑧拍粉拖蛋糊;⑨镶粉糊;⑩拖蛋糊揪香脆性原料。

(三) 上浆、挂糊的区别与联系

(1) 上浆和挂糊的烹调油温一般都控制在五成以下。

(2) 上浆的原料,一般多为小形原料;挂糊的原料,一般多为大形原料。

(3) 浆、糊调制的厚薄也有差异，上浆要薄，薄到既能看到外表形态，又能看到内在的结构；挂糊要厚，厚到只看到外表形态，看不到其内在结构。

(4) 制作方法也不同，上浆要“上劲”，把原料与调味料一起拌进；挂糊不能上劲，要单独对原料制糊。

(5) 制成菜肴的特点也不同。上浆原料制成的菜肴外部柔滑，内里鲜嫩；挂糊原料制成的菜肴外部松脆，内里鲜嫩。

二、浆、糊调制的成品标准和技术关键

(一) 挂糊技术的成品标准

(1)) 调搅均匀，厚薄一致。糊的稠度要根据原料的性质、结构和烹调方法而定，要灵活掌握；均匀有两个标准：一是糊内不能有粉粒和结成块的粉；二是糊内各种材料要融为一体，又稠又黏。调搅时要从慢到快，直至融成一体为佳。

(2) 浓度适当，表面平整。浓度的大小，关系到与菜肴原料的结合。浓度适当，结合的好，原料表面就平整；否则，原料将粗糙不平，影响菜肴质量。

(二) 上浆、挂糊应掌握的操作关键

1. 上浆的要领

上浆要求制法细腻，程序繁多，一般需有三个步骤：一是盐渍；二是调搅蛋清；三是要抓匀水淀粉，并要抓匀抓透，把原料全部包起来。

2. 挂糊的操作关键

(1) 注意挂糊时间，要现挂现烹。如松鼠黄鱼的制作，就是先用全蛋糊把全蛋液，即适量的水和生粉，调制成有一定黏性的厚糊状，并立即投入油锅，使菜品获得色泽金黄、酥松香脆的质感。

(2) 注意烹饪原料的味道，在挂糊的同时，用掺入不同的调味粉，以获得不同的味感。

(3) 注意烹饪原料的湿度，使之既易成形，又不会断裂。

三、烹饪原料的勾芡技术

(一) 勾芡的概念

勾芡是指在烹饪菜肴即将成熟之时，将已调好的粉芡，撒入锅内，使锅内卤汁变稠变浓，增加卤汁对原料的附着力的一种方法。我国的菜肴中，凡是通过爆、炒、熘、烧、烩、扒等烹调的菜肴，多要进行勾芡。因此，它也是烹饪原料精加工的一个重要组成部分。

勾芡所用的原料叫芡，是一种水生草本的果实，又叫芡实，俗称“鸡头米”。最早的勾芡就是用芡实磨成粉，加适量的水和调味品，调制成芡汁的。现在人们已不用或极少用芡粉了，逐渐以绿豆粉、马铃薯粉、玉米粉等(统称淀粉)来代替，但仍然保留了这个名称。

(二) 勾芡的作用

(1) 由于淀粉的糊化黏性作用，使卤汁又稠又黏，包裹在菜肴原料上，起到了浓稠入味的

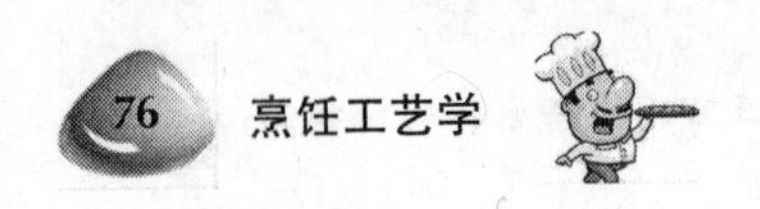

作用。

(2) 在调味汁中加入淀粉，先进行勾芡，使卤汁变稠，再滚、拌、浇在原料上，保证菜肴质感脆嫩，达到预期的质感要求。

(3) 在有些汤水较多的菜肴中，汤味特别鲜美，但菜汤分家，不能融合在一起。通过勾芡，增加了汤汁的浓度，使汤汁融合在一起，提高了菜肴的风味特色。

(4) 采用勾芡方法，适当提高了汤菜的浓度，使主料浮上，突出了主料的位置。

(5) 淀粉受热变黏后，可产生一种特有的透明光泽，使菜肴的色泽更加鲜明，起到"锦上添花"的作用。

(6) 芡汁裹住了菜肴外表，减少了菜肴内部热量的释放，起到了保温保质的作用。

(7) 勾芡后的菜肴，可以保持较长时间的滑润，既保证了菜肴的口味，又保护了菜肴的形态，利于菜形的美观。

(三) 勾芡的种类

勾芡的种类很多，划分原则也很多。但根据不同的烹调方法和菜肴特点，主要可分为两大类。

1. 厚芡

指用淀粉多，芡的浓度大。根据其浓度的差异，又可分为包芡和糊芡两种。

(1) 包芡，是芡汁中最浓的，主要用于爆炒类的技法。

(2) 糊芡。勾芡后卤汁成糊状，适用于烩等烹调方法。

2. 薄芡

薄芡指用的淀粉比例小，液体调味品或水分的比例大，芡汁浓度较稀。根据菜肴的要求不同，又可分为琉璃芡(奶油芡)和玻璃芡(蜜糖芡)。

(1) 琉璃芡，勾芡后的芡汁一般在原料上，在原料的四周，呈流泻状。适合于红烧鱼类，也适合于炸熘菜肴。

(2) 玻璃芡，是芡汁中最稀薄的一种，其浓度只能像米汤一样稀。适用于软溜的菜肴和有些汤菜。最有代表性的是酸辣汤的制作。

(四) 勾芡的调制

1. 芡汁的调制方法

芡汁的调制方法虽然简单，但要根据菜肴特点加以调整，变化很多，故有几个要点需予注意：

(1) 调制搅拌要均匀，不能夹有粉粒疙瘩。

(2) 浓度要适当。必须根据菜肴的实际需求确定浓度大小。

(3) 芡料中加入调味一定要准，因这是调制芡汁的关键。

2. 勾芡的基本方法

(1) 拌芡。指按一定比例制成后与原料一起拌匀的方法。多用于滑炒类、爆炒类菜肴、此法比较稳妥，有回旋余地。

(2) 淋芡。是指边加热边淋芡，使卤汁浓稠的方法。这类芡汁是不加调味品的水粉芡

(3) 兑汁芡。是指先在碗内调制好，再倒入菜肴快成熟的锅内，搅拌和颠翻匀，完成勾芡

的方法。此类难度较大，要掌握好各种量的控制。

（4）浇芡。是指在原料成熟时盛出装盆，后将制好的调味芡料均匀地浇在菜肴上的方法。此法适合于整只菜肴的制作，与拌芡有相似之处。

3. 勾芡过程中的技术关键

（1）需在菜肴接近成熟时勾芡，不能过早或过迟。

（2）需在汤汁恰当时勾芡。

（3）需在口味确定时勾芡。

（4）勾芡前的菜肴油汁不要过多，否则会影响菜肴质量。

练习思考题

（1）在原料的加工涨，体现中国烹饪特色的加工技法有哪些？试分析说明之。

（2）试说明在切丝、切片、制肉糜等的加工中，采用手工处理与机械操作有何差异？比较其优劣。

（3）试分析制肉糜的“上劲”的外在表现和内在处理。

（4）举例说明生坯加工成形的方法。

（5）原料的精加工与菜肴创新有无关系？为什么？

（6）说明主料、配料和调料的作用与相互关系。

（7）菜肴组配工艺如何影响菜肴的质量。

（8）为什么说“组配工艺是菜式创新的基本手段”？

（9）叙述宴席食品种类的构成。

（10）怎样控制宴席食品的脂肪含量。

（11）宴席菜点的变化表现在哪几个方面？

（12）挂糊、上浆和勾芡技术利用淀粉的原理有无差异？为什么？

第四章　烹饪原料的制热处理

学习目标

通过本章学习，使学生了解烹饪原料制热处理的基本过程和基本原理，具体掌握烹饪加工过程中所使用的各种加热设备的特点和使用方法；理解火候的基本含义和掌握火候的方法；掌握加热、制热的处理技法等内容，具备制热处理的基本功技能。

学习重点

（1）掌握烹调原料熟、热处理的基本概念和原理。
（2）掌握烹调原料加热、制热处理的技法。

第一节　烹饪原料制热处理的基本概念和原理

一、烹饪原料制热处理的概念和意义

（一）概念

烹饪原料热处理是指根据菜肴的质量要求，将原料放在各种传热介质（水、油或蒸气等）中进行初步加热，使之成为半热或刚热状态的半成品，为正式烹调做好准备的一种工艺操作过程。

（二）目的

烹饪原料制热可以除去动、植物原料中的污物和异味，如动物原料中的腥、膻、臊等异味，植物原料中的苦味、涩味、土腥味等。便于原料的贮存包挂、加工切配。它既可以使原料保持鲜脆的颜色和质感，也可以延长贮存时间。既可以保持和增加原料的色彩有助于原料的定型。也可以缩短正式烹调时间，调整原料的成熟程度等多种因素，因此初级工制热处理应当充分达到要求，便于实施后续加工自作相应菜品。

二、烹饪原料制热处理的基本原理

（一）利用各种传热介质进行加热

制热处理需要不同的介质，原料的不同以及菜品的要求，需要不同的初加工前期处理，如

利用水，称为焯水、水煮；利用油，称为过油；利用蒸气，称为汽蒸等。还有利用微波加热，烤箱加热等。这些均是烹饪原料过程中重要的环节。

（二）在加热过程中，掌握火候是极其重要的

俗话说原料是基础，火候是关键，把握好火候，是成菜的关键因素，它是检验菜肴质量的重要标准，也是考验厨师最主要的技术水准之一。

（三）油温的识别也是制热处理的一项基本功

食物大多经过油为介质进行熟制加工，不同的原料入油的温度有严格的要求，高低不同，成形色泽差异很大，营养价值也受到重要影响，因此要了解油在不同温度下的表现及对原料的影响效果，更好掌握这项烹调的基本功。

第二节　烹饪原料制热处理的基本内容

根据传热介质和热传递的基本原理，利用加热设备，对原料进行加热、制热处理，是烹调中的一个重要过程。

一、热源及火力调控

（一）热源

热源是指能直接产生大量热能且能有效地应用于食品加工的热能来源。

(1) 物质燃烧：如木柴、煤炭、燃油、天然气等。

(2) 电能：如电磁炉、微波炉、电热炉、电烤箱、电饭煲、电炒锅等。

（二）火力识别

以物质燃烧为热源的加热，要掌控其火力的大小，主要靠操作者的经验去判断，因而掌握火力识别能力非常重要。

通常把火力分为旺火、中火、小火及微火四种，一般根据热力强弱、火焰高低、光线明暗程度加以鉴别。其中，旺火是烹调中最强的一种火力；微火是最小的一种火力。

二、常用加热设备

根据其热源的不同，常用加热设备可以分为燃煤加热设备、燃气加热设备、燃油加热设备、蒸气加热设备和电加热设备等。

（一）明火亮灶

明火亮灶主要是燃煤、燃气、燃油和蒸气等加热设备，是厨房中厨师重要的操作设施设备。如何正确有效地利用这些加热设备，全靠中餐厨师的实际操作经验去判断，是厨房中厨师重要的操作设施设备。

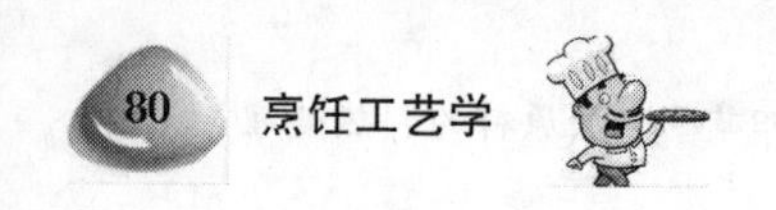

（二）电热设备

包括电扒炉、电炒锅、电烤箱、微波炉、电磁炉等。这些设备具有无火烹调、自动控制、使用方便和标准化程度高等特点，因此不需要操作者花过多精力去深入了解其火力大小，标准化程度高。

三、利用传热介质和热传递的规律

（一）经典的热传递方式

1. 热能的传递

热能传递方式有三种，即传导、对流和辐射。在烹调过程中，这三种方式往往是同时存在的。传热途径多为热源→介质→原料。在传导原料的过程中又分两种情况，即原料不直接接触热源（称为原料外部传热）和原料接触热源后的原料内部传热过程。

2. 原料外部传热

原料外部传热是指原料不直接接触热源，多通过传热介质将热能传递到原料表面。介质不同，传热效果也不同。选择传热介质要考虑制成菜肴的要求，例如，需用旺火快速制成的菜肴，应选用传热速度快的金属介质；需小火长时间烹制的菜肴，则选用传热速度较慢的砂锅作为传热介质等。

3. 原料内部传热

原料内部传热是指热能通过传热介质到达原料表面，再从表面进入原料内部的传递过程。烹饪原料多是固态的，故固态原料的内部传热是烹饪中最多见的。原料的体积越大，传热的路程越长，所需的传热时间越长。因此，对体积较大的烹饪原料加热，一般不能采用高温加热，以免出现原料表面成熟过度而内部尚未成熟的效果。

另外，原料质地不同，传热效果也不相同。人们常说的“急火豆腐慢火鱼”就是一例。

（二）烹饪操作中常用的传热介质

1. 固体物

固体物指金属及盐、砂、石头等物质。

（1）金属传热速度很快，多被用来烹制菜肴，但要防止原料粘锅。

（2）盐、砂、石头等物，传热速度慢，但能比较均匀地加热原料。由于它们不能产生热对流，故加热时要不断地翻动。多用于需要长时间烹制的菜肴。

2. 水

水作为传热介质有一个重要特性，即在加热达到沸点100℃后，水会汽化成蒸气。即便继续加大火力加热，水温也不会再升高，始终保持在100℃。这种恒温效果的产生，适用于需较长时间加热的食物。同时，由于水的对流作用，可使原料的营养成分浸出溶于水中，保持汤汁鲜美，也使调料、配料能渗入主料，增加菜肴的色、香、味。还可在汆煮中去除一些动物原料的异味。

3. 油

油作为传热介质，可以对流传热，传热速度也比水传热速度快得多。在用油的烹调中，油温的选择范围较大。采用高温油加热原料，可使其表面迅速获得高温，水分迅速蒸发，而原料的内部传热较慢；温度不是很高，则会形成外焦内嫩的效果；采用低温加热食物原料，则可使其达到细嫩鲜滑的效果。

4. 蒸气

蒸气的传热温度较高，湿度较大，受热均匀，在加热过程中原料也不移动。因而，利用此介质加热可使原料变得柔嫩、鲜软，并保持其形态完整，使所含营养素损失较少。但调味料难以进入食物内部，影响菜肴的滋味。所以，用蒸气加热制作菜肴，要在加热前，先将原料腌制入味。

5. 空气传热

这是热辐射的传热方式，可有两种：一是以火的热气辐射直接熏烤食物（称为敞开式）；二是在烤炉中用热辐射加热（称为封闭式）。由于水分蒸发快，成菜的外皮酥脆干香，其内部的肉质鲜嫩，如烤鸡、烤鸭等。

现在很多厨房中都配备了电烤箱、微波炉。烤箱主要是由远红外辐射传热，而微波炉是由微波辐射传热。

第三节　烹调加热及识别油温

一、油作为传热介质的特点

油在烹调过程中是使用最多的一种传热介质。它可以传递很高的热量，又具有排水性。因而，利用它来加热原料，能使原料较快的成熟、脱水变脆、香味扑鼻。由于油在传热过程中有排水性，可使某些易溶水的原料保持其外形，也可使其原料本味更加浓郁。油的主要特性如下。

(1) 油温变化幅度较大，常温可升高到300℃左右，变化幅度大大超过水。因而，可以用不同的油温传热，能产生不同的烹调方法。

(2) 油能产生高温，适合于短时间烹制加热的菜肴，能保持菜肴鲜嫩的质感。同时，它也可以用于较长时间的加热，脱水较多，以获得酥松香脆的质感。

(3) 油有润滑性，用油传热可防止烹饪原料与烹饪器皿之间的粘连，起到润滑作用；油有较强的渗透性，可将所有投入油中的原料浸润，并将其热量传递给原料。

(4) 油对水有排斥作用，两者互不相溶，烹调时油里有水会发生爆炸声。为此，油的脱水能力很强，可使原料脱水成熟；油也可以使烹制的原料成熟，但不会把原料的物质和味道带出来，因而它能保持原料的原有性质。这是油作为传热介质的一个可贵特点。

二、识别油温是用油烹饪菜肴的关键

以油为传热介质的烹调方法是烹饪菜肴中使用最多的方法。要掌握这种烹调方法，正确识别与掌握油温是关键。油温的变化是一个从常温到燃点的无极系列，难以找出有序的规律，主要依据实际经验而定。在实际烹调中，确定油温的成数是相对于油脂的燃点而言的。三四成熟（温油锅）、五六成熟（热油锅）、七八成熟（旺油锅）中的“成”是相对于达到燃点温度的1/10。在实际操作时，不可能边烹制边测温，只能根据实际经验加以识别（见表4-1）。

表 4-1　油温成数变化

名称	俗称	油温	一般油面变化
温油锅	三四成	90～120℃	无烟、无响声、油面较平静
热油锅	五六成	150～180℃	微有烟、油从四周向中间翻起
旺油锅	七八成	210～240℃	有烟、油面较平静、搅动时有响声

三、如何正确掌握油温的变化

影响油温的变化因素主要有如下几个变量：火力情况、原料情况、投料数量等。因而要正确掌握油温的变化，就要掌握火力情况，原料的温度、熟料、质地和形状，以及投料数量的多少等情况。

（一）火力情况

火力情况主要是考虑在原料下锅时情况，如旺火、中火、小火等。在旺火情况下，原料下锅时的油温应低一些，以免火力旺油温高，造成外焦里不熟的现象；在中火情况下，原料下锅时的油温可偏高一些，以免达不到实际所要求的温度，导致原料因糊、浆脱落，水分流失过多而变老。在整个烹调过程中，如逢火力太旺，应立即改变操作，如撤离锅灶，加入冷油，关小火力等方式进行处理。

（二）原料情况

（1）原料本身温度较低（如刚从冰箱取出），下锅时油温可高一些；反之，则下锅时油温可低一些。

（2）原料质地老的原料，下锅时油温可高一些；质地较嫩，则不必火力足。

（三）投料数量

投料数量的多少，也影响下料时油温的高低。投料量多，油温升得慢，要求下锅时的油温高些；投料量小，下锅时油温可低一些。

第四节　火候和火候的运用

一、火候的概念

从字面上解释，火候是指燃烧的火力情况；从来源看，“火候”一词来自道家的炼丹论著，主要是指调节火力文武的大小（文指文火，武指武火）；从烹调角度而言，它是指菜肴在烹调时的火力大小和时间长短的变化情况。可见，烹调的火候不仅是指火力情况，还要看菜肴原料在火力加热中所产生的结果。因此，对烹饪而言火候的定义是指：在烹饪菜肴过程中，对热源的强弱和加热时间长短的控制，是菜肴原料获得所需的成熟度（成熟度是指菜肴的色香味形俱佳，符合口味要求）。从本质上讲，火候是菜肴成熟度的衡量标准，是菜肴烹调的关键。

烹调时，一方面要从燃烧烈度鉴别火力的大小，另一方面要根据原料性质掌握成熟时间的长短。两者统一，才能使菜肴烹调达到标准。一般地说，火力大小要根据原料性质来确定，但也不是绝对的。有些菜根据烹调要求要使用两种或两种以上火力。例如清炖牛肉就是先旺火，后小火；而氽鱼脯则是先小火，后中火；干烧鱼则是先旺火，再中火，后小火烧制。烹调中运用和掌握好火候要注意以下因素的关系。

（一）火候与原料的关系

烹饪原料品种多样，质地各有特点，原料有老、有嫩、有硬、有软。烹调时火候的掌控应当根据原料质地来确定。如原料的质地软、嫩、脆则用旺火速成；而对于老、硬、韧的原料应当采用用小火长时间烹调。但如果原料在烹调前已经做了初步加工，改变了原料的质地和特点，那么火候运用也要做相应的改变。如原料切细、走油、焯水等都能缩短烹调时间。还有原料数量的多少，也与火候大小相关。原料数量少，火力相对就要减弱，时间也就要缩短。此处原料形状大小与火候运用也有直接关系。一般而言，整形大块的原料在烹调时，由于受热面积小，成熟的时间相对要长些，所以火力不宜过旺。而碎小块状的原料因其受热面积大，急火速成即可成熟。

（二）火候与传导方式的关系

现实生活中，热量传递的主要方式有三种：热辐射，热传导，热对流。在烹调中使烹调原料发生质变的决定因素是火力传导。其关系如图 4-1 所示。

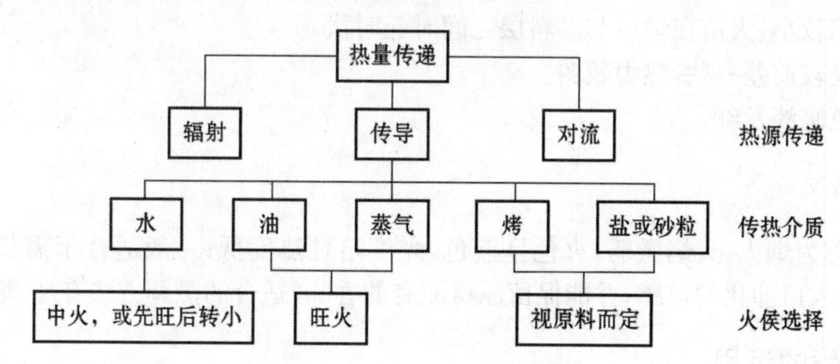

图 4-1　烹调中火候传导关系

这些不同的热传导方式，直接影响着烹调中火候的运用。

（三）火候与烹调技法的关系

烹调技法与火候运用密切相关。炒、爆、烹、炸等技法多用旺火速成。烧、炖、煮、焖等技法多用小火长时间烹调。但根据菜肴的要求，每种烹调技法在火候运用上也不是一成不变的。只有在烹调中综合各种因素，才能正确地运用好火候。

二、火力的鉴别

火候的变化是由火力的变化决定的。因而，鉴别火力情况是掌握火候的前提和基础。操作者在实践过程中，根据火焰的高低、火光的明暗、火色的不同和热度的大小来判断火力。一般可分为大火、中火、小火三种。

（一）大火（旺火）

旺火，又称为大火、急火或武火，火柱会伸出锅边，火焰高而安定，火色呈蓝白色，热度逼人；烹煮速度快，可保留材料的新鲜及口感的软嫩，适合生炒、滑炒、爆等烹调方法，其特点是：①火焰高而稳定，散发灼热逼人的热气；②火光耀眼夺目，明亮照人；③火色黄白。

旺火的火力适于快速烹制菜肴，可以缩短菜肴烹调加热时间，减少营养成分损失，保持原料的鲜嫩质感。

（二）中火（文武火）

中火又称为文武火或慢火，火力介于旺火及小火之间，火柱稍伸出锅边，火焰较低且不安定；火光呈蓝红色，光度明亮。中火适用于煮等需用时间稍长的烹调方式，一般适合于烹煮酱汁较多的食物时使食物入味。如熟炒、炸等均适合。其特点是：①火苗在炉口处摇晃不定，时上时下，不稳定；②火光较亮，热力较大；③火色黄红。

（三）小火（文火、温火、慢火）

小火又称为文火或温火，火柱不会伸出锅边，火焰小且时高时低，火光呈蓝橘色，光度较暗且热度较低，适于味美鲜嫩的菜肴的烹制，如干炒、烧、煮贴等。一般适合于慢熟或不易烂的菜，适合干炒、烧、煮等烹饪。其特点是：

(1) 火焰较小，火苗在炉口与燃料层之间时起时伏。

(2) 火光较前差一些，热力较弱。

(3) 火色暗淡发红。

（四）微火

微火又称为烟火，火焰微弱，火色呈蓝色，光度暗且热度低；一般适合于需长时间炖煮的菜，使食物有入口即化的口感，并能保留原材原有的香味，适合的烹调方法有炖、焖、煨等。

三、火候的运用

识别和掌握火候主要靠经验判断，因此要在实际操作中不断地积累经验，才能准确地识别和运用。具体火候调控应该注意如下几个方面。

（一）根据原料的感官性质判断火候

所谓感官性质就是指原料的形状、大小、质地和颜色等靠人的感官去识别的性质。

(1) 经过刀工加后的原料的形状与大小不同，对火候的判断也不同。表面积较大，体积较小的原料易成熟；反之，则不易成熟。

(2) 不同质地的原料，对火候的判断也不同。原料的质地不同，原料加热时的投放时间也不同。例如，质地老韧的原料，需加热的时间长，投料时间就要早；质地鲜嫩的原料，需加热的时间短，则投料较晚。

(3) 原料加料后，其形态与颜色会发生变化，可根据这些变化来判断火候。例如，动物原料是生的，形体较软，则该原料的形体会伸展；如过度加热，则其形状会产生卷曲。

另如，动物原料的颜色，如瘦猪肉开始为肉红色，加热变熟则转为白色；植物原料，如绿色蔬菜开始时为墨绿色，加热变熟时则变为碧绿色。

（二）据观察传热介质的表面物相，判定火候

烹饪中常用的传热介质有油、水、蒸气等。不同的传热介质有不同的传热特点。如油的沸点高，容易产生高温，原料在高温的条件下可以迅速成熟，脱水变脆。水的沸点低（100℃），一般加热就容易达到；蒸气的温度比沸水略高，比油温低，且蒸气的温度比较稳定，原料更易酥烂。一般，可根据这些不同传热介质达沸点的表现判断火候。

由此可见，火候的掌握并不是一成不变的程式，且受到多个可变因素影响。因而，可根据原料的物性、投料数量和时间早晚、传热介质、烹调方式等可变因素，总结出掌握火候的一般原则（见表4-2）。

表4-2　掌握火候的一般原则

影响可变因素			火力	加热时间
原料性状	质地	老韧	小	长
		细嫩	旺	短
	形体	大	小	长
		小	旺	短
烹饪菜肴要求	脆嫩		旺	短
	酥烂		小	长
	制汤取汁		旺（奶白汤），小（清汤）	长
投料数量	多少	多	旺	长
	烧	中、小	短	
时间早晚	早		小	长
	晚		旺	短

第五节　烹饪原料加热和制热处理技法

菜肴烹调之前需做大量的准备工作，主要做的工作有焯水、油锅处理、给原料上色入味、蒸箱操作、制汤、干料涨发等。下文具体介绍多种加热、制热处理技法。

一、焯水

（一）焯水及其作用

1. 焯水

焯水是指把经过初步加工的原料，放在水锅中加热至半熟或刚熟的状态，随即取出，以备进一步切配成形或备烹调菜肴之用。

需要焯水的原料比较广泛，大部分蔬菜以及一些有血污或有腥膻气味的动物原料，都应进行焯水。

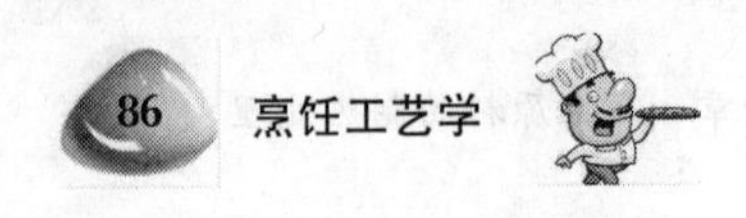

2. 焯水的作用

(1) 可使蔬菜色泽鲜艳,口味脆嫩,如青菜、芹菜、菠菜等绿叶蔬菜类;或除去涩味、苦味或辛辣味,如笋、萝卜等。

(2) 可使动物类原料中的血污排除,还可除去牛羊肉及内脏等的腥膻气味。

(3) 可缩短烹调时加热的时间。经过焯水的原料,已成为半熟或已熟状态,因而烹调时,加热时间就可大大缩短。这对于一些必须在极短时间内迅速制成的菜肴尤为必要。

(4) 可以调整不同性质原料的加热时间。各种原料由于性质不同,加热成熟所需时间也不同。有些原料很快就能烧熟,而有些原料如肉类和蔬菜中的笋、萝卜、芋艿、马铃薯等,却需要加热较长的时间才能成熟。如果将成熟时间长短不一的原料同时一起加热,势必造成这一部分原料恰到好处的时候,另外的一部分原料却不是半生,就是过了头,失去美味。焯水的作用之一,就是将那些要经过较长时间的加热才能成熟的原料进行"预热"处理,使菜肴最终原料成熟的程度相一致。

(5) 可使原料便于去皮或切配加工。例如芋艿、马铃薯、山药等,生料去皮比较困难,通过焯水,去皮就很容易了。又如肉类、笋、马铃薯、茭白等,熟料比生料更便于切配加工。

(二) 焯水的方法

焯水可以分为冷水锅的煮和沸水锅的汆两大类。

1. 冷水锅煮

(1) 适用范围。对蔬菜类而言,适用于笋、萝卜、芋艿、马铃薯、慈姑和山药等。因为笋、萝卜的涩味,只有在冷水中逐渐加热才易消除;同时它们体积都较大,需要加热较长时间才能使其成熟,如在水沸后下锅则容易发生外烂里不熟的现象。对动物类而言,适用于腥气重、血污多的原料,如牛肉、羊肉、大肠、肚子等。因为这些原料如在水沸后下锅,则表面会因骤受高热而立即收缩,内部血污的腥膻气味就不易排出,所以必须冷水下锅。

(2) 注意事项。在焯水过程中必须经常翻动原料,使各部分受热均匀。水沸后应根据原料性质和进一步切配、烹调的要求,区别情况,决定煮的时间长短。

2. 沸水锅汆

(1) 适用范围。对蔬菜类而言,需要保持色泽鲜艳、口味脆嫩的原料,如青菜、菠菜、青椒、芹菜、莴笋、绿豆芽等。这些蔬菜体积小,含水量多,如果冷水下锅则由于加热时间较长,既不能保持鲜艳的色泽(细胞色素遭受破坏),又影响口味的脆嫩,而且其中维生素 C 等营养成分也易被破坏,所以必须在水沸后下料,并用旺火加热。对肉类而言适用于腥气小、血污少的原料,如鸡、鸭、蹄髈、方肉等。这些原料在水沸时下锅,亦可去污去腥。

(2) 注意事项。原料在锅中略滚即应取出。特别是绿叶蔬菜类,加热时间切忌过长,而且必须用旺火在短时间内加热;鸡、鸭、方肉、蹄髈等焯水后应立即放入桶内继续用冷水冲凉,直至完全冷却为止。

3. 焯水对原料的影响

原料在水中加热时,会发生种种化学变化,有些变化是厨师所要利用的。如萝卜中含有很多黑芥子酸钾和淀粉,这种黑芥子酸钾能分解一种无色透明、有辛辣味的芥子油,所以生萝卜有辛辣味。由于芥子油受热很容易挥发,萝卜焯水时,芥子油大部分挥发掉了,辛辣味也就除去了;而萝卜中的淀粉因受热产生水解形成葡萄糖,会增加一些甜味。

焯水也有不足之处。原料在水锅中焯水时，很多不稳定的可溶性营养成分会从原料内部溢出，造成一定的损失。例如鸡、鸭、肉等中的很多蛋白质与脂肪会散失到汤中去。当然，因为汤还可以利用，从整体看损失还不大。但焯水对蔬菜来说，影响就较大了。因新鲜的蔬菜含有多种维生素，特别是含有大量的维生素C，而维生素C受热容易氧化分解，又很容易溶解于水，因此蔬菜焯水就造成维生素C的较大损失。特别是有些蔬菜在焯水后还要放在冷水中冲浸，营养成分损失更多，应当研究改进。

4. 焯水的操作要领

(1) 掌握焯水时间。原料一般均有大小、老嫩等的不同，在焯水时必须分别对待。如蔬菜中的笋，就有大小、老嫩的差别。大的、老的，焯水时间应长一些；小的、嫩的，焯水时间就应短一些。如焯水时间不足，笋的口味会感觉涩口；但焯水时间太久，又会使笋的鲜味走失。异味重又耐煮的原料焯水时间长一点，如羊肉；反之，则一烫即起，如鳜鱼在蒸前的烫表处理时间要短。

(2) 不同原料分别焯水。有些原料往往具有某种特殊气味，如芹菜、萝卜、羊肉、大肠等。这些原料如果与一般无特殊气味的原料同时同锅焯水，通过扩散和渗透作用，一般原料也会沾染上特殊的气味，严重影响它们的口味。因此必须分开焯水。另外，颜色深浅不同的原料也不能同锅焯水。

二、过油

(一) 过油的意义

过油又称走油，就是把经过加工成形的原料或焯水处理的原料，放在不同油温的油锅中加热成半成品，以备正式烹调菜肴之用。过油对菜肴的影响很大，如果原料在过油时对火候，油温及加热时间掌握不当，就会使原料出现老、焦、生等现象。因此过油在整个原料初步熟处理中是技术性很高的一项工艺。

(二) 过油的作用

过油对食物的作用比较重要，主要有如下几种：①能使原料具备酥、脆、嫩和外香脆、里鲜嫩的特点；②能使原料散发出大量的芳香气味，诱人食欲；③能为原料增添色彩。经过不同过油方法处理的原料，有的颜色金黄，有的颜色红艳，有的洁白滑润；④能对原料杀菌消毒。

(三) 过油的分类

1. 滑油

滑油，又称拉油，主要是将原料下锅时，根据原料的性质和烹调的要求，油温必须控制在二成至五成熟。

(1) 适用范围。原料形状一般都是丁、条、丝、片、粒、块等小型鲜嫩原料。滑油前，多数原料都要上浆，原料不直接与热油接触，原料因内部的水分不易渗透出来而保持鲜嫩、柔软。烹调方法适用于爆、炒、熘、烧、烩等烹调方法，如制作松子鱼米、炒凤尾虾、熘鱼片等。

(2) 注意事项。炒锅必须洗净、烧热，油要洁净。掌握好油温。油温太低，会使原料上的浆糊脱落，以至于原料变老，失去上浆的意义，同时油也变得浑浊；油温太高，会使原料粘连在

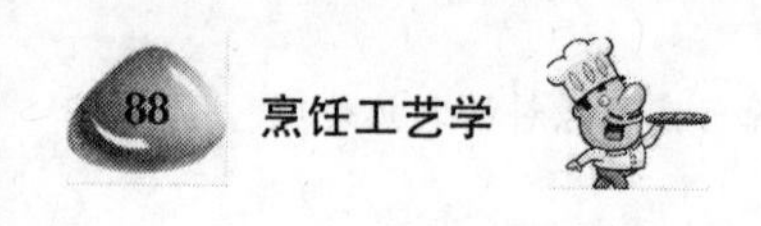

一起，或使原料表面焦糊，失去柔软鲜嫩的特点。

2. 走油

走油，也称油炸或油锅处理。即将已加工成形的原料，在油锅中加热成熟或炸制成半制成品的熟处理方法，原料下锅时，油温必须控制在七成熟以上，俗称旺油锅。为正式烹调缩短时间提供方便。走油可以理解为原料在油锅里走一下，一些原料尽管因为油炸而有油"出走"，但走油依然应理解为油锅处理。

这里所说的油炸和烹调技法中的炸有区别，主要表现在目的不同，前者是半成品，后者是成品。如烹制京葱扒鸭、走油蹄胖等，都要先预制好半成品，而这些半成品在制作时需要油炸后开蒸或焖；还有的烹调技法，如焦溜、炸烹等，经过油炸后，在溜汁、烹汁。也就是说油炸是整个操作中的一道工序，这些菜大批量制作时预先油炸是必须的。

(1) 适用范围。原料形状一般都是较大的片、条、块或整个条的大型原料。走油前的原料已经焯水处理，有的原料已经过调味腌渍或挂糊上浆。烹调方法适用于烧、红扒、焖。如制作扒鸭或红烧肘子等。

(2) 走油的流程。走油也称之为滑过，是烹调前期重要的准备工作。走油的流程：洗净油锅→放油加热→放入原料过油→捞出备用。

(3) 走油的操作要领主要有如下几点。

① 必须用多油量的热油锅。走油时油量需要多一些，至少能淹没原料，使其能自由滚动，受热均匀；原料应在油温热油时分散投入，火力要适当，火候要一致，防止外焦而内不透。

② 需要外脆里嫩的原料，过油时应该重复油炸。原料经过挂糊，先放入旺火热油锅内炸一下，再改用中火温油，使其在油温锅中渐渐炸至内外熟透后捞出，续而再放入旺火油锅内炸一下。这样就可达到表面酥脆、里面质嫩的要求。

③ 需要酥脆的原料，要用温油锅浸炸。有些菜肴，如葱酥鱼、麻辣酥鱼等，要求内外酥脆，应先将原料放入中火热油锅炸一下，再改用中小火温油锅继续炸至酥脆。

④ 有皮的原料下锅时应当肉皮朝下。因为肉皮组织紧密，韧性较强，不易炸透，肉皮朝下，受热较多，炸后易达到松酥泛泡的要求。

⑤ 锅中油爆声微小时应将原料推动、翻身。原料放入热锅时，其表面水分在高油温下急剧蒸发，油锅内会发出油爆声。油爆声转弱时，说明原料表面水分已基本蒸发，这时应将原料推动、翻身，使其受热均匀，防止相互粘连、粘锅或炸焦。

⑥ 必须注意安全，防止热油飞溅。原料放入油锅时，其表面水分骤受高温气化迅速溢出而引起热油四处飞溅，容易造成烫伤事故。防止的办法有两种：一是下锅时，原料与油面距离应尽量缩短，迅速放入；二是将原料表面水分擦干后再下锅。

⑦ 正确掌握过油的油温。油温是过油的关键，油温的高低要以原料过油后的质感来确定。一般过油后要求质感细嫩柔软的原料，应用温油；要求质感外脆内嫩的原料，应用热油、重油。

⑧ 投料数量与油量应成正比，这样才会使原料受热均匀。

⑨ 要按成品质量要求掌握好过油时原料的质地、火力的大小、油温的高低、原料过油后的质感、油量与原料数量的比例、加热时间的长短这几者之间的关系。

(4) 注意事项。走油的过程油温比较高，需要多加注意：①应用于多油量、旺油锅；②应注意安全，防止热油飞溅；③要注意原料下锅的方法；④注意原料下锅后的翻动。

（四）油温的识别和掌握

1. 油温的识别

通常的情况，油温大致可分为温油锅、热油锅，旺油锅，具体如表4-3所示。

表4-3　油温识别常识

油温	温度/℃	俗称/油温/℃	俗称/油温/℃	特征
温油	60～120	三四成/60～90	四五成/90～120	油面平静，原料下入有少量气泡
热油	120～180	五六成/120～150	六七成/150～180	油面滚动，微有青烟，原料下入后有大量气泡产生
旺油	180～240	七八成/180～210	八九成/210～240	油面恢复平静，有大量烟雾，原料下入后迅速产生大量气泡，伴有爆鸣声

2. 油温的掌握

在过油时，不仅要正确识别油温，还要根据火力的大小、原料的性质形状、投料量的多少等因素，正确掌握油温。用旺火加热，原料下锅时油温应低一些，这是因为旺火可使油温迅速升高。如果原料下锅时火力旺、油温高，就容易造成原料粘连，外焦内生的现象。用中火加热，原料下锅时，油温应高些。其原因是油温上升较慢，如果原料在火力不旺、油温较低的情况下下锅，则油温会迅速下降，造成脱浆、脱糊等不良现象。

(1) 根据火力的大小掌握油温。

(2) 根据原料的性质、形状掌握油温。

(3) 根据投料的多少掌握油温。

(4) 根据过油时油锅中的油量的多少等情况来掌握油温。

三、走红(上色)

有些用烧、蒸、焖、煨等烹调方法烹制的菜肴，需要将原料上色后再进行烹制，这就常要用走红的方法。走红是指将原料投入各种有色调味汁中加热，或将其表面涂上某些调味品经油炸，使原料着上颜色、增加美观的一种初步熟处理方法。如走油肉、京葱扒鸭等。

（一）走红的作用

(1) 增加原料的色泽。各种家禽、猪肉、蛋品通过走红，能带上浅黄、金黄、橙红、金红等颜色、符合菜肴色泽的需要。

(2) 增香味、除异味。走红过程中，原料不是在调味卤汁中加热，就是在油锅内炸制。在调料和温油的作用下，能去除原料异味，增加香鲜味。

(3) 使原料定型。走红过程中，一些走红后还需要切配的原料，因走红加热定下形态，便于把握成品的规格。

（二）走红的方法

1. 卤汁走红

卤汁走红烹饪是指在锅中放入经过焯水或走油的原料，加入鲜汤、香料、料酒、糖色（或酱油)等,用小火加热至达到烹饪需要的颜色。卤汁走红一般适用于鸡、鸭、鹅、猪肉、蹄肘等原料的上色,用以制作烧蒸类烹调方法的菜肴。如红烧全鸡、芝麻肘子等菜肴。卤汁走红,就是先经过焯水或走油,再放在深色的卤汁内上色后,装碗加原汁上笼蒸至软熟而制成。卤汁走红的加工程序是:整理原料→调制卤汁→加热→备用。

2. 过油走红

过油走红是指在原料(有些经过焯水)表面涂抹上糖、酒酿汁、酱油、面酱等,放入油锅油炸上色。过油走红一般适用于鸡鸭猪肉等原料的上色,用以制作蒸、卤类烹调方法的菜肴。如咸烧白、甜烧白等菜肴的胚料就是这样制作的:先将猪的方肉(带皮)刮洗干净,放入水锅煮至断生,捞出擦干水分,涂抹上糖或酱油等放入油锅,在炸制皮成橙红色即可。过油走红的加工程序是:铁锅放入油脂→加热→放入原料→过油走红→捞出备用。

3. 走红的操作要领

(1) 卤汁走红应按菜肴的需要,掌握有色调味品用量和卤汁颜色的深浅。

(2) 卤汁走红时先用旺火烧沸,及时改用小火加热,使味和色缓缓地浸入原料。

(3) 过油走红要把酱油、糖等调味品均匀地涂抹在原料表面,温油掌握在六成以上,这样可较好地起到上色的作用。

(4) 控制好原料在走红加热时的成熟度,迅速转入烹调,才不至影响烹调的质量。

(5) 鸡鸭鹅等应在走红前整理好形状,走红中应保持原料形态的完整。

四、汽蒸

汽蒸,又叫蒸锅,汽蒸在烹调上属于蒸笼工作范畴,指将以加工整理的原料入笼,采用不同火力加工成半成品的初步熟处理方法,把原料蒸成半熟或全熟的半成品,。它是菜肴正式烹调前的又一种初步熟处理的方法。经过汽蒸的原料不但容易成熟,而且能保持原料的原汁原味及形态的完整。汽蒸是颇有特色的加热方式,有较高的技术性,要求掌握好原料的性质、蒸制后的质感、火力的大小、蒸制实践的长短等方面的技术。

(一) 汽蒸的作用

(1) 汽蒸能保持原料形整不烂,酥软柔嫩。原料经加工后入笼,在封闭状态下加热,不经翻动,成熟后亦保持原形;并且在不同火力、不同的加热时间作用下,原料会有不同的质感。

(2) 汽蒸能有效地保持原料的营养和原汁原味。汽蒸原料,即不经高温,又在适度饱和状态下加热,所以能减少营养成分因高温而受到破坏,或被水溶解而流失的程度,使菜肴具有最佳呈味效果。

(3) 汽蒸能缩短烹调时间。原料通过汽蒸,能达到符合成菜的质感要求,所以缩短了正式烹调的时间。

(二) 汽蒸的方法

汽蒸的适用需要汽蒸的原料,多半是体积大、韧性极强、结构组织紧密、不易熟烂并且带有腥膻及异味较轻的原料。植物性原料如山药、马铃薯、芋艿等;动物性原料如鸡、鸭、方肉及已水发后的鱼翅、鲍鱼、熊掌等原料。

汽蒸根据原料的性质和蒸制后的质感不同,可分为如下两种方法。

1. 旺火沸水长时间蒸制法

旺火沸水长时间蒸制的具体方法和操作步骤是：锅内放水加热→原料放至蒸笼内→蒸制→出笼备用。该法主要适用于体积较大、韧性较强、不易煮烂的原料。如鱼翅、干贝、海参、蹄筋、鱼骨、银耳等干料的涨发，香酥鸭，软炸酥方、酱汁肘子等菜肴半成品的熟处理。操作时要求火力大、水量够、蒸气足，这样才能保证蒸制出的半成品原料的质量。蒸制时间的长短应视原料质地的老嫩软硬程度、形状大小及菜肴需要的成熟程度而定，如果火候不到，则老而难嚼，风味全失。

2. 中火沸水徐缓蒸制法

中火沸水徐缓蒸制的具体方法和操作步骤是：锅内放水加热→原料放至蒸笼内→蒸制→出笼备用。该法主要适用于新鲜度高、细嫩易熟，不耐高温的原料或半成品原料。如球鱼翅，竹荪肝高汤、芙蓉嫩蛋、五彩凤衣，葵花鸡等菜肴的熟处理，以及蛋糕、鸡糕、肉糕、虾糕等半成品原料的蒸制。操作要求水量足，火力适当，若蒸气的冲力过猛，就会导致原料起蜂窝眼、质老、色变、味败，有图案的工艺菜还会因此而冲乱形态。若发现蒸气过足，可减小火力或把笼盖露出一条缝隙放气，以降低笼内温度和气压。蒸制时还要求掌握好时间，使半成品原料符合菜肴细嫩柔软的特点。多种原料同时汽蒸，要防止串味。原料不同、半成品不同，所要求的色、香、味也不相同，汽蒸时要将不同原料放置在不同位置，防止相互串味，污染颜色。

（三）汽蒸需注意之处

1. 根据原料特点进行初加工

汽蒸的方法凡是要汽蒸的原料，都必须经过初步加工后方可进行。根据原料的不同性质，汽蒸方法也有所差别：①动物性原料，上笼蒸时，原料必须放在容器之内，这样能避免可溶性物质流失在水中；②植物性原料，应根据烹调菜肴的要求，区别对待如芋艿、山药、马铃薯等去皮用的原料，可散装在笼屉中或用容器装好进行汽蒸；银耳、鞭笋等原料，应装入容器中，使其汁液不易流失。

2. 掌握好汽蒸的火候和时间

根据原料的质地老嫩、体积大小、装置的多少、气温的高低及烹调的要求，掌握好汽蒸的火力和时间。如出笼过早，原料还未成熟；出笼过迟，原料过于酥烂，影响菜肴的切配和正式烹调。

3. 注意食物装笼的顺序和密封

在装笼时把不易成熟的原料装在下层，容易成熟的装在上面，便于抽笼。把有卤汁的原料放在下层，无卤汁的原料放在上层，避免在抽笼时不慎把卤汁滴入无卤汁的原料上，而影响原料的质量。把有异味的原料放在下层，无异味或异味较少的原料放在上层。这样有异味原料的汤汁不会溅入异味较少的原料上，否则容易造成串味。注意笼中的水量，防止蒸笼跑汽、漏汽。蒸锅里的水量要足，水足则汽大。防止汽蒸时间过长，水被耗干而忘记加水。防止蒸笼有跑汽，漏汽的现象，以免影响原料的加热时间和菜肴的质量。

五、其他

预热处理的方法很多，除了上述四种以外，还有其他一些加热方法，如微波加热、烤箱加热等。

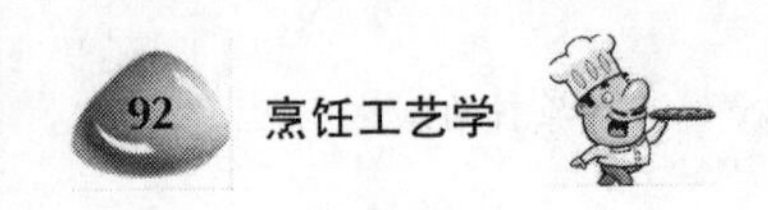

（一）微波加热

微波是电磁波的一种，利用微波辐射的特点对烹饪原料加热。由于微波辐射可穿透烹饪原料的内外，使原料内部分子摩擦碰撞，产生大量的热能，表里都发热，温度可高达100℃以上，将原料烹制成熟。

微波加热是使原料内部直接加热，因而原料内外加热均匀。与传统加热方法相比，它可以避免表面过热，内部升温缓慢所出现的加热不均匀的现象；能够保留烹饪原料原有的色、香、味质感，并减少原料中营养成分的损失。

（二）烤箱加热

烤箱加热是利用传热介质空气，通过热传导方式来加热烹饪原料，使其成熟的一种加热方式。其操作程序是：选择原料→对原料进行初加工→放入烤箱→调节烤箱的温度、时间→进行加热→控制其成熟度

烤箱的加热方式不同于上述方式。其不同主要表现在：

(1) 由外而内加热，易使原料表面温度较高，容易形成皮酥的效果。

(2) 原料内部传热主要通过热传导方式进行，空气传热速度较慢，致使原料内部可保持细嫩质感。

由于有上述特点，所以烤箱加热的食物皮酥肉嫩、香鲜醇厚。其外表形态不受加热的影响，有色泽美观、形态大方的特点。

六、不同制热方法对蔬菜中维生素C的影响

烹饪原料的热处理对营养素的流失会有一定影响，尤以水溶性维生素较为突出，以维生素C为例，不管维生素C存在于体外或体内，它都容易被破坏，只有选对烹调方法，在加工原料时进行适当的热处理，这样才能提升维生素C的利用率。

（一）炖菜

炖菜维生素C的损失率为8.1%～33.5%，平均为23.6%，但炖菜时间的长短不同，其损失情况也不同，10分钟损失率为0.4%～45.2%，30分钟损失率显著升高，达11.4%～66.9%。

（二）煮菜

煮菜维生素C的损失率为15.3%～19%，煮熟后所保有的维生素C有50%左右在菜汤中，如果只吃菜而不喝汤，则损失率在60%以上。煮菜后挤出菜汁，其维生素C损失最大，达83.3%。

（三）炒菜

青菜切成段，用油炒5～10分钟，维生素C的损失率为36%；小白菜用油炒11～13分钟，损失率为31%；菠菜切成段，用油炒9～10分钟，损失率为16%；番茄去皮切成块，用油炒3～4分钟，损失率仅6%；辣椒切成丝，用油炒1.5分钟，损失率为22%；卷心菜切成丝，用油炒11～

14 分钟，损失率为 32%。以上情况说明炒菜的时间越长，菜中维生素 C 损失也越多，只有番茄例外，番茄是酸性食物，且含抗坏血酸氧化酶较少，能使维生素 C 较稳定而不易被破坏。一般炒菜只要大火快炒，维生素 C 的损失率可以控制在 10%～30%。

（四）菜烧好后存放

有时菜烧好后不及时吃，存放 20 分钟至 1 小时，与下锅前相比，维生素 C 损失率达73%～75%。

（五）熟菜冷冻后再回锅加热

菜烧好后不及时吃，又怕变坏，把其先冷藏起来，到要吃时再回锅加热。这样维生素 C 也会损失，损失率达熟菜的 14%～17%。

（六）烹调蔬菜时加淀粉，对维生素 C 有保护作用

做烩菜或汤时，加淀粉勾芡，其优点有二，一是使菜或汤稠糊；二是淀粉中含有谷胱甘肽，谷胱甘肽结构中的硫氢基(-SH)具有还原性，在烹调过程中，硫氢基会很快被氧化，使维生素 C 不被氧化或少被氧化，从而保护了维生素 C。肉类也含有硫氢基，与蔬菜一同烹调时，对蔬菜中的维生素同样起保护作用。

练习思考题

(1) 如果有人说，在烹饪过程中人们对食物原料进行了一系列的传热过程。你觉得这句话正确吗？为什么？

(2) 每一种烹饪食物原料要制热，都有自己的熟化温度。这是为什么？

(3) 从热学原理看，明火亮灶和无火烹饪有无区别？为什么？

(4) 试用传热学的基本原理解释各类灶具的工作原理。

(5) 中餐厨师为什么不习惯试用“以度计温”？

(6) 试述一下你所理解的火候？火候的传统定义和科学定义有何区别？

(7) 试用现代温标测量烹调过程中的温度值，可否废弃“火候”的概念？为什么？

(8) 在烹调过程中，如何掌握菜肴的火候？

(9) 试述烹调原料热处理的意义和作用。

(10) 简述焯水的作用和方法。

(11) 简述焯水的操作要领。动物原料焯水时怎样鉴别原料的成熟程度？

(12) 简述走油的操作要领。

(13) 试述上色的作用和方法。

(14) 试述汽蒸的作用和方法，各适用于哪些原料？

(15) 试述汽蒸的原则。

第五章 烹饪的调味工艺

学习目标

通过本章学习,使学生了解与食品风味相关的各种概念,熟悉中国菜肴风味的基本内涵,对各种菜肴调味工艺的多个方面有明确的认识,并通过对调味工艺的实训操作,,从心理和生理两方面理解风味的重要地位,并初步掌握对各种味形的调味技术。

学习重点

(1) 掌握调味的阶段、原则和方法。

(2) 掌握常见基础味型的调味加工。

第一节 味和味觉

一、味和味觉的概念

(一) 味的定义

味有广义和狭义上两种解释,广义的味是指食物入口后所引起的一种感觉。这种感觉是人的味觉、嗅觉和视觉以及心理等因素的综合反映,其结果表现为“可口”或“不可口”;狭义的味是指人们的味觉器官舌头感受到的味觉。例如咸味、甜味、酸味等。

(二) 味觉的概念

味觉是指食物在人的口腔内对味觉器官化学感受系统的刺激并产生的一种感觉。这种感觉在广义上被称为味觉,其中包括生理味觉和心理味觉,而生理味觉又分为物理味觉和化学味觉。不同地域的人对味觉的分类不一样。日本:酸、甜、苦、辣、咸;欧美:酸、甜、苦、辣、咸、金属味;印度:酸、甜、苦、辣、咸、涩味、淡味、不正常味;中国:酸、甜、苦、辣、咸、鲜、涩。从味觉的生理角度分类,只有四种基本味觉:酸、甜、苦、咸,它们是食物直接刺激味蕾产生的。辣味:食物成分刺激口腔黏膜、鼻腔黏膜、皮肤和三叉神经而引起的一种痛觉。涩味:食物成分刺激口腔,使蛋白质凝固时而产生的一种收敛感觉。

1. 物理味觉

物理味觉是食物对口腔的机械作用而产生的综合性感觉,包括软硬、黏度、冷热、咀嚼感、口感、粗细等。物理味觉是衡量菜肴或其他食品的重要指标。

2. 化学味觉

化学味觉是由化学物质作用于味觉器官而引起的感觉。化学味觉的基本味分为酸、甜、苦、辣、咸、鲜六种。

3. 心理味觉

心理味觉是因食物的色泽、形状、就餐环境等引起的心理感觉。例如,色深的菜肴给人一种味浓的感觉,而色浅的菜肴给人一种味淡的感觉,所以烹调清淡的菜肴一般都是利用原料的本色,很少使用有色调味品。

二、味觉的生理基础

(一) 味觉的生理基础

味觉产生的过程呈味物质刺激口腔内的味觉感受体,然后通过一个收集和传递信息的神经感觉系统传导到大脑的味觉中枢,最后通过大脑的综合神经中枢系统的分析,从而产生味觉。不同的味觉产生于不同的味觉感受体,味觉感受体与呈味物质之间的作用力也不相同。

化学味觉是由人的味觉器官——舌头感知。在舌的表面分布着许多乳头状的组织,在乳头状的组织上分布着味觉细胞,被称为味蕾。味蕾在舌表面的分布是不均匀的,绝大多数分布在舌表面的乳头状组织上,以短管的形式与口腔相通,并连接着味觉神经纤维,直通大脑,由以上部分构成了味的感受器。味的感受器对味的感觉具有高度专一的特性,这是因为不同的味觉感受器具有不同的组成。试验证明,甜味感受器是由固定顺序的氨基酸组成的蛋白体;苦味感受器是由脂质组成的,可与蛋白质结合为多系物质;咸味感受器是不与蛋白质结合的脂肪物质。舌的不同部位对不同的味的敏感性也不同。一般舌头对甜味最敏感,舌前部对咸味最敏感,靠腮的两边对酸味最敏感,舌根部对苦味最敏感(见图 5-1)。

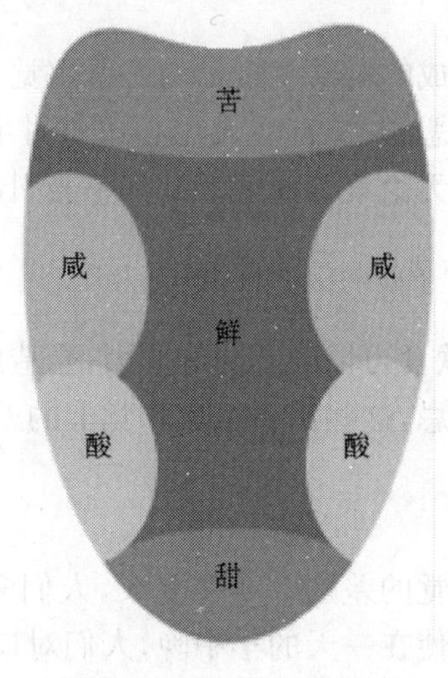

图 5-1 对不同味的敏感

(二) 味觉的阈值

人的味觉在四种基本味觉中,对咸味的感觉最快,对苦味的感觉最慢,但就对味觉的敏感

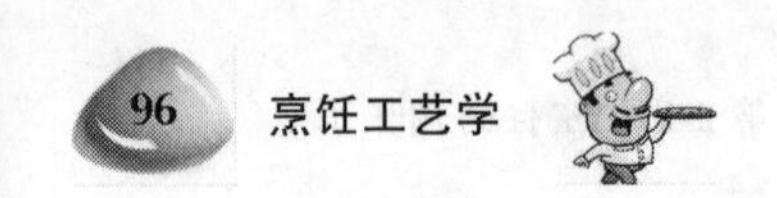

性来讲，苦味比其他味觉都敏感，更容易被觉察。阈值：感受到某种成为物质的味觉所需要的该物质的最低浓度。常温下蔗糖（甜）为 0.1%，氯化钠（咸）0.05%，柠檬酸（酸）0.002 5%，硫酸奎宁（苦）0.000 1%。根据阈值的测定方法的不同，又可将阈值分为：绝对阈值、差别阈值和最终阈值。绝对阈值是指人从感觉某种物质的味觉从无到有的刺激量；差别阈值是指人感觉某种物质的味觉有显著差别刺激量的差值；最终阈值是指人感觉某种物质的刺激不随刺激量的增加而增加的刺激量。

三、影响味觉的因素

（一）人的生理条件

随着年龄的增长，人对味的敏感性也逐渐下降。幼儿感觉甜味浓度越高越好，青少年（13～17 岁）喜欢低浓度的甜味，老年人比幼儿更喜欢甜味。对于酸味，从幼儿到成年，其最适当所需浓度呈下降趋势。到了老年，对酸味感到最适当浓度急剧增加。咸味的感觉随着年龄的变化无明显变化。苦味是人们不喜欢的，儿童对苦味最敏感，老年人最迟钝。重体力劳动者每天消耗的盐多，因此口味就重，感到最适要求咸味的浓度就大。女性与同龄男性相比，一般多喜欢吃甜食。而得了伤风感冒的人，吃什么都感到无味，因为对味的敏感程度下降了。

（二）个人嗜好

不同的饮食习惯会形成人们的嗜好不同，从而造成人们味觉的差别。例如，在我国南方地区人们多喜欢甜味，因此对甜味感到最适的浓度相对就高；在东北地区，人们多喜欢咸，因此对咸味感到最适的浓度相对就高等。然而，同一地区同一饮食习惯的人群，也存在类似的情形，人的嗜好随着生活习惯的变化也会发生改变。

（三）饮食心理

饮食心理是人们在生活中形成的对某些食物的好恶感觉。如有些人对葱、蒜特别反感，只要看到菜肴中有葱、蒜，就会感到恶心；又有些人在心理上对牛、羊肉有一种排斥现象，只要知道是以牛、羊肉作为原料的菜肴，无论菜肴味道多好都不会引起食欲。

（四）民族

不同的民族由于宗教信仰、饮食习惯的不同等原因，会造成味觉的很大差别。如信奉伊斯兰教的民族在饮食上就有一定禁忌，这些都会造成味觉上的差别。

（五）季节

不同的季节也会造成人们味觉的差别。如在夏天，人们多喜欢口味清淡的菜肴；在严冬，人们多喜欢口味浓重的菜肴。即使在一天的早中晚，人们对口味的要求也不同。

（六）温度

温度对味觉的影响主要表现在对味觉器官及呈味物质两方面。

从味觉器官的角度，温度低于 0℃或高于 60℃都不利于味觉器官有效地产生味觉。

从菜肴的角度讲,不同的菜肴有不同的最适合食用温度。"如炸"的菜肴,温度最好在 70~90℃范围内,一般的热菜温度最好在 60~65℃之间。冷菜的温度最好在 10℃左右。几种化学味在不同的温度下也有不同的味感强度,咸、甜、酸、鲜等几种味,在接近人的体温时味感最强。

(七) 呈味物质浓度

呈味物质在菜肴中的浓度对味感有直接的影响,一般物质均有最适合浓度。试验在汤菜中的浓度一般以 0.8~1.2 为宜于。甜、酸、鲜、辣等因菜肴口味、调料的种类等有很大变化,浓度越大,味感越强。

(八) 其他理化因素

其他理化因素,如环境的蒸气压及呈味物质的溶解度、扩散性、吸附性、表面张力等对味觉有很大影响。

第二节 味的相互作用

两种相同或不同的呈味物质进入口腔时,会使两种呈味味觉都有所改变的现象,称为味觉的相互作用。

一、味的对比现象

指两种或两种以上的呈味物质,经适当调配,可使某种呈味物质的味觉更加突出。如在10%的蔗糖中添加 0.15%氯化钠,会使蔗糖的甜味更加突出;在醋酸中添加一定量的氯化钠可以使酸味更加突出;在味精中添加氯化钠会使鲜味更加突出。例如,在 15%的砂糖溶液中,加入 0.017%的食盐后会感到其甜味比不加食盐要甜一些;味精的咸味在有食盐存在时也会增加。这种对比现象在实际工作中也是随处可见的。

二、味的相乘作用

味的相乘作用指两种具有相同味感的物质进入口腔时,其味觉强度超过两者单独使用的味觉强度之和,又称为味的协同效应。甘草铵本身的甜度是蔗糖的 50 倍,但与蔗糖共同使用时末期甜度可达到蔗糖的 100 倍。如谷氨酸与肌苷酸纳共存时,鲜味显著增长,产生相乘效果。

1. 味的消杀作用

指一种呈味物质能够减弱另外一种呈味物质味觉强度的现象,又称为味的拮抗作用。如蔗糖与硫酸奎宁之间的相互作用。

2. 味的变调作用

指两种呈味物质相互影响而导致其味感发生改变的现象。刚吃过苦味的东西,喝一口水就觉得水是甜的。刷过牙后吃酸的东西就有苦味产生。吃完冰糕再喝啤酒,就会觉得啤酒特别苦,尝过浓盐水后再喝普通的水时也会感到很甜。像这种先吃食物的味给予后吃食物的味的影响的现象叫作变味现象。对比现象是对第二味的加强或减弱,变味现象则是味的感觉发生变化。这种变味现象决定着宴席中的上菜顺序。

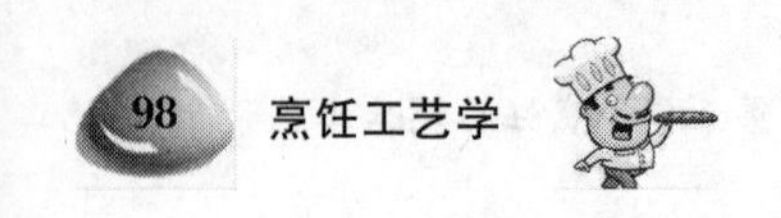

3. 味的疲劳作用

当长期受到某中呈味物质的刺激后，就会感觉刺激量或刺激强度减小的现象。长时间持续一种刺激，味觉和嗅觉的灵敏性都将下降，直至丧失，这种现象称之为适应或疲劳，它可分为三种情况：

(1) 注意性疲劳。一般发生在注意力变得迟钝，味觉感受能力下降的场合。

(2) 中枢神经性疲劳。指在从事困难工作之前或之后由于刺激的差别而引起的疲劳。

(3) 末梢神经性疲劳。指发生在对舌头同一部位持续的、多次进行同样刺激所引起的对味的感觉的变化现象。主要表现为灵敏度下降，产生味觉的疲劳。

第三节　基础味型

一、味型的概念

味型是指用几种调味品调和而成，具有各自本质特征的风味类型。调味汁是味型的具体体现，每类味型包含若干种相近的复合味汁，如酸甜味型、糖醋味型、茄汁味型等。

基础味型是最常用的调味味型，它也可以分为单一味(基本味)和复合味两大类。单一味如甜、酸、咸、苦等；复合味是指两种或两种以上的味混合而成的滋味，如酸甜、麻辣、酸辣等。

二、常见的基本味型

(一) 咸味

咸味是调味中的基准味，大部分菜肴都要先有一些咸味，然后再调和其他种类味。例如，糖醋类的菜肴“糖醋排骨”是酸甜味。但如果不先加一些盐，有了咸味，而完全用糖和醋来调味，则味道很怪，难吃。咸味物有盐、酱油、蚝油、豆豉、鱼露、虾酱等。

(二) 甜味

甜味的作用仅次于咸味。在我国南方的菜肴中，甜味是一种主要的滋味，所有菜肴中均需加一些糖，以增加鲜味，且有特殊的调和滋味的作用。如辣味很重的菜肴，加一些糖，可缓和辣味。甜味物质有白砂糖、绵白糖、红糖、糖粉、麦芽糖、蜂蜜等。

(三) 酸味

在烹调中，经常使用的一种调味是酸味。它有较强的去除腥味，解除腻味的作用，在烹制各种水产品和家禽、家畜的内脏时尤其需要它。经常使用的酸味物质有红醋、白醋、香醋、酸梅、番茄酱等。

(四) 辣味

辣味是指能刺激味蕾和整个口腔所引起的烧灼感，与嗅觉和味觉都有着密切的联系，这里还包括辛辣味。它的作用，除可解除腥外，还有振奋味觉、增强食欲、助长消化的作用。

辣味物质有葱、姜、蒜、辣椒制品、胡椒制品、咖喱制品等，其中，咖喱制品有咖喱粉、油咖喱、咖喱酱等。咖喱制品来源于咖喱文化，而咖喱文化源于印度。

（五）苦味

苦味是传统五味中的一员。它是一种特别的味道，但这种味道，没有相应的调味品，而这种味道是存在原料中。如苦瓜、马兰、枸杞、白菊花、金银花、百合、莲子、茶叶、杏仁、菊花菜、蒿菜、慈姑、咖啡、陈品、可可、啤酒等都含有一定的苦味。此外，在许多中草药中也含有苦味。

苦味的作用很大，主要如下：

(1) 能刺激人的食欲，振奋味蕾的感味能力。如吃过带有苦味的菜肴，再去品尝其他味道的菜肴，就会觉得更加清香、美味、可口。

(2) 吃带有苦味的菜肴，对于治疗心血管病有一定的疗效。如百合能安神、莲子可通脉，对老年人特别有效。

(3) 若在苦味物质中加入一些其他调味品一起加热，则可消除菜肴中的异味，增加香味，可调和口味，带来一种清香爽口的特殊风味。

（六）鲜味

菜肴的鲜美可口离不开鲜味，所以在菜肴滋味的构成中，它有着重要的作用。呈鲜味的物质主要有肌苷酸类、谷氨酸、游离氨基酸、琥珀酸、乳酸、酰胺、肽等。呈鲜味的调味品主要有味精、鲜汤、鸡精等。其中味精是人们常用的鲜味调味品，是1908年由日本学者池田菊博士发现，1909年开始生产。1923年我国民族资本家吴蕴初用其他的提取方法制作了味精，并在上海开办了中国第一家味精厂，即天厨味精厂。味精开始在中国推广和运用。

味精的成分主要是谷氨酸钠和盐，其中谷氨酸钠含量一般均在80%以上。使用味精要注意如下几点。

(1) 只有在咸味的基础上加入味精才能体现鲜味。

(2) 在糖醋菜肴中，尤其是醋熘菜中不宜放味精，因为在强酸的溶液中，味精的溶解度低，不能体现鲜味。

(3) 在强碱溶液的菜肴中，加入味精体现的是涩味。

(4) 在100℃以上的高温中，加入味精不宜长时间的加热，原因：一是鲜味被破坏；二是会产生带有一定毒性的焦谷氨酸钠。

(5) 味精能缓冲咸味、苦味、和酸味。

(6) 要注意味精与汤水的比例。一般而言，一斤汤水中放2克味精为宜，且每人每天的摄入量应控制在4克以下。

（七）香味

香味也是基本味型之一。菜肴有了香味，可压异味，并有增加食欲的作用，同时各种香味调料多含有一些去腥解腻的化学成分。

香味的调味品种类很多，常用的有料酒(又叫黄酒，是粮食酿制酒的，酒精的含量低，含有丰富的脂类和多种氨基酸，在烹调中可与其他调料结合，挥发出浓烈醇和的诱人香味，使菜肴的香味大增)；醪糟(糟米加酒曲发酵而成，酒精含量低，含有丰富的香味脂、醇和糖类，气味香甜。加入醪糟烹调的菜肴有鲜香回味)；芝麻油、芝麻酱，在各种冷热菜肴中都有增香的作用；另外，

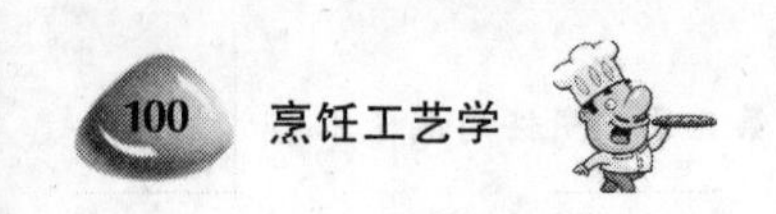

陈皮、豆腐乳、甜酱、豆豉、香料(天然香料与人工香料)等均可挥发芳香物质,增加菜肴的鲜味。

三、冷菜的常用味型调制

(一)红油味

特点:色泽红亮,咸鲜微甜,带香辣。

适用范围:各种质地较好的动植物原料。

菜例:红油笋子、红油鸡片、红油黄丝、红油三丝。

(二)蒜泥味

特点:色泽红亮咸鲜略甜带辛辣,蒜味浓郁。

适用范围:动物内脏、牛肉、肥腻的猪肉和植物原料。

菜例:蒜泥白肉、蒜泥黄瓜、蒜泥蚕豆等。

(三)姜汁味

特点:色泽浅棕黄,咸酸突出清香的姜味。

适用范围:动物原料如肚、黄喉、鲜鱿鱼、北极贝、皮冻、肘子;植物原料如豇豆等。

菜例:姜汁季豆、姜汁菠菜、姜汁蕹菜。姜汁黄喉、姜汁鱿鱼、姜汁肘子。

(四)麻椒味

特点:色泽浅棕黄,咸鲜,突出清香的葱味和花椒的麻味。

适用范围:动物原料如鸡、舌、鲜鱿鱼、鲍鱼和部分植物原料笋、菌、鲜桃仁、花生仁等。

菜例:椒麻桃仁、椒麻鸡片、椒麻舌片。

(五)咸鲜味

特点:咸鲜适口,具有各自调味品的特殊鲜香味。

特点:色泽自然,咸鲜带清香的葱香味。

菜例:葱油甜椒、葱油蘑菇、葱油毛肚等。

(六)芥末味

特点:色泽浅棕黄,咸酸带冲味。

适用范围:动物原料如肚、肠、肫、黄喉、鲜嫩的鸡丝、鲜鱿鱼、北极贝;植物原料如凉粉、粉条、芹菜、韭黄、腐丝、荞面等。

菜例:荞面鸡丝、芥末茄条、芥末鸡丝、芥末北极贝等。

(七)酸辣味

特点:色泽红亮咸酸香辣。

适用范围:质地嫩脆的动物原料如肚、肫、肠、黄喉;植物原料如萝卜、莴笋、笋子和凉粉、粉条等。

菜例:酸辣肫花、酸辣凉粉、酸辣毛肚、酸辣蕨粉。

(八) 麻辣味

特点:色泽红亮,咸鲜香辣。
适用范围:各种动、植物原料。
菜例:麻辣鸡(片、块、丝)、夫妻肺片、麻辣笋子、麻辣萝卜等。

(九) 鱼香味

特点:色泽红亮,咸鲜酸甜带辣,突出姜、葱、蒜的清香味。
适用范围:鲜味质地较好的动物原料鸡、兔,植物原料的菌、笋。
菜例:鱼香兔丝(丁)鱼香笋子、鱼香桃仁、鱼香北极贝等。

(十) 麻酱味

特点:色泽浅棕黄,味咸鲜,芝麻酱香味浓郁。
适用范围:动物原料如鸡、鲜鱿鱼、鲍鱼、舌、鱼肚、响皮,植物原料如笋、凤尾等。
菜例:麻酱凤尾、麻酱鱼肚、酱香鲍鱼等。

(十一) 糖醋味

特点:色泽棕黄,甜酸味浓郁。
适用范围:海蜇、石花、琼脂、黄瓜等。
菜例:糖醋海蜇、糖醋石花、糖醋琼脂、糖醋黄瓜等。

(十二) 怪味

特点:色泽红亮,咸、鲜、酸、甜、辣、麻、香各味皆有,味感浓郁。
适用范围:鲜味和质地好的原料鸡、兔、鲍鱼,鲜桃仁,笋子等。
菜例:怪味鸡(块、片、丝)、怪味兔丁、怪味肚片、凉拌怪味、桃仁等。

四、热菜味型调制

(一) 咸鲜味型

咸鲜味是应用最广泛的味型。
特点:突出本味,咸鲜清爽可口。
适用范围:炒、爆、熘、氽、烧、烩、蒸等都可采用此味型来调味,其味感清淡平和、有和味、解味作用;与其他复合味配合均宜;四季皆宜,尤以夏季使用为最佳;佐酒下饭的菜肴均可用此味型。
菜例:烧三鲜、盐水虾、白油肝片、清蒸全鸡。

(二) 家常味型

最早来源于四川,是四川民间家家户户都能制作的味型。

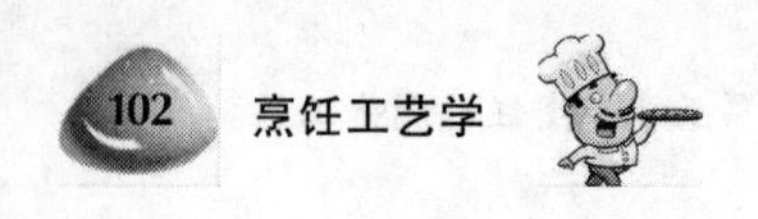

特点:以咸鲜香辣为主,色泽红亮,味浓厚而醇香。

适用范围:四季皆宜;佐下酒、用饭菜肴均宜;除与豆瓣味有抵触外,与其他复合味的配合均较适宜。家禽、家畜、肉类原料,以及海参、鱿鱼、豆腐、魔芋、各种淡水鱼为原料的菜肴皆可应用。

菜例:辣子鸡丁、粉蒸肉、家常海参、盐煎肉。

(三)麻辣味型

特点:麻辣味浓、咸鲜醇香、色泽红亮。

适用范围:四季的酒饭佐味菜肴皆宜,且与其他复合味配合也都相宜。

菜例:麻婆豆腐、水煮牛肉、干煸鳝丝。

(四)鱼香味型

四川首创的独特的常用味型之一,因佐以农家"烹鱼"的调味料成菜后其味似鱼香,故名味"鱼香味"。

特点:咸鲜香辣,鱼香味浓,蒜味突出,色泽红亮。

适用范围:四季皆宜,佐酒最佳。它可应用于以家禽、家畜、蔬菜、禽蛋味为原料的菜肴,尤其适用于炸、熘、炒之类。

菜例:鱼香肉丝、鱼香排骨、鱼香茄饼。

(五)糖醋味型

特点:酸甜味浓、回味爽口、色泽棕红。

适用范围:在菜肴调味中广泛使用,为大众所喜爱。多用于炸溜、炸收等烹调方法的菜肴。男女老少都适合,佐酒助兴、四季皆宜,尤以夏季最佳。

菜例:糖醋里脊、糖醋鲜鱼、茄汁鱼花。

(六)荔枝味型

特点:酸甜如荔枝、咸鲜爽口、色泽茶红。

适用范围:适用于以猪肉、鸡肉、鱿鱼以及部分蔬菜为原料的菜肴;多用于炸溜、滑炒等烹调方法的菜肴,男女老幼都适合,佐酒下饭均可,为广大群众所喜爱。

菜例:宫保鸡丁、锅巴肉片。

(七)姜汁味型

特点:咸酸鲜香、姜味浓郁、清淡爽口、色泽棕红。

适用范围:多选择鸡肉、兔肉、猪肚、绿叶蔬菜等原料为主的菜肴。四季可用,但以春、夏季效果最好。

菜例:姜汁热味鸡、姜汁肘子。

(八)酸辣味型

特点:咸鲜酸辣、清香醇正。

适用范围:由于酸辣味能解腻醒酒、调节胃口,所以,人们均较喜欢,尤其是在夏秋季节。

此味可以与其他复合味配合，佐以下酒、用饭都可以。以海参、鱿鱼、鸡肉、鸡蛋、蔬菜等为原料的菜肴均可用此调味。

菜例：酸辣蹄筋、酸辣蛋花汤、酸辣鱼耳羹。

（九）咸甜味型

特点：咸甜并重，鲜香可口。

适用范围：四季皆宜，多用于烧、煨烹调的菜肴，以胶质含量多或淀粉多的动物原料或植物原料为主的菜肴多用此味型。

菜例：板栗烧鸡、冰糖肘子。

（十）酱香味型

特点：咸鲜带甜、酱香浓郁、色泽棕红。

适用范围：多用于以猪肉、鸭肉、猪肘、冬笋、豆腐等为原料的菜肴。

菜例：酱烧茄条、酱烧鸭子、酱烧冬笋。

（十一）甜香味型

特点：甜香。

适用范围：广泛应用于以干鲜果品、银耳、南瓜、红苕、胡豆、扁豆等植物和肥肉等为原料的菜肴；也可与其他味型搭配。

菜例：拔丝香蕉、冰糖银耳、蜜汁桃脯、拔丝苹果、糖沾羊尾。

第四节　基础复合调味品的制作、加和与运用

一、基础复合调味品的制作

调味品制作一览表，如表 5-1 所示。

表 5-1　调味品制作一览

调味品	配　方	制　　作	特点及运用
姜醋汁	鲜姜 10 克	将姜切成末放入碗内，加入香醋调匀即用	蒜香辛辣，用于松花蛋、螃蟹、鱼等蘸食
	香醋 25 克		
油酥豆瓣	郫县豆瓣 500 克	炒勺加油烧热，放入剁细的豆瓣、豆豉，炒香至油呈红色，盛入碗内晾凉备用	香辣浓厚，不烈不燥。常用于凉拌菜肴和蘸食用味碟的调味
	豆豉 25 克		
	色拉油 500 克		
花椒油	花椒 30 克	锅内放色拉油烧热，放入花椒炸制褐色，捞出即成	香味浓郁，主要用于炝制菜肴的蘸味
	色拉油 500 克		
花椒盐	花椒 50 克	将花椒与盐入锅在微火上炒出香味取出，压成细末即可	椒麻咸香，主要用于炝制类冷菜的蘸味
	精盐 150 克		
葱椒酒	花椒 50 克	将葱白切成细末与拍碎的花椒混合，在砧板上剁成细泥放入料酒中浸泡数小时，在过滤出酒汁即成	辛麻味甜，口味清香。主要用于醉制菜肴的调味
	葱白 40 克		
	绍酒		

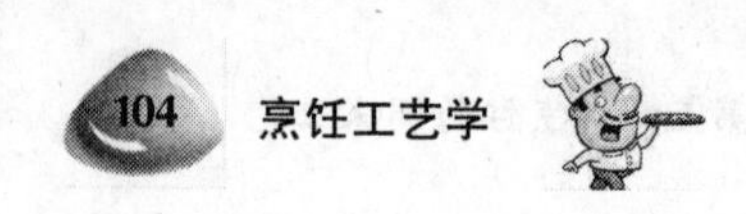

二、常用复合调味汁的加工与应用

常用复合调味汁的加工与应用，如表5-2所示。

表5-2 常用复合调味汁加工及应用

味	特点	调味品	调味方法	调制要领	适用范围	菜例
红油味	色泽红亮咸鲜微甜带香辣	酱油、精盐、白糖、味精、辣椒油、芝麻油	酱油、精盐、白糖、味精装入调味碗内充分搅匀为一体，确定咸鲜微甜的口感，然后加入辣椒油搅，最后放入芝麻油	在调好咸鲜微甜基础上才能加入辣椒油	各种质地较好的动植物原料	红油笋子、红油鸡片、红油黄丝、红油三丝
蒜泥味	色泽红亮咸鲜略甜带辛辣，蒜味浓郁	酱油、精盐、白糖、味精、蒜泥、辣椒油、芝麻油	酱油、精盐、白糖、味精装入调味碗内充分搅拌为一体，确定咸鲜带甜的口感，然后加入蒜泥搅匀，加辣椒油搅为一体，最后放入芝麻油	(1) 在调好咸鲜微甜基础上才能加入蒜泥，最后加入辣椒油、芝麻油 (2) 可以选用复制酱油 (3) 根据烹饪原料和菜肴要求选用调味品的组合和用量	动物内脏、牛肉、肥腻的猪肉，植物原料	蒜泥白肉、蒜泥黄瓜、蒜泥蚕豆等
姜汁味	泽浅棕黄，咸酸突出清香的姜味	精盐、醋、酱油、味精、冷鲜汤、姜米、芝麻油	冷鲜汤、有色醋混合调色(无色醋需要加酱油调色)、定酸味，加精盐、味精调制成咸酸味，加姜米调匀，最后加芝麻油	(1) 可以取用姜汁，选用质量好的无色醋 (2) 一定要掌握好咸味的用量，酸味也要控制好	动物原料肚、黄喉、鲜鱿鱼、北极贝、皮冻、肘子，植物原料豇豆等	姜汁季豆、姜汁菠菜、姜汁蕹菜。姜汁黄喉、姜汁鱿鱼、姜汁肘子
麻椒味	色泽浅棕黄，咸鲜，突出清香的葱味和花椒的麻味	精盐、酱油、味精、冷鲜汤、椒麻糊、芝麻油	冷鲜汤、酱油混合调色，加精盐、味精调制成咸鲜味，加椒麻糊调匀，最后加芝麻油	(1) 质地好的花椒，葱叶选用绿色的 (2) 制椒麻糊时要掌握好花椒与葱叶的比例，体积比1:8 (3) 酱油用量要掌握好	动物原料鸡、舌、鲜鱿鱼、鲍鱼和部分植物原料笋、菌、鲜桃仁、花生仁	椒麻桃仁、椒麻鸡片、椒麻舌片
怪味	色泽红亮，咸、鲜、酸、甜、辣、麻、香各味皆有，味感浓郁	酱油、精盐、味精、白糖、醋、芝麻酱、辣椒油、花椒粉、芝麻油、熟芝麻	首先将酱油、醋、精盐、味精、白糖充分搅匀为一体，确定咸、鲜、酸、甜各自体现的味感，加入芝麻酱调出香味和稠度，加沉淀的辣椒油调匀，加净辣椒油、花椒粉、芝麻油调匀，最后放入熟芝	(1) 要先调好咸、鲜、酸、甜各体表现的味感后，才能加入其他的调味品 (2) 芝麻酱不可多用，否则会影响味觉	鲜味和质地好的原料鸡、兔、鲍鱼，鲜桃仁，笋子	怪味鸡(块、片、丝)、怪味兔丁、怪味肚片、凉拌怪味桃仁

（续表）

味	特点	调味品	调味方法	调制要领	适用范围	菜例
芥末味	色泽浅棕黄，咸酸带冲味	芥末油、醋、酱油、精盐、味精、冷鲜汤、芝麻油	醋、酱油、精盐、味精、冷鲜汤调和均匀成浅棕黄的咸酸味，加芥末油、芝麻油调匀	自制芥末糊要掌握好醋、白糖、沸水、油的运用，要激发产生出冲味后才能使用	动物原料肚、肠、肫、黄喉、鲜嫩的鸡丝、鲜鱿鱼、北极贝；植物原料凉粉、粉条、芹菜、韭黄、腐丝、荞面等	荞面鸡丝、芥末茄条、芥末鸡丝、芥末北极贝
酸辣味	色泽红亮咸酸香辣	酱油、醋、味精、辣椒油、芝麻油	酱油、醋、味精充分调匀，加沉淀的辣椒油调匀，最后加净辣椒油、芝麻油	(1) 精盐辅助调咸味。味精不可多用 (2) 要使用沉淀的辣椒油才能提高辣味	质地嫩脆的动物原料肚、肫、肠、黄喉、萝卜、莴笋、笋子和凉粉、粉条等	酸辣肫花、酸辣凉粉、酸辣毛肚、酸辣蕨粉
麻辣味	色泽红亮，咸鲜香辣	酱油、味精、白糖、辣椒油、花椒粉、芝麻油	酱油、味精、白糖调为一体成咸鲜略甜，加沉淀的辣椒充分搅匀，加辣椒油、花椒粉再搅匀，最后加芝麻油	(1) 控制好白糖的用量，根据菜肴需要使用 (2) 选用色、味、香好的辣椒油，花椒粉	各种动、植物原料	麻辣鸡（片、块、丝）、夫妻肺片、麻辣笋子、麻辣萝卜
鱼香味	咸鲜酸甜带辣，突出姜、葱、蒜的清香味	泡辣椒茸、净辣椒油、精盐、酱油、醋、白糖、味精、姜米、蒜米、葱花、芝麻油、精盐、酱油、醋、白糖、味精先调和为一体成为咸鲜酸甜的味感（称为小荔枝味），加泡辣椒茸调匀确定辣味和色泽、可以加净辣椒油辅助，加姜米、蒜米、葱花、调匀，最后加芝麻油	(1) 泡辣椒选用色红味好的。泡椒籽要去净 (2) 小配料加工要细 (3) 味汁过稠可以加冷鲜汤调制	鲜味质地较好的动物原料鸡、兔，植物原料的菌、笋	鱼香兔丝（丁）、鱼香笋子、鱼香桃仁、鱼香北极贝	
麻酱味	色泽浅棕黄，味咸鲜，芝麻酱香味浓郁	芝麻酱、酱油、冷鲜汤、精盐、味精、白糖、芝麻油	芝麻酱、冷鲜汤先逐步稀释，再加酱油、精盐、味精、白糖、芝麻油调匀	(1) 芝麻酱需先逐步稀释后才能加酱油调色，加其他的调味品 (2) 不易吸味汁的原料可以不用冷鲜汤	鸡、鲜鱿鱼、鲍鱼、舌、鱼肚、响皮，植物原料：笋子、凤尾	麻酱凤尾、麻酱鱼肚、酱香鲍鱼

（续表）

味	特点	调味品	调味方法	调制要领	适用范围	菜例
糖醋味	色泽棕黄，甜酸味浓郁	白糖、醋、精盐、酱油、味精、芝麻油	白糖、醋、精盐、味精充分搅拌均匀融为一体，加芝麻油	(1) 掌握好咸味调味品的用量，咸味在味汁中不体现出味感 (2) 白糖可以加工成粉状，缩短拌合的时间	海蜇、石花、琼脂、黄瓜	糖醋海蜇、糖醋石花、糖醋琼脂、糖醋黄瓜
白油咸鲜	色泽浅棕黄，咸鲜味适口	酱油、精盐、味精、冷鲜汤、芝麻油(用量较多)	酱油、精盐、味精、冷鲜汤、充分搅拌均匀融为一体，加芝麻油	(1) 掌握好咸味调味品的用量，咸味在味汁中体现出味感 (2) 鲜香适口	松花蛋、平菇	香油松花蛋、麻油鸡丝、白油平菇
葱油咸鲜	色泽自然，咸鲜带清香的葱香味	精盐、味精、葱油、芝麻油(用量较少)	精盐、味精、葱油充分搅拌均匀融为一体，加芝麻油	(1) 掌握好咸味调味品的用量，咸味在味汁中表现出味感 (2) 葱香四溢，鲜香适口	甜椒、蘑菇、毛肚	葱油甜椒、葱油蘑菇、葱油毛肚

第五节 调味的作用、方式和原则

在中国的饮食文化中，历来把味的审美放在菜肴制作与质量鉴定的首位，甚至认为饮食中的美味是一种享受，一种乐趣。“五味调和”是古典美学中和谐的最高境界。味是中国饮食的核心，也是中国人对饮食的追求。因此，调味在烹饪中的地位也是极其重要的。

一、调味的作用

调味在菜肴烹制的过程中有着非常重要的作用，是一种形成菜肴独特滋味的操作技术。它是运用各种调味原料和有效的调味手段，使调味原料与主辅原料之间相互作用，通过一些物理、化学变化，去除原料产生的腥膻等异味，增加原料的鲜香滋味，使烹制的菜肴符合人们的口味的一种操作工艺。

（一）增加原料的鲜美滋味

很多食物原本都是存在味道的，但纯味不能在口中成分体现，只有适当调味，才能突出原料本身独特的味道，盐适百味之王，用盐突显鲜美味最能达到良好效果，从而增进人们的食欲。

（二）调和食材不同口味

菜肴主要由主料、辅料、调料三部分组成，各有不同的口味。通过调味，可以调和各类原料的滋味，形成一种复合味感（即综合味道）。

（三）突出地方风味特色

味是菜肴的灵魂，不同地域人们口味差别很大，有自己独特的味觉习惯，调味时也有自己的偏爱。通过调味，可以突出地方风味特色。如四川人喜欢麻辣味，苏锡常喜欢甜味等。

（四）美化菜肴色彩

调味原料色彩多样，除了增加在味觉上增加滋味外，在色彩上，可以美化菜肴色彩，赋予菜肴特有的色泽。

（五）去除特殊味道

把原料本身所有的不受人喜爱的特殊味道（如膻味、腥味、苦涩味等），加以除异解腥。

二、调味的基本规律

调味的生理基础是味觉的特性，而味觉有一些基本特性，如灵敏性、适应性、可溶性、变异性和关联性等，因此，调味也存在一定的规律。

（一）突出原料自身带有的鲜美滋味

菜肴的原料有主料、辅料。突出原料的本味就应处理好主料与辅料之间的配合，突出、衬托、补充主料的鲜味，同时还要处理好调味品对原料的影响。这样才能除去原料中的异味，突出原料的本味，使本味得以更好地体现。

（二）调味要合乎时序

所谓“合乎时序”就是要注意季节的变换。因为不同的季节，气候变化不同，人们对菜肴味的要求也会发生改变，所以，调味时应遵循“合乎时序”的规律。古人云：“春多酸、夏多苦、秋多辛、冬多咸，调以滑甘。”就是古人对这个规律的掌握。

（三）调味要体现调和

由于调味本身就是要协调配合主、辅料和调味品三者之间的关系，赋予菜肴一个综合的味感。因此，在整个调味过程中，就离不开“调和”两字。尽管现在所用的调味品多种多样，但调制出来的味型都要强调协调一致，才能得到适合口味的菜肴。

（四）调味要因人而异讲究适口

人们对味的感觉各不相同，因为影响味觉的因素太多，生理、心理、冷暖等条件不同。对味的感受也不同，所以，在调味时不能千篇一律，要因人而异，要讲究适口，甚至对同一个人，在不同的条件下，也要有所变化。只有适口的菜肴，才能招人们的喜欢。例如，四川、湖南人多喜欢辣味菜肴，北方人喜欢吃咸味菜肴，南方人喜欢吃甜味菜肴等。因此，在调味时就需要根据各地就餐者的不同口味来进行调味。

三、调味的阶段

调味有着不同的阶段，可以在原料加热前调味，在原料加热中调味，也可以在原料加热后调味。不同的阶段有不同的目的要求。

（一）在原料加热前的调味

在原料加热前进行调味，又称烹前调味，基本调味或码味。它的目的是给原料确定一个基本味，并去除原料自身原有的不良气味，以及上色等。例如，在制作鱼圆时先要放盐，就是要使其失去一部分水分，提高鱼肉蛋白质的持水能力，并使盐分渗入原料内部，起到初步定味的作用；有些原料在某些烹制过程中（如炸、蒸、煎、贴、烤等）不能进行调味的，也必须烹制之前调味。

（二）在原料加热中的调味

在原料加热中进行调味，又称烹中调味，定型调味。因为绝大多数菜肴的调味都是在烹调过程中进行的，所以它是菜肴形成风味的关键，也是中国烹饪调味中的主要方法。在烹调加热过程中进行调味，各种原料的分子处于最活泼状态，不断进行一系列的理化反应（如水解、乳化、酯化、聚合等），使调味料充分融入菜肴，形成风味。

在这个过程中，要注意各种调味料的用量、互相比例、投放次序、加热时间和火候的掌握、翻锅与整个动作的协调等。要做到有条不紊地进行，也是很不容易的。

（三）在原料加热后的调味

在原料加热后进行调味，是作为调味的一种补充。故称烹后调味、辅助调味或蘸食调味。它主要起着弥补和增加整个菜肴的滋味和作用，适用于炸制类、烧烤类、蒸制类、煎贴塌类等烹调方法。对有些菜肴，如火锅类则属主要调味。烹后调味是一些菜肴不可缺少的重要调味组成部分，如烤鸭带葱酱饼等佐料就是一例。另外，餐桌上放置一些调味料如盐、酱油、醋、胡椒粉等，由客人自己调制和选择。

四、调味的方法

调味是制作菜肴中的重要一环，调料投量的多少及先后次序直接关系到菜肴的质量。下料时不但要了解每个菜肴的口味，还要根据人们的味觉特点、调料的理化变化、原料性质等因素，正确地调好味。调味的方法很多，可根据不同的菜肴、不同的烹调方法加以选择使用。主要的调味方法如下。

（一）根据调料的对比现象调味

把两种或两种以上的呈味物质，以适当的浓度调在一起，使其中一种呈味物质更为突出的现象，叫做对比现象。

（二）根据调料的消杀现象调味

把两种或两种以上的呈味物质以一定的比例混合后，使每一种味觉都有减弱的现象，称作消杀现象。

（三）根据调料的转化现象调味

把两种或两种以上的呈味物质，以适量的比例调在一起，就会生成另一种味道，这叫转化现象。

（四）根据味觉器官的转换现象调味

味觉器官先后受到两种味道刺激后而产生另一种味觉的现象，称作转换现象。

（五）其他

根据味觉器官的差异调味味觉器官随人的年龄、性别、身体状况等因素有一定的差异。除上述几点外，还应根据人们的生活习惯、气候变化、原料性质、菜肴的特点等因素恰当地调味。

五、调味品的保管与合理放置

调味品的保管与合理放置也是很重要的一个环节。如果保管方法不当，容器不妥当，调味品就有可能变质。

（一）选用盛器是保管的

由于调味品的品种很多，有固体、液体，还有易于挥发的芳香物质，因此，选用盛器必须有针对性，必须根据不同的物化性质来进行。例如，金属器皿不宜贮藏含有盐分或醋酸的调味品，如盐、酱油、醋等，因为这些调味品对很多金属制品都有腐蚀作用，会使容器损坏，使调味品变质。而金属会溶解在酱油、醋中，引起调味品的污染；透明的器皿用来贮盛油脂类调味品是不适宜的，因为阳光可以透过器皿，油在阳光照射下会氧化变质。有一些陶瓷、玻璃制作的器皿，不能用来贮存高温的热油，因高温热油会使这些器皿爆裂。

（二）选择保存环境

保存环境要考虑温度、湿度、日光照射程度和有否暴露在空气中。

(1) 环境温度不能过高，也不能过低。如环境温度过高，则盐、糖等调味品易融化，醋容易变得浑浊，葱蒜等易变色；但果温度过低，则葱、蒜等容易冻坏变质。

(2) 环境湿度不能太潮湿，也不能太干燥。太潮湿的环境，盐糖易溶化，酱、酱油易发霉；但太干燥，则葱、蒜、辣椒等调味品易变质。

(3) 日射和空气。有些调味品如受日射过多，会氧化变质或生芽、丧失香味等。例如，姜多接触日光照射会发芽，油脂类多接触日光会变质。

有些调味品如多接触空气会挥发，丧失香味，如香料等调味品。

（三）注意科学保管

(1) 调味品不易久存，应先进先用，以避免变质。如有的调味品（兑汁调料）当天未用完，则要放进冰箱，到第二天重新烧开后再使用。

(2) 需要事先加工的调味品，要掌握好数量，一次不可加工太多，如香糟、湿淀粉、葱花、调末等。

(3) 有些调味品要分类贮存。例如,同样是橄榄油,没用过的清油和炸过的浑油,必须分别放置,不能相互混合;用过的湿淀粉,每日应调换清水;储存已久的酱油,要不时去煮沸一下,以免生霉。

(四) 注意合理放置

(1) 日常使用的调味品盛器需放在靠近右手的灶面上或灶旁的桌子上,以方便取用。

(2) 调味品盛器的放置有一定的位置。一般原则是先近后远;常用的近,少用的远;有色近,无色远,同色间隔放;湿的近,干的远;易变质的要远离热源。

练习思考题

(1) 汉语中,味和风味都是科学性和人文性兼具的概念,请你给它们一个准确的定义。

(2) 请举例说明影响味觉的因素。

(3) 中国烹饪中的滋味,包括哪几种? 它们之间的相互关系有哪些?

(4) 何谓化学味觉? 日常生活中有哪些是化学味觉现象?

(5) 何谓基础味型? 常见的基本味型有哪几种? 举例说明之。

(6) 将冷菜味型调制与热菜味型调制加以比较,指出它们的差异。

(7) 你知道有哪些基础复合调味品? 它们各自的特点是什么? 可运用在哪些菜肴中?

(8) 中餐调味遵循哪些基本原则? 调味的基本方法有哪些?

(9) 调味有几个阶段? 各有何目的? 请举例说明之。

(10) 调味品如何进行保管与合理放置? 请结合你所知的生活实例予以说明。

第六章 冷菜烹调制作工艺

学习目标

通过本章学习，使学生了解冷菜历史发展的过程，熟悉各种冷菜加工工艺，并通过实训操作，掌握冷菜制作的一般方法，在一般冷拼、花色冷拼的实践中，认识刀工在冷菜制作中的重要性以及初步具备冷拼基本技能。

学习重点

(1) 了解冷菜工艺，冷菜的加工制作的单一技能。

(2) 掌握一般冷拼的技术和初步掌握花色冷菜拼摆装盘。

第一节 冷菜工艺概述

一、中国冷菜工艺的形成与发展

在中国饮食文化中，冷菜的出现源远流长，从古代的“周代八珍”到唐代时期的《烧尾宴》中的“五生盘”(最早的花色冷菜)；从北宋陶谷《清异路·馔馐门》记述的“辋川小样”(由女厨师梵正创作的大型风景冷菜拼盘)，到明清时期出现的很多冷菜制作方法(有糟法、醉法、酱法、卤法、拌法、腌法等)；其刀工美化和食品雕刻十分精湛。如今冷菜与拼摆已从平面发展到立体的形式，可以说是融食用性、艺术性和技术性为一体的上乘之作。

冷菜也叫凉菜，在餐饮业俗称冷荤或冷盘，是具有独特风格，拼摆技术性强的菜肴。因菜肴食用时的温度接近或低于环境温度，因此称之为冷菜。许多冷菜的烹制方法是热菜烹调方法的延伸、变格和综合运用，但又具有自己的独立特点。最明显的差异是热菜制作有烹有调，而冷菜既可以有烹有调，也可以有调无烹；热菜烹调讲究一个热字，越热越好，甚至有些菜到了桌面上还要求滚沸。因冷菜讲究一个“冷”字，所以烹调后滚热的菜，须放凉之后才装盘上桌。

冷菜是仅次于热菜的一大菜类，其做法很多，目前已形成了冷菜独自的技法系统。冷菜按其烹调特征，可分为泡拌类、煮烧类、汽蒸类、烧烤类、炸氽类、糖粘类、冻制类、卷酿类、脱水类等十大类。这十大类冷菜制作技法中还有一些具体的烹调方法，说明冷菜烹调技法之多，不在热菜烹调之下。所以，习惯上将冷菜与热菜烹调技法并列为两大烹调技法。冷菜，又叫冷荤、冷拼。之所以叫冷荤，是因为饮食行业多用鸡、鸭、鱼、肉、虾以及内脏等荤料制作；之所以叫冷

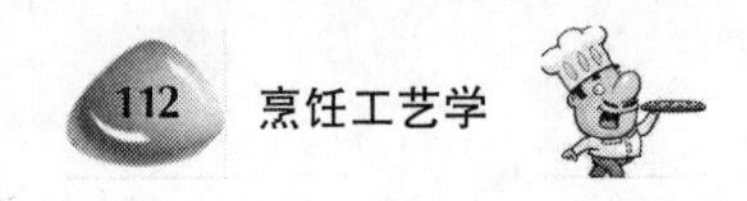

拼，是冷菜制好后，要经过冷却、装盘（如双拼、三拼、什锦拼盘、平面什锦拼盘、高装冷拼、花式冷盆等），才真正形成一盘冷菜。通常而言，冷菜工艺是指冷菜的加工烹调以及拼摆装盘的制作工艺。

二、冷菜的作用

（一）冷菜是菜品的组成部分之一

冷菜与热菜同样重要，是各类宴席必不可少的。冷菜具有久放不失其形，冷吃不变其味，体大便于刀工，无汤利于装盘等优点。

（二）冷菜通常是宴席上的第一道菜

冷菜是在宴席和零点餐桌上与食用者接触的第一道菜，素有菜肴"脸面"之称，具有"先锋队"作用。从与客人接触的时间顺序来说，冷菜更担负着先声夺人的重任。冷菜，不论是在高级宴会上还是在家庭便宴中，按出菜顺序，总是以入席的第一道菜而出现，因此也称迎宾菜。因为不必担心在一定时间里菜肴温度的变化。这就给刀工处理及装饰点缀提供了条件。因此，冷菜的拼摆是一项专门的技术。而冷菜技艺在中国烹饪中又独树一帜，它是中国菜肴中的佳品、中国烹饪技艺的杰作。

（三）冷菜是热菜的先导

冷菜还可以看作是开胃菜，是热菜的先导，引导人们渐入佳境。制作成功的冷菜可以使用餐者味蕾大开，为之后所上的热菜做足铺垫，使之与热菜互相衬托，相互呼应，从而使用餐者得到最大限度的餐饮满足。所以，冷菜制作的口味和质感有其特殊的要求。

（四）烘托气氛，营造良好的用餐环境

冷菜在造型上，可以更灵活多样地装饰、点缀，使其婀娜多姿，异彩纷呈，格外诱人。冷菜制作的好坏，是否赏心悦目，味美适口，对于整个宴会的气氛和情趣影响很大。俗话说好的开端等于成功一半，如果冷菜能让赴宴者在视觉和味觉上感到称心愉快，获得美感享受就会活跃气氛，满桌生辉，促进宴会高潮的形成，为整个宴会奠定良好的基础；反之宴会则会兴味索然，扫兴而终。因此冷菜在宴席中的作用很大，深受食者重视。即使便餐，小聚，佐酒中也同样受到重视。此外，冷菜还可以自成体系，单独用于大中型宴会和招待的冷菜宴会，其地位就更显重要。

三、冷菜的特点及要求

（一）冷菜的基本特点

1. 烹制特点

冷菜与热菜相比，在制作上除了原料初加工基本一致外，其明显的区别是：前者一般是先烹调，后刀工；而后者则是先刀工，后烹调。热菜一般是利用原料的自然形态或原料的切割及加工复制等手段来构成菜肴的形状；冷菜则以丝、条、片、块为基本单位来组成菜肴的形状，并

有单盘、拼盘、什锦拼盘以及工艺性较高的花式拼盘之分。热菜调味一般能及时见效，并多利用勾芡手法以使调料分布均匀；冷菜调味强调"入味"，或是附加蘸食用调味品。热菜必须通过加热才能使原料成为菜品；冷菜有些品种不必加热就能成为菜品。热菜是利用原料加热以散发热气使人嗅到香味；冷菜一般讲究香味透入肌里，使人越嚼越香。所以素有"热菜气香"和"冷菜骨香"之说。

2. 品种特点

冷菜和热菜一样，其品种既有常年可见的也有四季时令菜品。冷菜的季节性以"春腊、夏拌、秋糟、冬冻"为典型代表。这是因为冬季腌制的腊味，需要经过一段时间"着味"的过程，只有到了开春时食用，始觉味美；夏季瓜果蔬菜比较丰盛，为凉拌菜提供了广泛的原料；秋季的糟货是增进食欲的理想佳肴；冬季气候寒冷有利于羊羔、冻蹄烹制冻结。可见凉菜的季节性是随着客观规律变化而形成。现在也有反季供应，因为餐厅都有空调，有时冬令品种放在盛夏供应更受消费者欢迎。

3. 风味、质感特点

冷菜的食用温度一般在10～14℃最好。冷菜以香气浓郁、清凉爽口、少汤少汁（或无汁）、鲜醇不腻为主要特色，具体又可分为两大类型：一类是以鲜香、脆嫩、爽口为特点；另一类是以醇香、酥烂、味厚为特点。前一类的制法以拌、炝、腌为主，后一类的制法则以卤、酱、烧为主，它们各有不同的风格。

（二）中国冷菜的特点

(1) 滋味稳定，注重口味质感。冷菜不受温度限制，搁久了滋味不会受到影响，这就适用了酒宴上宾主边吃边饮相互交谈的习惯。所以它是理想的佐酒佳肴。

(2) 常以首菜入席，起着先导作用。冷菜常作为第一道菜入席，很讲究装盘工艺，优美的形、色，对整桌菜肴的评价有着一定的影响。特别是一些图案装饰冷盘不仅能引起食欲，而且对于活跃宴会气氛也起着一定的作用。

(3) 风味独特。冷菜自成一格所以还可独立成席，如冷餐宴会、鸡尾酒会等，都是主要由凉菜组成。

(4) 可以大量制作，便于提前备货。由于冷菜不像热菜那样随炒随吃，可以提前备货，便于大量制作。若举行大型宴会，冷菜就能缓和热菜烹调方面的紧张。

(5) 便于携带，食用方便。冷菜一般都具有无汁无腻等特点，因而便于携带，还可作为馈赠亲友的礼品。在旅途中食用，无须加热，也不依赖餐具。

(6) 可作为橱窗的陈列品，起着广告的作用。由于冷菜没有热气，搁置时间也可以久些，因而可作为橱窗陈列的理想菜品。这既能反映企业的经营面貌，又能展示厨师的技术水平。这对于饮食部门营销，有一定的积极作用。

(7) 切配装盘讲究，造型丰富多样。冷菜的特点是原料一经烹饪完毕，其色香味已基本定型，且冷菜的口味特点相对比较稳定。这就给造型提供了有利的条件，可以是乱刀面的，体现一种参差错落的变化之美；也可以是整齐的刀面，体现一种工整美。拼盘则能体现一种对称的美。至于花色冷拼以冷菜拼摆出各种花鸟鱼虫形象，既可观赏又可食用，更是造型艺术的集中体现。

(8) 卫生要求严格。冷菜间必须有单独的降温设施，紫外线消毒灯、消毒液、冷藏冰箱。

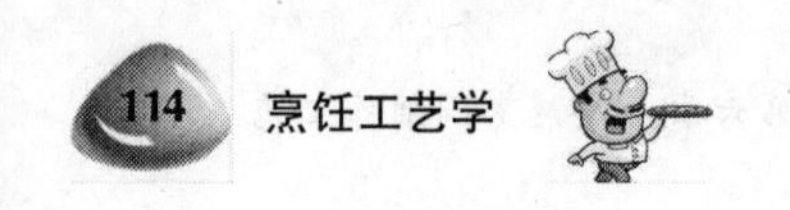

储藏食物必须要用保鲜膜。

（三）冷菜制作的基本要求

冷菜切配的主要原料大部分是熟料，因此这与热菜烹调方法有着截然的区别。它的主要特点是选料精细、口味干香、脆嫩、爽口不腻，色泽艳丽、造型整齐美观、拼摆和谐悦目。其具体要求如下。

(1) 在烹调方法上，冷菜除必须达到干香、脆嫩、爽口等要求外，还要求做到，味透肌里，品有余香。

(2) 根据冷菜不同品种的要求，做到脆嫩清香或做到爽口无汤不腻。

(3) 刀工是决定冷菜形态的主要工序。在操作上必须认真精细，做到整齐美观，大小相等，厚薄均匀，使改刀后的冷菜形状达到菜肴质量的要求。

(4) 在拼摆装盘时要求做到，菜与菜之间、辅料与主料之间、调料与主料之间、菜与盛器之间色彩的调和。造型要艺术大方，使拼摆装盘后的冷菜呈现色形相映、五彩缤纷、生动逼真的美感。

(5) 要注意营养，讲究卫生，冷菜不仅要做到色、香、味、形俱美，同时还更加要注意各种菜之间的营养素及其荤素菜的调剂，使制成的菜肴符合营养卫生的要求，增进人体的健康。

(6) 在冷菜拼摆装盘时，要注意节约原料，在保证质量的前提下，尽力减少不必要的损耗，使原料达到物尽其用。

（四）冷菜制作的要点

冷菜讲究鲜、香、嫩、无汁、入味、不腻。这个鲜指原料新鲜及口感鲜美。冷菜最忌腥、膻异味及原料不鲜。有些腥味在一定的温度中不是很明显，一旦冷却下来，异味明显了。生理学告诉我们，人的味蕾感觉味道的最佳温度在30℃，而冷菜的温度通常是室温10～20℃，有些冷菜需经冰箱冷藏，其温度还要低。所以要突出原料的鲜美滋味，在选料和调味时应考虑这个因素。

(1) 冷菜的香与热菜的香不同。热菜的香味是随着热气扩散在空气中，为人所感知的。而冷菜的香则必须在咀嚼时才为人所感觉，所谓“越嚼越香”。它要求香透肌里，这是一种浓香，所以许多冷菜要重用香料。另一种香是清香，这种香是淡淡的，能给人以清新爽快的美感。

(2) 冷菜的嫩，有脆嫩、柔嫩、酥嫩、熟嫩等几种。脆嫩主要是一些植物原料，能给人以爽口不腻、清香淡远之感；柔嫩常与疏松连在一起，入口咀嚼毫无阻力，是一种特殊的口感，原料主要是素料；酥嫩的质感较耐咀嚼，而用一些较为老韧的原料，于反复的咀嚼中能体味原料的本味与渗入的调味混合后的特殊美味；熟嫩是在加工中断生即起的原料质感。这些原料都比较嫩，加热时间又不长，故成熟之后原料内仍含有较多水分，咀嚼之中有阻力，却不大。因为加热时间不长，调料与原料结合不紧密，所以更能体会原料的本味。

(3) 冷菜的无汁、入味、不腻也是区别于热菜的一个很明显的标志，这三者又是相辅相成的。冷菜烹制不勾芡，装盘之后基本不带卤汁。形体小的原料在烹调中周身着味即行，而形体大的原料就必须掌握好火候，采取必要手段令原料入味。

第二节　冷菜的加工制作

一、冷菜加工与烹制

（一）冷菜概念

冷菜制作工艺是将食物原料经过加工制成冷菜，然后再切配装盘的一门技术。从工艺上看，包括制作和拼摆两个方面。所谓制作通常是指将烹饪原料经过拌、炝、泡等冷菜烹调方法使其成为富有特色的冷菜，为后来的拼装盘提供物质基础。

所谓拼摆通常是指将加工好的原料，按一定规格要求和形态，进行精细的刀工切配处理，整齐美观地装入盛器的一道工序。冷盘制作所用到的刀法基本上与切配工艺中刀法一样有直刀法、平刀法和斜刀法。这三种刀法中又可以细分为各种其他刀法。在拼装过程中需要人为地美化，达到所需的形状，符合宴会的主题。冷菜拼装既是技术又是艺术。要学好冷菜工艺，必须掌握如下基本功。

(1) 能烹制各种冷菜，掌握其操作关键

(2) 懂得烹饪美学知识，学会各种刀工技巧、技法娴熟，能拼装艺术冷盘。

(3) 对各种宴会冷菜要有一定的设计能力。

冷菜制作是一项细致的工作，是一门综合性技术，需要加强基本功和艺术修养的训练。

（二）冷菜制作工艺分类

冷菜制作方法主要有拌、炝、腌、酱、卤、冻、酥、熏、腊、水晶等。下文做简单介绍，并重点举例说明。

(1) 拌，是把生的原料或晾凉的热原料，经切制成小型的丁、丝、条、片等形状后，加入各种调味品，然后调拌均匀的做法称为拌。拌制菜肴具有清爽鲜脆的特点。

(2) 炝，是先把生原料切成丝、片、块、条等，用沸水稍烫一下，或用油稍滑一下，然后滤去水分或油分，加入以花椒油为主的调味品，最后加入菜品拌匀。炝制菜者具有鲜醇入味的特点。

(3) 腌，是用调味品将主料浸泡入味的方法。腌制凉菜不同干腌咸菜，咸菜是以盐为主，腌制的方法也比较简单，而腌制凉菜须用多种调味品，使其口味鲜嫩、浓郁。

(4) 酱，是将原料先用盐或酱油腌制，放入用油、糖、料酒、香料等调制的酱汤中，用旺火烧开撇去浮沫，再用小火煮熟，然后用微火熬浓汤汁，涂在成品的表面上。酱制菜肴具有味厚馥郁的特点。

(5) 卤，是将原料放入调制好的卤汁中，用小火慢慢浸煮卤透，卤汁滋味慢慢渗入原料里。制菜肴具有醇香酥烂的特点。卤的内容还很多，以后再做专门介绍。

(6) 酥，酥制冷菜是原料在以醋、糖为主要调料的汤汁中，经慢火长时间煨焖，使主料酥烂，醇香味浓。

(7) 熏，是将经过蒸、煮、炸、卤等方法烹制的原料，置于密封的容器内，点燃燃料，用燃烧时的烟气熏，使烟火味焖入原料，形成特殊风味的一种方法。经过熏制的菜品，色泽艳丽，熏味醇香，并可以延长保存时间。

(8) 水晶也叫冻，它的制法是将原料放入盛有汤和调味品的器皿中，上屉蒸烂，或放锅里慢慢炖烂，然后使其自然冷却或放入冰箱中冷却。水晶菜肴具有清澈晶亮、软韧鲜醇的特点。

二、冷菜的加工烹制方法

根据风味特色，冷菜可分为两大类型：一类是以醇香、酥烂、味厚为特点，烹制方法以拌、腌、泡味代表；另一类是还有一些特殊的加工方法，如“挂霜、冻制、脱水”等，即“冷制冷吃加工法”。

(一) 拌的概念、特点与菜例

1. 拌的概念

伴，就是把可食的生料或晾凉的熟料，加工切配成丝、丁、片、块、条等规格，再加入调味料直接调制成菜肴的烹调方法。

2. 特点

清爽鲜嫩柔脆，色泽鲜艳。

3. 操作关键

(1) 选料要精细，刀工要美观。

(2) 注意颜色的调配，避免单一色。

(3) 调味要准确合理，口味要突出特点。

(4) 加热处理原料要掌握好火候，以断生为宜。

(5) 注重卫生，消毒规范(可生食原料，必须先洗净，再用 2%盐水或 0.3%高锰酸钾溶液浸泡 5 分钟消毒)。

(6) 应现拌现吃，不易久放。

4. 成菜的技法和特点

(1) 拌味(不需拼摆造型的菜肴)。

(2) 淋味(开餐时淋上调制好的味汁)可体现装盘技术，保证成菜的色、味、质、形，避免影响某些不能久浸调味汁原料的外形。

(3) 蘸味(一种原料或多种原料多味吃法的方式)。

5. 分类

根据原料的加热与否拌可分为三类：生拌、熟拌和混拌。

(1) 生拌。生拌是将可食用原料经刀工处理后，直接加入调料汁拌制成菜的技法。生拌的烹饪原料，一定要选择新鲜脆嫩的蔬菜或其他可生食的原料，洗净后再消毒洗净，然后切配成形，最后加入调味品拌制。异味偏重原料需用盐腌制，排出异味涩水。如拌黄瓜、葱油生菜、蒜茸茼蒿、拌什锦等。特点是清香爽口。

(2) 熟拌。熟拌是将生料加工熟制、晾凉后改刀，或将改刀后烹制成熟原料，加入调味汁拌制成菜的技法。熟拌的烹饪原料，需经过焯水、煮汤，要求沸水下锅，断生后即可。然后趁热加入调味品拌匀，否则不易入味。若要保持烹饪原料质地脆嫩和色泽不变，则应从沸水锅中捞出后随即晾开或浸入凉开水中散热。划油的冷菜原料，若油分太多可用温开水漂洗。熟拌又可分为：

① 烫拌。色泽鲜艳、质地脆嫩爽口、口味多样、清香味鲜或滋味醇厚。

② 煮拌(白煮)。保持本色,突出本味;细嫩软烂,鲜香醇厚;口味丰富,味道鲜美。

③ 炸拌。滋润酥脆,醇香浓厚。

④ 蒸拌。质地细嫩,软嫩,口味鲜香。

⑤ 烧烤拌(茄子、辣椒)。质地嫩脆柔软,本味醇厚。

(3) 混拌,又称生熟拌。就是将生、熟原料分别整理,切制成不同形状后,按原料性能与色泽码摆盘中,食用时倒入调味汁拌匀的方法。

6. 菜例

(1) 生拌菜例:姜汁黄瓜(见图 6-1)。

图 6-1　姜汁黄瓜

主料:黄瓜一根。

调料:生姜 200 克、盐 15 克、糖 5 克、味精 5 克、麻油少许。

制作方法:①鲜姜去皮拍碎捣烂放入碗中加入凉开水然后用纱布将姜汁滤除待用;②黄瓜洗净切蓑衣花刀,黄瓜买的稍细一些,切好后用手向外推以便改刀用;③将切好的黄瓜用细盐稍腌去除黄瓜味,然后改刀装盘,把姜汁倒在黄瓜上即可。

特色:咸鲜味带有浓郁的姜汁味。古语说冬吃萝卜夏吃姜,不用医生开处方。

(2) 熟拌菜例:香干拌马兰(见图 6-2)。

图 6-2　香干拌马兰

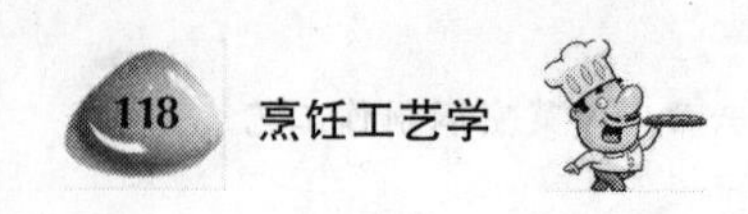

主料:马兰(俗称马兰头)200 克、香干 2 块。

辅料:熟火腿末 5 克、熟鸡肉末 10 克、熟白芝麻 1 克。

调料:盐 2 克、白糖 2.5 克、味精 5 克、香麻油 10 克、精制油 5 克。

制作方法:①马兰去掉老根老叶,洗净,投入到沸水锅加精制油烫熟后捞出,沥干水分,切成米粒状;②香干洗净焯水,待凉后也切成碎末状;③用一干净的盛器,将马兰末、香干末、熟火腿末、熟鸡肉末、熟芝麻和调味料一起拌匀即可。

制作要点:①选用叶长梗绿的青绿马兰;②马兰焯水时,加入精制油的目的是使马兰更加葱绿;③马兰焯水捞出后应迅速地抖开吹凉,水分要挤干;④马兰是略带苦味的原料,须切碎后再拌制,更能体现其特有的风味。

特色:色彩丰富、口味清凉,是春夏季的特色凉菜。

(3) 混拌菜例:棒棒鸡丝(见图 6-3)。

图 6-3 棒棒鸡丝

主料:鸡脯肉 2 块。

辅料:黄瓜一根。

调料:盐、糖、味精、黄酒、醋、红油、麻油、芝麻酱。

制作方法:①将鸡脯肉洗净,放入冷水锅内烹入少许黄酒煮至熟,取出稍凉后用刀把鸡脯肉拍松,然后切成丝;②黄瓜洗净切丝,放在盘中垫底,把切好的鸡丝放在黄瓜上;③芝麻酱用冷开水化开,放入盐、糖、味精、醋、红油、麻油拌匀后倒在鸡丝上即可。

特色:菜品呈淡红褐色,咸、甜、酸、辣、回味平衡。

(二) 炝的概念、特点与菜例

1. 概念

炝是把切成的小型原料,用沸水焯烫或用油滑透,趁热加入各种调味品,调制成菜的一种烹调方法。炝与拌的主要区别:炝是先烹后调,趁热调制;拌是指将生料或凉熟料改刀后调拌,即有调无烹。另外,拌菜多用酱油、醋、香油;而炝菜多用精盐、味素、花椒油等调制成,以保持菜肴原料的本色。

2. 特点

炝菜的特点是清爽脆嫩、鲜醇入味。炝菜所用原料多是各种海鲜及蔬菜,还有鲜嫩的猪肉、鸡肉、河鲜等原料。所用调料仅有精盐、味精、蒜、姜和花椒油等几种,成品无汁,口味清淡。

3. 制作要点

(1) 炝的菜肴不使用米醋，酱油之类的调味品，以保证菜肴的清淡无汁。

(2) 要用热花椒油。

(3) 炝的原料在进行调味之前要先进行热处理，使其断生成熟。

4. 分类

炝法有焯炝、滑炝、焯滑炝三种。

(1) 焯炝是指原料经刀工处理后，用沸水焯烫至断生，然后捞出控净水分，趁热加入花椒油、精盐、味精等调味品，调制成菜，晾凉后上桌食用。对于蔬菜中纤维较多和易变色的原料，用沸水焯烫后，须过凉，以免原料质老发柴。同时，也可保持较好的色泽，以免变黄。如"海米炝芹菜"。

(2) 滑炝是指原料经刀工处理后，需上浆过油滑透，然后倒入漏勺控净油分，再加入调味品成菜的方法。滑油时要注意掌握好火候和油温(一般在三至四成热)，以断生为好，这样才能体现其鲜嫩醇香的特色。如"滑炝虾仁"。

(3) 焯滑炝是将经焯水和滑油的两种或两种以上的原料，混合在一起调制的方法。具有原料多、质感各异、荤素搭配、色彩丰富的特点。如："炝虾仁豌豆"。制作时要分头进行，原料成熟后，再合在一起调制，口味要清淡，以突出各自原料的本味。

5. 菜例

(1) 炝河虾(见图 6-4)。

原料：活河虾 500 克。

调味料：高度曲酒 100 克、腐乳汁 100 克、葱花、姜末各 10 克、精盐 5 克、白糖 3 克、味精 2 克。

烹饪制作：①先将活河虾冲洗一下，放入 2‰的食物消毒液中浸洗，用冷开水清洗，沥干水分；②将干净的河虾放入玻璃盛器中，把上述调味料一起倒入加盖后用力摇动半分钟，使调味料充分与原料调和均匀；③稍待片刻后即可食用。

制作要点：河虾必须鲜活；②原料必须消毒到位，消毒液要清洗干净。

口味特点：酒香味美，壳青质嫩。

图 6-4　炝河虾

(2) 四尝玻璃肚(见图 6-5)。

原料：猪肚 500 克。

调味料：食用碱 50 克，准备 4 种料碟：红油、麻酱、椒麻、怪味。

制作过程：①将猪的肚仁切下，打开，把带有黏液的里外皮除去，清洗干净；②将肚仁切成极薄的片，放入 10%～20% 的食碱溶液中浸泡 2 小时左右，让其充分地腐蚀和嫩化肌纤维；③再用清水漂洗，直至食碱味消除为止；④将处理好的透明肚仁薄片入沸水锅余熟后捞起装盘；⑤附 4 个料碟（红油、麻酱、椒麻、怪味）跟上，作蘸食用。

图 6-5　四尝玻璃肚

（三）泡的概念、特点与菜例

1. 概念

泡是以鲜蔬菜及应时水果为原料，经初步加工用清水洗净晾干，无须加热，直接放入泡菜卤水中泡制的一种方法，具有质地鲜脆，清淡爽口，咸酸辣甜，风味独特。

2. 操作要点

(1) 对泡制的蔬菜瓜果原料应切得大小整齐、新鲜脆嫩、含纤维少。

(2) 盛器应选用泡菜坛，并放在阴凉处，翻口内的水 1～2 天须换一次，切忌污染油腻，以防发酸变质。

(3) 泡卤要保持清洁，取原料时要使用专用工具，勿用手和油勺等捞取。

(4) 泡制时间应根据季节和泡卤的新、陈、淡、浓、咸、甜而定，一般冬季长于夏季，新卤长于陈卤，淡卤长于浓卤，咸卤长于甜卤。

(5) 泡卤如无腐败变质，可继续用来泡制原料，但每次必须将泡菜捞尽后，才能放入新的原料，并根据泡制次数适量加入其他调味品。

3. 种类

按泡制卤汁即选料不同，可分为甜泡和咸泡两种。甜泡是卤水中加入以白糖、白醋为主的调味品，呈酸甜味。咸泡卤汁主要用食盐、白酒、花椒、生姜、干辣椒、泡椒、白糖等调味品，成品以咸、辣、酸味为主，酸味的产生是发酵的结果。

4. 菜例

(1) 红椒泡藕（见图 6-6）。

主料：藕 3000 克。

图 6-6　红椒泡藕

辅料:红椒 100 克。

调料:白糖 500 克、白醋 100 克、香叶 5 片、鲜柠檬 1 个。

制作方法:①将藕洗净污泥,把藕切成藕段,立即放入清水中漂洗干净,红椒切成丝或小段,沸水略烫;②在容器内加水 1 000 克,白糖烧沸,待全部冷却后再加入白糖、鲜柠檬汁、调制成卤汁;③将藕片从水中捞出沥干水分和红椒丝一起放入调制好的卤汁中,同时放入香叶,上压重盘浸泡 1～2 天即可食用。

特点:色泽洁白,酸中带甜,是时令佳肴。

(2) 山椒墨鱼仔(见图 6-7)。

图 6-7　山椒墨鱼仔

主料:墨鱼仔 400 克。

辅料:泡椒 150 克。

调料:生抽 50 克、味精 5 克、黄酒 20 克、糖 15 克、香醋 15 克、香葱、生姜、大蒜头各 30 克。

制作方法:①香葱打成结、姜切成丝、大蒜头切片,墨鱼仔去内脏、清洗干净后入开水锅加料酒、葱结、姜片迅速将墨鱼仔焯水断生;②将泡椒、姜丝、大蒜头片入锅中,小火炒香烹入料酒加入少许高汤、生抽、黄酒、糖略烧片刻后,再加入味精、香醋调味,即可出锅;③卤汁中加入墨鱼仔浸泡入味装盘上桌。

制作要点:①墨鱼仔在整个加热过程中切忌时间过长,以免口感偏老、硬;②卤汁调制要体现甜、酸、鲜、辣。

口味特点:甜、酸、鲜、辣入味、质感脆嫩。

(四) 酱的概念、特点和菜例

1. 概念

酱是冷荤菜肴中使用最广泛的一种调料,是生料熟制的主制法之一。通常以肉类(如猪、牛、羊、鸡、鸭等)做原料。制法方法是将原料先用盐或酱油腌制,放入用酱油、糖、绍酒、香料等调制的酱汤中,用旺火烧开撇去浮沫,再用小火煮熟,然后用微火熬至浓汤汁,使汤汁黏附在成品的皮面上。

2. 特点

皮嫩肉烂,肥而不腻,香气浓郁,味美可口。

3. 操作要点

选料:酱所用的原料很多,诸如猪、牛、羊、鸡、鸭以及头、蹄、下水(心、肝、肚、肺、肠、蹄)等。选好原料,大有讲究。

原料的整理:酱制原料的整理也是酱好制品的重要环节。原料的整理一般分为洗涤、切块、紧缩三道程序,都对质量有很大影响。

根据熟制品装盘的需要,在加热蒸熟前,先将原料整形摊平,便于切配装盘。

家禽类鸡鸭原料的皮质要上色,即有走红,效果则更佳。

4. 菜例

本帮酱鸭(见图 6-8)。

图 6-8 本帮酱鸭

主料:上海白鸭一只。

调料:盐、冰糖、味精、料酒、胡椒粉、红米或红曲粉、葱、姜、桂皮、茴香。

制作要点:①白鸭一只洗净,斩去脚爪、割去鸭臊,放入开水锅内煮至断生捞出,用盐将鸭腹内部擦匀;②锅内放少许油,放入葱、姜略炒,进而加入桂皮、茴香、料酒、清水、红曲粉、盐、冰糖、味精,然后将鸭子下锅烧开,再用中小火将卤汁慢慢收汁,烧两个小时左右即用大火收汁,并用勺子将卤汁不断地往鸭子身上浇,下面不断转锅,使鸭子不断翻动,待卤汁剩下不多时即可将鸭子捞出盛入盘内;③冷后改刀装盘即可。

口味特点：酱紫红色、鲜、香、肥、嫩。

操作要点：在实际操作时糖、味精等调味料晚一些放，在鸭子烧酥后再放以免粘锅底。

（五）卤的概念、特点与菜例

1. 概念

卤是指将原料放入调制好的卤汁中，用微火慢慢浸煮，使卤汁滋味渗入原料组织内部的一种技法。

2. 特点

其特色是味鲜醇厚，香气浓郁，油润红亮。

卤汁菜多用于动物性原料，也可用于部分植物性原料，如豆制品等。当原料成熟后把原料浸泡在卤汁中，食用时随用随取。这类卤菜的口味特别鲜香。也有的在卤制成熟后即行捞出，待凉透后在原料表面涂上一层油脂，防止卤菜发硬和干缩变色。

3. 操作要点

(1) 红白卤制品所用的香料，如红曲米等应用干净纱布包扎好，再同原料一起放入锅中煮制。

(2) 卤汁用后只要保存得当，可以继续使用。反复使用的卤汁，称为“老卤”。其制成品滋味更加醇香。其清卤方法是将卤汁倒入锅中烧沸撇去浮油，过滤残渣，并根据使用次数适当加入各种调味料。

(3) 白卤不能使用含有草酸质多的香料，如茴香桂皮等，可用草果、白芷、丁香、花椒等调味料代替。应放入不锈钢盛器中保存。

(4) 卤制原料时火候要控制恰当，卤制原料一般块形较大，加热时间长。

(5) 取用成熟原料时，不可用手直接接触卤汁，应用专门工具，防止卤汁污染。

4. 种类分类

卤按调味品的不同，可分为红卤和白卤两种。红卤的调味品有酱油、红曲米、糖色、食盐、白糖、黄酒和各种香料。白卤不用有色调味品，一般不放白糖。

5. 菜例

卤水肉（见图 6-9）。

图 6-9　卤水肉

主料:猪五花肉。

调料:香菜、葱、姜、蒜、干辣椒、猪骨、无花果干、果肉、南姜、香叶、草果、小茴香、陈皮、甘草、香菇各 30 克、火腿 100 克、生抽、老抽、黄酒各 20 克、冰糖 50 克、味精 5 克

制作方法:①卤水的制法。锅内放水,将香菜、葱结、姜块、干辣椒、焯水后的猪骨、无花果干、肉果、南姜、香叶、草果、小茴香、陈皮、甘草、水发后的香菇和香菇水、火腿少许、生抽一瓶、老抽三分之一瓶一起煮、然后加入黄酒、味精、冰糖;②将大蒜放在油锅中炸至成金黄色后,把油倒入卤水锅内,大蒜头待用;③把猪五花肉焯水后直接放入卤水中煮,煮至猪五花肉至酥,即取出放入另一锅中放入大蒜头一起煮至收浓汁,然后改刀装盘,大蒜头可整只放入。

口味特点:淡酱红色、鲜香味浓。

注意卤水肉不能凉吃,一定要热吃,热吃比较鲜香;要跟味碟一起上席,在味碟中应放入白醋、蒜泥、红泡椒末(增色)与凉开水少许搅匀。

(六) 熏的概念、特点与菜例

1. 概念

利用熏料发出的热量和烟作为传热介质,使原料成熟的方法。熏可以分为熟熏和生熏两种。熏的制作方法要有一套比较规范的工具,如熏锅、熏架、熏盖、熏料。熏料一般有木屑、茶叶、大米、红糖等受热后比较容易产烟的原料。

2. 特点

(1) 熟熏是将预熟的原料再经浓烟熏至上色,使制品增加烟香味,适合于禽畜类原料,如烟熏童子鸡、熏红肠、烟熏牛舌等,最有代表性的樟茶鸭子,在清代即闻名遐迩。

(2) 生熏适合于比较容易成熟的原料,如水产原料。先把清洗干净的原料改刀成一定形状,用调味拌入腌制一段时间后,投入到熏锅里的熏架上,用熏料燃烧产生烟的热量将原料熏制成熟。如烟熏鲳鱼、烟熏带鱼等。

熏的制作方法能使成品有特殊风味,可以用于调换口味。但不提倡常食用,因在制作过程中会生成有害物质,经常食用同时又不注意调理河保养,会对人体不良影响。

3. 菜例

(1) 熟熏菜例:茶香熏鸭(见图 6-10)。

图 6-10 茶香熏鸭

原料：嫩光鸭一只(约1 500克)，花茶50克，樟树叶10克，松柏枝40克。

调料：精盐8克、料酒10克、花椒4克、胡椒粉4克、麻油5克、葱段、姜片各15克、酱油5克。

制作方法：①嫩光鸭从背部剖开掏出内脏洗净用精盐、料酒、胡椒粉、花椒、葱段、姜片抹匀鸭身，腌渍入味，然后放入笼中蒸熟，取出，趁热在表面抹上酱油，晾干；花茶用温水泡透待用；②铁锅洗净，依次放入松柏枝、樟树叶、花茶，上面放上熏架，再放鸭子，加盖用小火熏制待锅中冒出青烟时沿锅边淋入少许清水，至鸭身金黄油润时取出，刷上麻油，改刀成长方形，再拼成鸭形装盘；③碗中加精盐、白糖、香醋、味精、葱姜蒜末调成汁，浇在鸭身上，并随荷叶软饼上桌即成。

口味特点：色泽金黄油亮，茶香浓郁。

(2) 生熏菜例：烟熏白鱼(见图6-11)。

图6-11　烟熏白鱼

原料：白鱼肉500克，上等清茶30克，柏木屑10克，米锅巴100克。

调料：白糖20克、精盐4克、料酒5克、酱油2克、葱段、姜片各10克、姜末10克、花椒2克、麻油2克、香醋10克。

制作方法：①白鱼洗净，用葱段、姜片、精盐、料酒、花椒、酱油擦匀，腌渍约半小时；茶叶用温水泡透待用；②铁锅洗净，先将米锅巴铺在锅底，再将茶叶和柏木屑放在米锅巴上面，然后垫上一个熏架，把白鱼肉放在上面(鱼皮向上)，盖好锅盖，边缘用湿抹布封严，大火加热3～4分钟，至冒浓烟时转小火熏约5分钟，取出；③在鱼肉两面刷匀麻油，改刀成条装盘，随香醋和姜末上桌，即成。

口味特点：色泽黄亮、茶香四溢。

(七) 腌的概念、特点与菜例

1. 概念

就是以食盐、酒、糟卤等为主的调味料把原料拌和、擦抹或浸渍，并经过静置一段时间后，使原料入味的一种制作方法。

2. 特点

质地脆嫩、味香浓郁、风味独特。

3. 操作要点

(1) 腌制原料时一定要将主料清洗干净,否则会使原料腐败变质。

(2) 腌制时间的长短,应根据季节、气候以及原料的质地、大小而定。

(3) 糖腌原料一般选用脆嫩可生食的应时水果和蔬菜。

4. 分类

(1) 盐腌:就是以食盐为主要调味品,将烹饪原料拌匀、浸渍,以除去原料的水分和异味,并使原料入味的方法。但通常多为配合其他烹调方法前的一道加工工序。

(2) 糖腌:是将烹饪原料加入少许食盐,腌渍一段时间后,挤出水分后再加入白糖及其他调味品再腌渍,使原料入味即可食用的制作方法。

5. 菜例

川味辣白菜(见图 6-12)。

图 6-12　川味辣白菜

原料:天津大白菜。

调料:盐、糖、白醋、干辣椒、泡辣椒丝、姜丝、油。

制作方法:①大白菜去叶留梗,顺长切成 2 分宽的条,放入盘内撒上盐,白菜上面压重物(使其容易出水)腌 2~4 小时,腌熟后取出用冷开水洗净捞起挤干水分,盛入碗内,面上放泡辣椒丝、姜丝;②锅内放入糖、水熬成糖油待用(一般熬至糖油起黏稠);③烧热锅放入油烧至八成热时投入干辣椒、炸至紫褐色,待炸出香味后把干辣椒捞出将沸油浇在泡椒丝、姜丝上,随即将糖油、白醋一起放入盆内泡 6 个小时后取食即成。

口味特色:本色白、酸、甜、辣浓郁、脆嫩爽口。

(八) 醉的概念、特点与菜例

1. 概念

醉就是把原料用以酒为主的调味汁浸渍或用酒浸渍,吃时再调味成菜的制作方法。

冷菜具有酒香浓郁,鲜爽适口,大都保持原料本色味的特点。

2. 醉的种类

按所用的调料不同,可分为红醉、白醉;按制作原料方法的不同,可分为生醉和熟醉。

(1) 生醉就是选用鲜活原料,加入醉卤汁直接醉制,成品不需要加热即可食用。具有味道鲜美、风味独特的特点。

(2) 熟醉就是先将烹饪原料加工成熟,再用醉卤汁浸泡的一种制作方法。具有味鲜嫩滑、酒香扑鼻的特点。

3. 操作要点

(1) 用于生醉的烹饪原料必须新鲜,无污染,符合卫生要求,原料需用清水漂洗干净。

(2) 醉的时间的长短应根据原料的质地而定。

(3) 不管是生醉还是熟醉,所用的盛器都必须消毒,注意清洁卫生。

4. 菜例

醉蟹(见图 6-13)。

图 6-13　醉蟹

原料:活螃蟹 1 800 克、酱油 100 克、黄酒 200 克、曲酒 120 克、冰糖 100 克、花椒 5 克、葱段、姜片、丁香(每蟹一克)。

制作方法:①将活螃蟹洗净后放入篓子里压紧,使之不得移动,放在通风阴凉处 3～4 个小时,让螃蟹吐尽水分;②将锅洗净放入酱油、花椒、葱姜、冰糖,煮到冰糖溶化后倒入盆内冷却,即制成卤汁;③取一个大口坛洗净擦干,将蟹脐盖掀起,放入丁香一颗,再放入坛中,上用竹片压紧,使蟹不能爬行。将黄酒、曲酒倒入冷透的卤汁中搅匀再倒入坛中,卤汁要淹没螃蟹。为防止变质,须把坛口封密,醉三天后即可食用。

特点:酒香醇厚,蟹肉鲜嫩。

(九) 冻的概念、特点与菜例

1. 概念

冻也叫水晶,即将动物的胶质蛋白经过蒸或煮,使其充分溶解,再冷凝成菜肴。有的也用琼脂冷凝。具有晶莹剔透,软嫩滑韧,清凉爽口,造型美观。

2. 种类

根据菜肴制成后的颜色可分为清冻和红冻。

清冻:不加入任何有色调味品,成品色泽白而透明。

混冻:加入各种有色的调味品,使成品色泽艳丽、美观大方。

3. 操作要点

(1) 注意原料加热的火候,加热时间的长短直接影响菜肴的质地,时间短了原料不会凝固

在一起。

(2) 冷凝前一定要将杂质清理干净，否则会影响菜肴的透明度。

4. 菜例

(1) 麻辣鸡丝粉(见图 6-14)。

图 6-14 麻辣鸡丝粉

原料：熟鸡丝 100 克，琼脂 100 克，精盐 10 克，花椒粉 3 克，干辣椒粉 8 克，食用油、味精、白糖适量，高汤 150 克葱、姜各 5 克。

工艺流程：熟鸡丝→琼脂加高汤加热→调味→冷却→刀工成形→装盘。

制作方法：①熟鸡丝用手撕成细丝待用。葱、姜剁成末，青椒切细丝；②将凉粉加入高汤、味精、白糖、精盐及撕好的鸡丝，烧开后熬煮片刻，倒入碗内冷却定型；③锅内加底油放入葱、姜末煸出香味，加入花椒粉、干辣椒粉煸香后，再加入少许高汤、青椒丝、精盐、味精、白糖调制成麻辣味汁；④冷却后的鸡丝和凉粉装盘，浇麻辣味汁即可。

特点：色泽红亮，味麻辣，口感滑、软、爽，造型呈块状堆落。

(2) 桂花虾仁(见图 6-15)。

图 6-15 桂花虾仁

原料：河虾仁50克，鸡蛋黄3个，香菜叶15克，水解琼脂100克，小苏打0.3克，精盐、味精、生粉各适量，高汤500克，蛋清1个。

工艺流程：河虾仁→发制→虾仁制熟→加冻冷却→刀工处理→装盘。

制作方法：①把虾仁用精盐加适量水擦洗、漂净，然后沥去水分。用蛋清、精盐、味精、小苏打、生粉上浆，醒发2个小时；②净锅内放入高汤，烧沸后加虾仁氽熟，用漏勺捞出，沥出水分在扣碗内加少许油擦匀，把虾仁逐只整齐地排列成螺旋形；③在水解琼脂中放入精盐、味精，鸡蛋黄打入搅匀，上笼蒸化后倒入虾仁碗内放进冰箱冷藏室，结冻后，逐一进行摆盘，桂花点缀即成。

成菜标准：色泽，晶莹透亮；质感，嫩、滑、爽。

第三节　一般冷盘制作工艺

冷盘制作，即冷菜拼摆装盘，就是根据食用及美观要求把经过刀工处理的冷菜原料整齐地装入盘内的一道工序。拼装的质量取决于刀工技术的好坏和拼摆技巧的熟练程度。冷菜是酒席上与食用者接触的第一道菜，素有"脸面"之称，具有先入为主的作用。因此冷菜拼装的好坏直接影响着整个酒席的质量。

一、一般冷菜拼摆装盘的步骤和基本方法

（一）冷菜拼摆装盘的步骤

(1) 垫底：垫底犹如造房一样。先需打好基础，使新房不沉降、不摇动、不坍塌。垫底的原料一般是用开坯切下的余料或边角料改刀后堆放在盛器的中央。

(2) 围边又叫覆边犹如造房砌的墙壁，能撑住房顶。具体做法是把在开坯时切下的比较好的原料，切成均匀的薄片，叠放整齐，分成两份，排成扇形，排放在垫底料两边。

(3) 盖面犹如盖屋顶，将开好的坯料切成薄片，整齐排列；左手按稳整齐的原料，右手持刀将原料铲起在刀面上，托到盘中央后，小心地堆放在围边原料的上面，叠成拱桥形。

（二）冷菜拼摆装盘手法

冷菜的拼装是比较复杂的，但各地所采用的手法却大致相同，归纳起来一般有堆、复、排、叠、摆、围六类。

1. 堆

堆就是把加工成形的原料堆放在盘内的一种方式。此法多用于冷平盘，也可以堆出多种形态，如宝塔形、假山风景等。

2. 复

复就是将加工好的原料先排在碗中再复扣入盘内或菜面上的一种方法。原料装碗时应把整齐的好料摆在碗底，次料装在上面，这样扣入盘内后的冷菜，才能整齐美观，突出主料。

3. 排

排就是将加工好的冷菜整齐地摆成行装入盘内。用于排的原料大多是较厚的大片或腰圆形的块(形如猪腰子的椭圆块)。根据原料的色形、盛器的不同，又有多种不同的排法，有的适

合排成锯齿形，有的适合排成腰圆形，还有适合排成整齐的方形，也有排成其他花样的。总之以排成整齐美观的外形为宜。

4. 叠

叠就是把切好的原料一片片整齐地叠起来装入盘内的一种方法。一般用于片型，是一种比较精细的操作手法，以叠阶梯形为多。叠时要与刀工密切结合，随切随叠，叠好后铲在刀面上，再盖在已经垫底围边的原料上；另外也有一些将韧性的原料切成薄片折叠成牡丹花、蝴蝶等，其他效果也很好，这要根据需求灵活运用。

5. 摆

摆又称贴，是运用精巧的刀法把多种不同色彩的原料加工成一定形状，在盘内按设计要求摆成各种图形或图案。这种手法难度较大，需要有熟练的技巧和一定的艺术素养，才能将图形或图案摆得生动形象。

6. 围

围就是把切好的原料在盘中排列成环形，组成各种花色的制作方法。具体围法有围边和排围两种。所谓围边是指在中间原料的四周围上一圈一种或多种不同颜色的原料。所谓排围是将主料层层间隔排围成花朵形，在中间再点缀上一点原料。如将松花蛋切成橘子瓣形的块，即可围边拼摆装盘，又可用排围的方法拼摆装盘，这可根据菜肴的要求灵活运用。

（三）冷菜拼装的形式

冷菜拼装的形成，按拼装技术要求，可分为一般冷拼、艺术冷拼。下面分别加以介绍。

凡是用数种冷菜原料，经过一定的加工，运用一定的形式装入盘内，称为一般冷拼。一般冷拼是冷菜拼装中最基本、最常见的拼盘。从内容到形式都比较容易掌握。常见的有单拼、双拼、三拼、四拼、什锦拼等几种形式。

(1) 单拼(也叫单盘、单碟、独碟，见图 6-16)。就是每盘中只装一种冷菜。就是用一种熟料装在一个盘子里。装单盘的形式有两头低、中间高的高桥形；还有正方形，象馒头样子的馒头形。要求整齐美观，具体可分叠排单拼、排围单拼、叠围单拼、盘旋单拼、插围单拼等。

图 6-16　单拼

(2) 双拼(见图 6-17),就是把两种不同原料不同色泽、不同口味的冷菜原料装入一个盘内。双拼要注意色泽、口味、原料的合理搭配,讲究刀面的结合,总之要求美观、整齐、实用,还要注意两种熟料的形式和色彩的调和。具体可分对称式双拼、非对称式双拼、围式双拼等。

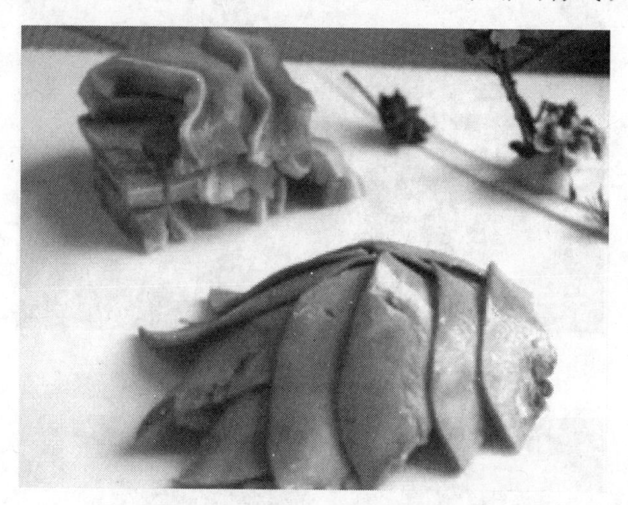

图 6-17　双拼

(3) 三拼(见图 6-18),就是把三种不同色泽、不同口味的冷菜原料装入一个盘内。在形状、刀工、色泽方面比双拼的装配技术又高一点,要求色泽、口味、形态必须互相协调,达到美观、整齐。具体可分非对称式三拼、围式三拼等。

图 6-18　三拼

(4) 四拼(见图 6-19),就是把四种不同色泽、不同口味、不同荤素的冷菜原料装入一个盘内。这种拼法要求更高,色泽口味、形态必须互相协调,达到美观、整齐。具体可分非对称四拼、对称式四拼、立体四拼等。

(5) 什锦拼(见图 6-20)就是把 8 种或 8 种以上不同色泽、不同口味、不同荤素的冷菜原料,经过适当加工整齐地拼装在一只盘内的冷盘。这种冷盘拼装技术要求更高,外形要整齐美观,特别讲究刀工和装盘技巧,并且色泽搭配要合理,口味多变且互不受影响。

图 6-19　四拼

图 6-20　什锦拼盘

第四节　欣赏性冷菜拼盘的制作

一、历史演进

欣赏性冷菜拼盘又称花色冷拼(以下称花色冷拼)，是由一般的冷菜拼盘逐渐发展而成的，发源于中国，是悠久的中华饮食文化孕育的一颗璀璨明珠，其历史源远流长。唐代就有了用菜肴仿制园林胜景的习俗。宋代则出现了以冷盘仿制园林胜景的形式，特别是当时宋代寺院中用冷菜仿制王维“辋川别墅”的胜景，被认为是世界上最早的花色冷拼。到了明、清时期，拼盘技艺得到了进一步发展，制作水平也更加精细。随着社会经济的发展，花色冷拼得到迅猛发展，原料的使用范围扩大，取材也更广泛，其运用范围也在扩大，被越来越多的厨师所青睐、运用，极大地繁荣和推动了我国烹饪文化的发展。

近几年花色冷拼的制作技艺又有很大程度的提升。它是一种把食雕造型、绘画艺术与冷菜拼制结合为一体的特殊装盘方法，是中国烹饪工艺的典范。立体花式拼盘是拼盘中难度较大的一类。

二、花色冷拼概念

花色冷拼也称花色冷盘、花色拼盘、工艺冷拼等，是指利用各种冷菜原料，经过精巧设计和加工，采用不同的刀法和拼摆技法，按照一定的次序层次和位置将冷菜原料拼摆成山水、花卉、鸟类、动物等景物等象形图案，提供给就餐者欣赏和食用的一门冷菜拼摆艺术花色冷拼。花色冷拼素来以优美的造型取悦于人，不仅给人以色美形美的享受，而且味美可口深受欢迎。其主要特点是艺术性强、难度大，特别是图案的设计和拼摆的技术要求高。

三、花色冷拼作用

花色冷拼在宴席程序中是最先与就餐者见面的头菜。它以艳丽的色彩、逼真的造形呈现在人们面前，让人赏心悦目，振人食欲，使就餐者在饱尝口福之余，还能得到美的享受。在宴席中能起到美化和烘托主题的作用，同时还能提高宴席档次。花色冷拼通过造型美观艺术，把宴席的主题充分体现出来，远比其他菜品表达得更直接、更具体。花色冷拼大多用于宴会。在制作上，技术性和艺术性都较高，无论刀工和配色都必须事先考虑周到，才能得到形象逼真、色彩动人的艺术效果。

四、花色冷拼的设计原则

花色冷拼的设计，要根据宴席的主题、规格和参加宴会对象，以及现有原材料和制作者的技艺等因素进行通盘思考、反复琢磨的过程，也就是选定题材和提炼、概括表现作品主题的过程。设计是冷盘造型的第一步，为使有限的原料变成美丽的图案，既可食用，又供欣赏，应从以下四个方面进行设计。

1. 依据宴会的主题设计

既为宴会，必有主题。宴会的主题是多种多样的，花色冷拼要围绕主题来构思。能够点明主题、突出主题的花色冷拼才能称为上佳作。

在构思之前必须先对宴会的具体情况做充分的了解，然后再去构思题材。比如欢庆性质的宴会，可以选用龙凤、金杯、鲜花等形象，再配以文字点明主题；祝寿性质的宴会可用松鹤延年、寿桃满园等主题；欢迎性质的可以采用花篮、迎客松等造型。

根据宴会不同的时间、地点和就餐对象，在构思时还可以采用某个季节的标志物，或其他的人文景观来烘托和渲染宴席的主题。

2. 依据宾客的不同特点设计

由于人们的饮食习惯、生活爱好、民族、信仰的不同，所以要根据用餐者的身份来构思花色冷拼。比如荷花，中国人视为出淤泥而不染的纯洁之物，而日本人却视其为禁忌之物。

3. 依据宴会的费用和标准设计

花色冷拼的设计应与宴会的费用和标准相适应。档次高，对方方面面的要求也就增高，应做好成本核算，绝不能只追求形式美，而不考虑经济效益，或只注重流于形式而不讲究冷盘的艺术性。

五、花色冷拼的造型类别及其表现形式

根据表现形式的不同，花色冷拼的基本表现形式，一般可分为“平面型”“卧式型”和“立体

型”三大类。花色冷拼，也称象形拼盘、工艺冷盘等，是在创作者精心构思的基础上，运用精湛的刀工及艺术手法，将多种凉菜菜肴在盘中拼摆成飞禽走兽、花鸟虫鱼、山水园林等各种平面的、立体的或半立体图案的一种烹饪手段。花卉类、动物类、鱼类、植物类、山水类、人物类和扇类等，内容非常广泛。

花色冷拼的主题内容很多，春夏秋冬、飞禽走兽、花鸟鱼虫、山川风物等，皆可生动再现。如本书中，表现植物的有“春暖花开”“茁壮成长”；表现山水的有“椰岛风光”“锦绣河山”；表现动物的有“孔雀开屏”“松鹤延年”等。花色冷拼是在扎实的食品雕刻基础上，提炼出来的精湛厨艺。花色冷拼讲究寓意吉祥、布局严谨、刀工精细、拼摆匀称。花色拼盘的分类如表 6-1 所示。

表 6-1 花色拼盘分类

造型分类	具体种类	花色冷拼实例
动物类造型	禽鸟、畜兽、鱼类、蝴蝶等	丹凤朝阳秋色双鹭、鸳鸯戏水
植物类造型	花卉、树木、果实、叶类等	荷花、牡丹花、椰树、葡萄等
器物类造型	花篮、花瓶、宫灯、如意、扇子、船类等	花篮冷拼、宫灯、扇子冷拼
景观类造型	自然景观、人文景观、综合景观	江南忆、、锦绣山河、天坛、西湖十景、红山风光等
组合图案造型	抽象组合、具象组合、混合式组合	世博记忆、梅竹冷拼、百花闹春等

六、花色冷拼的构图

在充分了解诸方面的因素之后，接着就可以构图(见图 6-21)。构图是指把想象中的内容及景、物安排在特定的空间中，以获得最佳布局效果。简单地说，构图就是设计方案。构图主要解决花色冷拼的形体、结构、层次等问题。花色冷拼的装盘工艺是造型艺术，特点是在美学观点的指导下进行，又要从属于烹饪，要把冷盘造型的主题思想在盛装器皿中表现出来，要把个别或局部的形象组成完美的艺术整体，这就要求恰当地运用图案的造型规律、图案构成的色彩规律和图案形式美的制作原理，使冷盘造型收到满意的艺术效果。如图 6-21 在构图时必须处理好如下关系。

图 6-21 丛中仙鹤

(1) 处理好餐具与构图的关系,餐具形状和色彩不同,构图的布局范围也有差异。

(2) 处理好虚和实比例的关系,也就是盘中拼摆的实体和盘中空白的比例关系。

(3) 处理好主和次的比例关系,在整体布局确定以后,就要确定具体造型的主体和次体布局范围。

(4) 处理好图案与色彩的协调关系。色彩的合理搭配对构图的完整性有很好的协调作用,反之,色彩搭配不当会破坏作品的层次感和完整性。

七、花色冷拼的选料加工

花色冷拼主要用于中高级宴席,十分讲究选料。选料的原则是根据构图的需要,做到荤素搭配、色彩鲜艳和谐、选料精良、用料合理、物尽其用。制作花色冷拼的原料繁多,有相当数量的冷菜均可供其选用。

1. 特定原料形状的加工复制

利用美味可口的冷菜原料构成一定的形象,首先需要一个基础形态,其次需要把握原料的质量。虽然在菜肴原料中可以寻求一些形态和色彩,但有时不能满足造型的需要,这时只有采取加工复制的手段来弥补不足。如果没有好的原料,很难拼出高质量的花色拼盘。因此,要精心准备原料,做到味好、形好、色好、质感好。最常用的方法就是用片状原料将蓉泥状的原料包裹成卷、糕等形状再改刀成形。

2. 原料自然形色的利用

花色冷菜选用菜肴原料是多种多样的。有些菜肴原料本身就具有鲜艳的色彩和小巧玲珑的“身材”,具有便于造型的先天素质,在选料时应首先考虑,使作品没有牵强附会,矫揉造作之感。因此花色冷拼的造型应尽量考虑因材施艺,除了一些特定的形状必须加工复制外,要尽最大可能利用原料的自然形态和色泽。

八、花色冷拼的刀工处理、表现手法和拼摆

1. 花色冷拼的刀工处理

冷菜装盘必须进行刀工处理,而花色冷拼的刀工不像普通拼盘那样仅要求整齐美观、便于食用,而是要符合施艺需要,即使利用原料的自然形态或者加工复制后的形态,也要根据形象的需要进行处理。因此在刀工上必须讲究精巧,使用的刀法除了斩、片、切、剞之外,还要采用一些美化刀法。在熟练运用各种刀法的同时,还需要掌握各种原料的性能,才能切出符合要求的不同形状的块面。

2. 花色冷拼的表现手法

(1) 平面式。平面式又称堆形,是以食为主,讲究实惠的花色冷拼。这种冷盘偏重于实惠,在注重食用价值的前提下,兼顾形态和色彩的对比。特点是刀工整齐、线条明快、色彩协调、可食性高。一般常以独立的形式出现在席面上,如梅花拼盘、花篮拼盘和宫灯拼盘等。

(2) 卧式。卧式是在食用的基础上加大了观赏力度,一般使用多种原料有机地组合,追求形态和色彩的美观。特点是画面完整,形态逼真。在宴席中多用作主盘。

(3) 立体式。这种冷盘多采用雕刻、堆砌等手法,拼摆成立体模型。特点是造型美观,立体感强,拼摆难度大,即供食用又可供观赏。

3. 花色冷拼的拼摆

花色冷拼的造型是通过拼摆来实现的，首先，在拼摆过程中要选择盛器。要选择符合构图要求的盛器。选择时，除考虑器皿的形状、大小，一般的原则是宜大不宜小，既有构图的余地，又显得比较大气。形状最好能与表现的对象一致。

其次，是根据构图安排基础轮廓，着手具体拼摆。这实际上是一个垫底过程，要垫得整整齐齐、服服帖帖，为盖面拼摆、美化表面和提高花色拼盘的艺术效果打基础。

再次，即开始盖面拼摆。根据形象的要求，将原料进行刀工处理，切制成若干种能表现图案形、神特征的几何形体的块面，一般是由低到高，从后向前，先主后副。关键是在处理块面与块面的衔接处要协调和谐、浑然一体，使人看不出丝毫破绽。盖面拼摆时要求刀面整齐均匀而不呆板，注意原料的排列顺序、色彩搭配及形体自身的自然美，但不宜用过多的色彩，色彩繁杂反而影响美感。在拼摆中，块面的选择和组合是表现花色冷拼形神的关键。各种块面的选择和在图案中的组合运用，对表现物象的特征有着重要的作用。如在表现鸟类的动态翅膀时，多选用三角形、牛角形、叶片形或锯齿形等块面，因为这类块面能表现出力量和动态。

在花色冷拼主体部分完成后还可进行补充点缀，如图 6-22。如花草、树木、大地、山石等、补充点缀时，一要注意原料的质量；二要注意形体与形体之间的比例，不可喧宾夺主，否则会出现失调的感觉。

图 6-22　依树傍山

第五节　水果拼盘的制作

水果拼盘是用各种时令水果，结合其形状、色彩、口味、结构等特点，运用一定的切配工艺手法，进行合理搭配、装饰而成的一种花色拼盘。成功的作品既能使食者饱享口福又具有一定艺术感染力，还能起到烘托宴席气氛的作用。

（一）水果拼盘的特点

1. 加工简便快速

水果拼盘在制作工艺上借鉴食雕和冷拼的表现手法，将原料加工成一定的立体几何形状，采用排、叠、堆、复等多种方法组合而成。但水果拼盘刀法更简便、迅速，以粗线条为特征。食雕和冷拼注重命题与图案逼真，而水果拼盘讲求抽象效果，更注重选料和使用水果的天然色彩。

2. 具有艺术欣赏和实用的双重特征

水果拼盘着重于实用性。任何加工都从顾客食用的需要出发,因此经常会把水果与吃水果的小叉、牙签等组合起来。水果拼盘的加工讲究简洁抽象,它的赏心悦目更多的是借助于多种水灵灵的鲜果和精美的器具。

3. 注重各种营养成分的搭配和组合

水果本身含有丰富的人体所需要的营养成分,如碳水化合物、苹果酸、钙、磷、铁、胡萝卜素以及各种其他营养成分。水果一般在正餐结束时上桌,不仅在口味上与众多菜肴起到调节、互为补充的作用,而且水果自身的营养成分更补充了动物类原料所含营养成分的偏颇,更好地起到膳食平衡的作用。

(二) 水果拼盘的选料

从水果的色泽、形状、口味、营养价值、外观完美度等多方面对水果进行选择。选择的几种水果组合在一起,搭配应协调。最重要的是水果本身应是熟的、新鲜的、卫生的。同时注意制作拼盘的水果不能太熟,否则会影响加工和摆放。

1. 新鲜、成熟程度

选择任何水果都应注重水果的品质,即水果的新鲜程度。要避免使用品质差的水果。水果成熟程度对水果拼盘有直接影响。水果成熟度不够,色泽灰暗、缺乏光彩,肉质硬实,汁液稀少甜味不足;过熟的水果变得平淡无味,质地松散,营养价值也大大降低,且在加工时难以成形。

2. 形态

水果拼盘常需要有几种不同形态的水果组合而成。不同形态的水果,其营养成分和软硬度等方面都有差别,选用不同形态的水果,便于组合成一定形状。利用原料天然形态造型,最能营造趣味。

3. 色泽和口味

水果在选择时应注意色彩和口味的搭配。水果具备各种天然色泽为水果拼盘在颜色的选择上提供了得天独厚的条件。酸甜、脆软的合理搭配,能丰富拼盘的口感。

(三) 水果拼盘的制作工艺

1. 构思与命题制作

水果拼盘的目的是使简单的个体水果通过形状、色彩等方面艺术性地结合为一个整体,以色彩和美观取胜,从而刺激客人的感官,增进其食欲。水果拼盘虽比不上冷拼和食品雕刻那样复杂,但也不能随便应付,制作前应充分考虑到宴会主题,并为其命名。一件成功的水果拼盘作品依赖于巧妙的构思,即确定作品的主题和表现形式。在开始制作前必须设计出一种图像和图形,并拟好每种水果的搭配及加工顺序和加工方法,以及水果的装盘和装饰方法。水果拼盘是将水果在形状、色彩上进行简单、艺术性地排列组合,以美感增加顾客的食欲和快感。对于水果拼盘的命名,既要名副其实又要雅致贴切,达到表现主题、活跃气氛、增进食用者食欲的效果。命名是要全面考虑原料的名称、主辅料的搭配、颜色的特点等诸方面的情况。如以西瓜块为主料,周围饰以甜橙片和香蕉肉片拼成船型,可以在船头插上一面牙签小旗,命名为"一帆风顺"。

2. 造型设计和器皿选择

水果拼盘的造型设计，主要包括色彩和造型两方面的内容。图案设计是在构思命题基础上进行整盘水果拼盘的轮廓创作，表现吉祥如意、富贵繁荣或恬静优美的形象。此外，由于受水果地域性和季节性的限制，还需要运用夸张、概括等手法，使选材用料和造型设计紧密配合，因题选料因材施艺，就是水果拼盘制作的一个主要特点。图案的设计还要考虑装盘的器皿。水果拼盘的盛具包括瓷器（如盘碟）、玻璃器皿、不锈钢盘等。玻璃器皿晶莹透明，能突出水果的艳丽可人（见图 6-23）；一些表皮具有一定韧度的水果亦可用作盛具，如采用西瓜皮、菠萝皮等，但用水果作为盛具时应加底碟。要真正发挥盛具的作用须注意如下三点。

图 6-23　玻璃器皿或盛具

（1）根据造型的轮廓选择盛具的形状。如造型是长形则采用鱼盘或长方形盘体；如造型是圆形则选择用圆盘，以达到整体和谐。

（2）根据水果的颜色选用与之相配的器皿。如果所盛水果是浅色，花边是黄色，可选用白色盘，忌用黄色盘。

（3）根据水果的数量确定器皿的规格、尺寸。如果数量不多，可选用小一些的盘，否则显得小气；如果水果数量多，可选用大一些的盘，以免使人感觉整盘拥挤凌乱。

3. 水果拼盘的刀法

水果拼盘用刀要比雕刻用刀简单的多。一般用西餐法式厨刀即可，下面介绍常用的刀法。

（1）打皮是指指用小刀削去原料的外表皮（一般是指不能食用的部分，大部分水果洗净后皮可食用就不用削皮）。有些水果去皮后暴露在空气里，果肉会迅速氧化色泽变褐色或红色。因此去皮后必须快速将果肉浸入柠檬水中以护色。

（2）横刀是指刀口与原料生长的自然纹路相垂直的方向施刀，可切块、切片。

（3）纵刀是指刀口与原料生长的自然纹路相的方向施刀，可切块、切片。

（4）斜刀是指按刀口与原料生长的自然纹路成一定夹角相的方向施刀，可切块、切片。

（5）剥是指用刀将不能食用的部分剥开，如柑、橘等。

（6）锯齿刀是指用切刀在原料上每直切一刀，接着就斜切一刀，两处刀口的方向成一夹角，刀口成对相交使刀口相交的部分脱离而成锯齿形。

（7）挖勺是指用西瓜勺挖成球状多用于瓜类。

(8) 剜是挖：指用刀挖去水果中不能食用的部分，如果核、果仁等。

(四) 水果拼盘制作要点

1. 便于食用

在制作水果拼盘时，有时是用一种原料单独完成，有时是用多种原料拼摆而成。但不论何种形式，加工后水果的原形应明显可辨。不管使用几种原料都要求加工成便于客人食用的形状。一般用单一水果做的拼盘(如西瓜)，上桌时是一人一块要求块稍大一些。另外一些带皮、带籽的原料，要尽量去除皮和籽等不食用的部分，如苹果、梨、枇杷等，可以去皮、刨开，然后去核。也有一些水果由于其形状较大，为了方便客人食用，可以在水果去皮后，用刀刨为六瓣，然后将水果的顶部扒开，根部留着连在一起，成为半开的荷花状，既美观又便于客人食用。

2. 注意颜色搭配

一个拼盘的好坏除了口味鲜美、造型诱人外，色彩的搭配对美化拼盘、刺激人们的食欲也起着一定的作用。色彩搭配要充分发挥水果本身及盛具色彩的多样性，要求辅料尽量适应主料，以衬托主料，既要避免清一色，又不能色彩过多、过杂。一般来说，水果拼盘配色大多采用异色和顺色两种方法。异色就是主料和辅料的颜色不同，但应使盘中的水果色彩协调、美观大方；顺色是指主料和辅料的颜色相同、相近盘中水果色调一致，相得益彰。同时要求夏天多以令人清凉爽快的绿、白、蓝等冷色调为主，秋天以使人感到温暖的红、黄、橙等暖色调为主。同时切记不要用人工合成色素染色，因为这不符合卫生要求，也不利于身体健康。在制作水果拼盘时，如制成的水果拼盘不能马上上桌，应用保鲜膜覆盖后放入冰箱，上桌前最好再用喷雾器喷少许冷开水或净水，使水果拼盘显得清新、润泽。

3. 注意拼盘卫生

由于水果直接入口，所以卫生工作显得尤为重要。首先，水果在洗涤干净后可用84消毒液或3‰的高锰酸钾溶液消毒，然后由专人在熟菜间操作，所用刀和砧板必须消毒干净，不能带有任何异味，有条件的可用紫外线照射，以保证在制作过程中不被外界细菌污染而危及客人健康。另外，水果拼盘做好后，不应长时间放置，以免被空气中的尘埃和细菌污染。制作拼盘余下的原料可用保鲜膜包好，放入保鲜柜内储存。工作人员操作时，要尽量减少手与水果的直接接触。

第六节　冷菜的卫生控制

一、冷菜制作的卫生要求

1. 专人加工

冷菜应当由专人加工制作，非冷菜间工作人员不得擅自进入冷菜间。

2. 专室制作

专为冷菜用的加工间，不得加工其他食品，不得存放无关物品。专室内设洗手池和出菜窗口。应装有空调，室温应在25℃以下。

3. 专用加工工具

专用于加工冷菜的工用具和容器必须专用，用前必须消毒，用后必须洗净并保持清洁。严

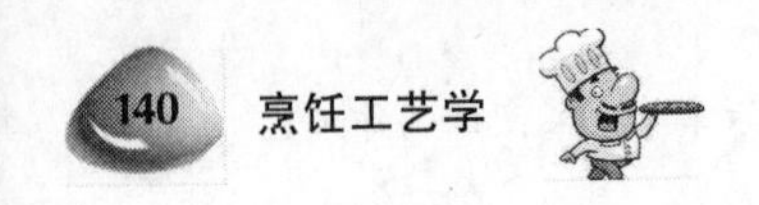

禁与其他部门的工具一起使用。

4. 专用消毒

供加工冷菜用的蔬菜、水果等食品原料，必须洗净消毒；未经清洗处理的，不得带入冷菜间。

5. 专用冷藏

冷菜间内设有足够的冰箱专供存放冷菜及所用的原料。保证切拼前的食品不被污染。要注意冰箱、冰柜和冷库等冷藏设备设施运转是否正常，冷藏设备设施有无滴水、结霜厚度不得超过 1 厘米，冷藏的温度不得超过 10℃，冷冻温度不得低于－1℃。还应注意冰箱冰柜内是否有生、熟食品交叉混放情况。

二、制售冷菜的四个关键环节

1. 保证切拼前的食品不受污染

肉禽、水产、蛋等动物性食品的粗加工，热加工必须在冷菜间外进行。热加工应注意烧熟煮透，热后用于制作凉菜的熟食品应放在冷菜间内冷却凉透，然后放入冰箱冷藏。切忌把热食品或未凉透的热食品放入冰箱，否则食品易腐败变质。定型包装熟食一定要在保质期内食用，要定期检查冰箱的温度，一般温度控制在 5℃左右。食物在冰箱冷藏时间不应超过 2 天。水果、蔬菜必须在冷菜间外择洗干净后再进冷菜间，消毒后放入冰箱或直接切配。各种围边菜的加工要求与冷拌菜相同。冰箱应定期清扫结霜，使其保持清洁和良好的运转状态。

2. 切拼过程中严防污染

防污染的办法就是在切拼前进行全面消毒，包括空气、刀、砧板、抹布、容器、手、台面等。加工量太大时，应隔一段时间随时对刀、砧板等进行消毒。

3. 冷菜加工完成后应立即食用

冷菜加工后距食用时间越短越好，控制细菌生长繁殖的时间。若因宴会必须提前制作冷菜、冷盘，加工量大时，应把切配好的冷菜封上保鲜膜后放入冰箱保存，注意各盘不能重叠堆放，防止交叉污染。

4. 安装紫外线灭菌灯

工艺冷拼或什锦拼盘为了造型，拼摆花时间较长，接触微生物机会最多，紫外线照射处理能达到表面灭菌的要求。

练习思考题

(1) 冷菜与热菜有何异同？中国冷菜有何特点？

(2) 冷菜制作工艺包括哪些内容？要学好冷菜制作工艺，需掌握哪些基本功？

(3) 冷菜的加工烹制方法如何进行分类？根据不同原料进行分类是否合理？为什么？

(4) 冷制冷吃的概念如何理解？冷制冷吃加工方法有哪些？

(5) 何谓冷盘制作？冷盘拼摆的基本方法有哪些？

(6) 水果拼盘有何特点？如何制作？

(7) 花色冷拼的设计原则有哪些？如何进行花色冷拼的构图？

(8) 怎样对花式冷拼进行改革，使其符合现在的饮食潮流？

(9) 冷菜制作有何卫生要求？制售冷菜要注意哪些关键环节？

第七章 热菜烹调工艺

学习目标

通过本章的学习，使学生了解热菜工艺的分类，熟悉每种热菜烹调工艺的原理、流程、成菜特点及代表菜；并通过实训操作，掌握热菜烹饪中基本的炒、煎、炸、焖等制作工艺，初步具备热菜制作的能力。

学习重点

(1) 掌握多种热菜烹调工艺，熟练掌握炒、炸、蒸煮等方法。

(2) 掌握炒、煎、炸、焖、烧等的中的各种分类操作技术。

热菜制作是将原材料用高温度进行多种手段的烹制，同时趁热食用，以体现原料在热加工手段后表现的不同风味。热菜的制作按照传热介质的不同分为以油为主的烹调方法如煎、炸；以水为主的烹调方法如煮、烩；以气为主的传热介质或按照辐射，以固态物质传热如烙等多种工艺。这些基本的烹调方法可以单独运用烹制成熟食，也可以采用复合的形式进行整合来烹制食物。不同的食材的特点和不同的食用需要进行灵活运用。

第一节 炒的工艺

一、炒的概述

炒是最广泛使用的一种烹调方法。它主要是以油或油与金属为主要导热体，将小形原料用中、旺火在较短时间内加热成熟、调味成菜的一种烹调方法。炒的原料都鲜嫩易熟、除自然形状较小外，都需要加工成片、丁、丝、条、球、末、粒等形态，这是原料短时间内成熟的先决条件。一般情况下，选用形体较小的原料(如丁、丝、片、块、球等)或液体原料，放在有底油的热锅内，选用合适的火力加热并翻动原料，使原料均匀成熟、着味。油量也不需要过大，其与原料的比例关系控制在(2～3)∶1之间；油温一般控制在5成左右(150℃)。

由于炒一般都是旺火速成，在很大程度上保持了原料的营养成分。炒是中国传统烹调方法，烹制食物时，锅内放少量的油在旺火上快速烹制，运用搅拌、翻锅等技巧，在炒的过程中，食物总处于运动状态。将食物扒散在锅边，再收到锅中，再扒散不断重复操作。这种烹调法可使肉汁多、味美，可使蔬菜嫩又脆。当然炒的方法是多种多样的，但基本操作方法是大同小异，即先将炒锅或平锅烧热(这时的锅热得滴上一滴水都会发出唧唧声)注入油烧热。先炒肉，待熟盛出。再炒蔬菜、再将炒好的肉倒入锅，兑入汁和调料；待汁收好出锅装盘上台。因炒菜是开饭前才进行制作的，所以每餐都要准备两个以上的炒菜。

二、炒的操作特点

（1）适用于炒的原料，多系经刀工处理的小型丁、丝、条、片、球等，大小、粗细要均匀，原材料以质地细嫩、无筋骨为宜。

（2）操作过程中要求火旺速成、油热，锅要滑，动作要迅速。

（3）炒除了一些强调清脆爽嫩质感口味的蔬菜外，其他的菜肴都需要进行勾芡。

三、炒的具体方法

菜肴炒制的方法多种多样，按其分类标准主要有、清炒、爆炒、生炒、熟炒、干炒、滑炒、抓炒和软炒等制作工艺。

（一）清炒

清炒是指把鲜嫩清爽的成型原料放入锅中加调料、加热制熟的方法。即锅内放少些油，待油温至70℃时迅速将小菜倒进锅内进行翻炒。等待炒至六七成熟或者快断生时立马加盐和味精再翻两下出锅。逐步放入姜、葱、蒜等。特点：色泽清透，质嫩味鲜。

1. 操作要点

（1）主料单一，因无配料相衬，所用主料必须新鲜细嫩。

（2）所用主料，加工刀口必须整齐划一，不可长短不一、粗细不等、厚薄不匀、大小不同

（3）清炒菜的主料应多上浆（也有不上浆的），经滑和炒之后，要清爽利落，故火力大小要运用得当。

2. 注意事项

采用清炒方法烹制的菜肴多为红白两色，口味多是咸鲜味。清炒菜清爽利口而不易黏糊成团，基本无汁，仅盘底有薄油一层，适于佐酒下饭。

3. 菜例

清炒银针（见图7-1）。

图7-1 清炒银针

主料:绿豆芽 250 克(半斤),孰猪肉丝 100 克(二两)。

辅料:青椒两个切丝,花椒油少许。

调料:精盐、味精、鸡汤适量。

制作方法:①将绿豆芽两端毛尖掐,洗净,沥干水分;②将锅坐于火上,加入熟猪油,待油烧热,下入豆芽翻炒,现时加入精盐、味精、鸡汤及青椒丝,炒熟后放进熟猪肉丝并加少许花椒油即成。

如需要增加些色彩,还可以将炒好的"银针"放入盘内,再把芹菜码在盘的四周,其绿叶和白嫩相同,显得色彩雅丽大方。

特点:味鲜嫩香,清脆爽口。

（二）爆炒

爆炒就是脆性材料以油为主要导热体,用大火,在极短的时间内灼烫而熟、调味成菜的烹调方法。一般是将主料先进行花刀处理,再用沸汤灼烫和热油冲炸;然后烹汁爆炒;也有将主料上浆之后,再用烈油爆炒,然后再烹制的特点:质嫩爽滑,咸鲜香味,外形美观。

1. 操作要点

(1) 爆炒菜的主料是一些韧性强的鸡胗、鸭胗、鸭肠、肚头和腰子,不论何花刀,都要深、透,刀口要均匀

(2) 主料上浆不可过干,以防遇热成团

(3) 主料应先用沸汤烫过,再用热油冲炸,然后烹制爆炒,时间短暂,刹那即成,要求烫、爆三者紧密衔接,不可脱节

(4) 爆炒菜所用的芡汁不可过多,也不可少,不可稠,也不可稀,要求芡汁和主料交融在一起,突出主料外形的美,食后盘底无汁。

2. 注意事项

炒菜要选用新鲜脆嫩的材料。爆菜的原料一般都是动物原料。所谓脆嫩指做成菜后的口感,并非材料原本如此。爆菜操作速度快,外加调味一般都比较轻,以咸鲜为主,所以原料一定要新鲜。常用的材料有肚尖、鸡、鸭胗、墨鱼、鱿鱼、海螺肉、猪腰等。

3. 菜例

爆炒精肉片(见图 7-2)。

图 7-2　爆炒精肉片

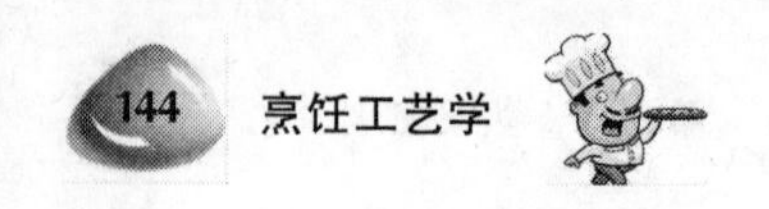

主料:猪肉 200 克(七成瘦,三成肥)。

辅料:笋、水发木耳、黄瓜共 100 克,葱姜蒜米少许。

调料:酱油 30 克、醋 25 克、盐 1 克、料酒 5 克、汤 40 克、味精 1 克、鸡蛋清半个、水淀粉 30 克、花椒油 5 克、花生油 750 克(约耗 35 克)。

制作方法:①将肉切成长 4 厘米、宽 2 厘米的薄片,笋切成梳子片,黄瓜切成柳叶片,木耳择洗干净;②将肉片放入碗内,放上少许盐、蛋清、水淀粉,拌匀挂好浆。勺内放入花生油,烧至五成热时,放入肉片,用铁筷拨散,将油滗出;③勺内留油少许,放入葱、姜、蒜米炝锅,炸出香味后,加入醋,随即放入配料,酱油、料酒、汤、味精,用水淀粉勾芡,淋上花椒油,颠翻均匀即成。

(三)生(煸)炒

生炒,也叫作火边炒,以不挂糊的原料为主,将生原料直接放进热锅中,加调料加热至熟成菜。操作方法:先将主料放入沸油锅中,炒至五、六成熟,再放入配料,配料易熟的可迟放,不易熟的与主料一齐放入,然后加入调味,迅速颠翻几下,断生即好。特点:鲜嫩爽脆、原汁原味。

1. 操作要点

这种炒法,汤汁很少,原料鲜嫩。如果原料的块形较大,可在烹制时兑入少量汤汁,翻炒几下,使原料炒透,即行出锅。放汤汁时,需在原料的本身水分炒干后再放,才能入味。同时把握几点:旺火速成,热锅热油,汤汁少。

2. 注意要点

单一主料的可一次下锅;多种主料的,应先将质地老的下锅,后下质地嫩的。主料下锅之后,需用手勺反复拌炒,使其在短时间内受热均匀。待主料变色时,放入小料,再放调料,使主料渗透入味,最后放配料。如配料较老,可先用另锅煸炒一下,并适当放入咸味的调料。生炒的口味要求是新鲜、汁少,汁与料交融在一起;生炒菜,盘中只有淡淡的一层薄汁,口味是咸中有鲜;若主料是植物性的,含有蔬菜的新鲜气味;若主料是荤素相配的,它有肉类的醇香,清爽利口。

3. 菜例

蒜蓉炒通菜(见图 7-3)。

图 7-3 蒜蓉炒通菜

主料:通菜 400 克。

辅料:蒜蓉适量。

调料:盐适量。

制作方法：①锅烧热放油后将蒜蓉放入煎香；②蒜蓉煎香后放入通菜；③倒入适量的开水；④盖上盖子2分钟后翻另一面炒；⑤放入适量的盐就可以了。

（四）熟炒

熟炒，是将切成大块的材料经过水煮、烧、蒸、炸成半熟或全熟后，再改刀成片、丝、丁、条等形状，炒至入味成菜。熟炒的主料无论是片、丝、丁，其片要厚、丝要粗、丁要大一些。切成后，再放入热油锅中煸炒，熟炒的调料多用甜面酱、黄酱、酱豆腐、豆瓣辣酱等。调味品及少量汤汁依序加入锅中，翻炒数次即成。熟炒的材料通常是不挂糊，锅离火后，可立刻勾芡，亦可不勾芡。其特色为味美但有少许卤汁，咸鲜爽口，醇香浓厚，质地柔韧，嫩烂。

1. 操作要点

原料需要经过前期预热处理；配料多选用辛香味型的原料，不需要经过腌制及芡汁增稠处理。

2. 注意事项

熟炒除要求旺火和热锅热油之外，它的调料多用酱类，配料多用含有芳香气味的蔬菜，如芹菜、蒜苗、青蒜、大葱、柿子椒等；它所要求的刀口也与其他炒法有所不同，熟炒菜的丝要粗，丁要大，片要厚，条要粗。因调料多用酱类，故一般熟炒菜汁浓味厚，汁紧紧包着主料、配料，有特殊的芳香味。熟炒菜所用的主料不可上浆挂糊。

3. 菜例

回锅肉（见图7-4）。

图7-4　回锅肉

主料：猪肉。

辅料：青椒，蒜苗（各家不同）。

调料：豆瓣酱、豆豉、白糖、生姜、大蒜、盐。

制作方法：①带皮五花肉冷水下锅加入葱段、姜片，花椒7～8粒，黄酒适量煮开；②撇净浮沫，煮至八成熟，取出自然冷却（筷子可插入即可）；③将肉切成薄片，姜、蒜切片，葱切成斜段；④将青蒜的白色部分先用刀拍一下，然后全部斜切成段备用；⑤炒锅上火，加很少的油煸香辣椒、花椒及葱姜；⑥下入肉片煸炒，至肉片颜色变透明，边缘略微卷起；⑦将肉拨到锅一边，下入郫县豆瓣酱（可以先剁细）炒出红油；⑧适当的加入少许酱油或甜面酱调色，与肉片一起翻炒均匀；⑨下入青蒜，倒少许料酒、糖调好味，即可出锅。

（五）干炒

干炒又称干煸、煸炒，是用少量热油把原料内部的水分煸干，再加入调味料煸炒，使调味料充分渗入原料内部的一种烹调方法，是一种较短时间加热成菜的方法。其做法是原料经刀工处理后，投入小油量的锅中，中火热油不断翻炒，原料见油不见水汁时，加调味料和辅料继续煸炒，至原料干香滋润而成菜的烹调方法。成菜色黄（或金红）油亮，干香滋润，酥软化渣，无汁醇香的风味特征。干煸的关键之处可理解为“煸干”，即通过油加热的方法，原料直接加热，使其水分因受热外渗而挥发，体现“煸干”之功效，达到浓缩风味之效果，再加入调味料及辅料制作而成。主料因煸干而带来风味和质地的变化，就形成了干煸的特色。传统干炒法菜肴的特点是干香、酥脆和略带麻辣。

1. 操作要点

适宜干煸的原料很多，主要以肉质嫩滑、无筋缠、蛋白质含量高的肉料以及水分含量少、气味芳香的植物性原料为主。刀工处理成中小条形、丁形和丝形为多，总体形态较小，便于加热时水分外渗，便于受热熟透。一般不需码味，传统干煸技法需要码味上浆，但其功效并不突出。主要包含如下几点：

(1) 干煸菜的主料多切成丝状，其丝可略粗与其他炒菜的丝状主料。干炒菜的主料，有的在炒前用调料略腌一下。

(2) 干炒菜所用的锅，应在炒前先烧热，用油涮一下，把涮锅油倒出；再放入底油干炒菜；所用的火力，应先大后小，以免将菜翻炒。

(3) 如干炒菜的菜量很大，煸炒费时又费力，还会降低菜的质量，可先将主料用调料略腌一下，再用宽油、中火缓炸，去掉部分水分，然后再放底油、加调料和配料同炒。

2. 注意事项

干炒菜其色多为深红色，主料干香酥脆，其味多是麻辣味（也有咸鲜味的），越嚼越香，口味颇佳。干炒和生炒相似，主料是生的，不上浆，但干炒的时间要长于生炒。

3. 菜例

干煸牛肉丝（见图 7-5）。

图 7-5　干煸牛肉丝

主料：牛肉丝。

辅料：芹菜，胡萝卜。

调料：姜、豆瓣酱、花生油、白糖。

制作方法：①将牛肉切成一分厚的薄片，再切成细丝；②将牛肉丝放入沸水煮两分钟捞出，再入清水浸泡片刻，振于水分待用；③芹菜洗净，撕去老筋切成寸段；④豆瓣酱斩碎；⑤炒锅洗净置火上，放入花生油，烧至六成热时，放入面筋丝煸炒，加入精盐，继续煸炒至面筋丝呈浅黄色；⑥再加入豆瓣酱、辣椒粉，在锅内翻拌均匀；⑦最后加入白糖、酱油、料酒、芹菜、姜丝、味精，翻拌均匀后，撒上花椒粉即可装盘上桌。

（六）滑炒

滑炒是将加工成形的原料上浆滑油，再用少量油旺火翻炒，最后用兑汁芡或单纯粉汁勾芡的一种方法，选用质嫩的动物性原料经过改刀切成丝、片、丁、条等形状，用蛋清、淀粉上浆，用温油滑散，倒入漏勺沥去余油，原勺放葱、姜和辅料，倒入滑熟的主料速用兑好清汁烹炒装盘。因初加热采用温油滑，故名滑炒。特点：柔软滑嫩、清爽利口、紧汁亮油。适用对象：鸡、鱼、虾和瘦猪肉等。

1. 操作要点

（1）调味品以盐、味精、酱油等为主；先将主料加工成丝，或者丁、片，然后用鸡蛋清、湿淀粉、精盐、味精、料酒、胡椒面上浆，以保持主料的形状，使其更为滑嫩。

（2）油温高低的掌握，中油量滑炒的油温宜低，小油量直接炒的油温宜高，要分散下料。

（3）上蛋清浆的宜稀，水分浆的宜浓，不可过分翻炒，以免主料过老、配料过烂，失去滑、嫩、爽的特点

2. 注意事项

滑炒是各地方菜通用的烹调方法。滑炒菜肴的味以咸鲜为主，芡汁薄而较多，所烹制的菜肴要求质地松软鲜嫩并清爽利口。滑炒菜肴的主料是鸡、鱼、虾，其色多为白色；主料是肉类的，其色多为红色。

3. 菜例

滑炒鸡丝（见图 7-6）。

图 7-6　滑炒鸡丝

主料：鸡脯肉 200 克。

辅料：冬笋 100 克、鸡蛋 1 个。

调料：葱丝 2 克、精盐 4 克、水淀粉 10 克、味精 1 克、料酒 5 克、高汤 50 克、麻油 3 克、色拉油 250 克(约耗 30 克)。

制作方法：①把鸡脯肉先片成 0.3 厘米厚的大片，再顺丝切成 4.5 厘米长、0.3 厘米粗的丝，笋切丝；②炒锅加色拉油烧至四成热，将事先用鸡蛋清、水淀粉上好浆的肉丝入锅，用筷子划开，倒入漏勺内沥油；③锅内留油少许，加上葱丝煸炒，加笋丝炒几下，再加上鸡丝，迅速喷上料酒，加精盐、味精、高汤颠翻均匀，淋上麻油即成。

（七）抓炒

抓炒又叫焦炒，就是快速炒。抓炒菜的主料必须经过挂糊和过油炸透、炸焦，然后再勾芡汁翻炒即成。挂糊的方法有两种：一种是用鸡蛋清、淀粉抓糊；另一种是全部用湿淀粉抓糊。特点是表皮香脆内细嫩，主料挂的芡汁味酸甜且鲜。

1. 操作要点

(1) 抓炒菜所用的主料挂好糊下油锅炸时，油温不可过高，以避免主料卷曲成团；先后下油锅的主料应使其色泽一致。

(2) 抓炒菜用汁不可过多，否则会将主料埋没，而喧宾夺主；但也不可过少，否则包不住主料，达不到口味要求，吃起来无滋无味。抓炒菜无配料衬托，故汁的多寡一定要恰到好处。

(3) 抓炒菜要明汁亮芡，汁的厚薄(即稀稠)不可像糖醋鱼汁那样稠，以包住主料不沾糊为好。

2. 注意事项

抓炒是抓和炒相结合，快速的炒。将主料挂糊后过油炸透、炸焦，再与芡汁同炒而成。抓糊的方法有两种，一种是用鸡蛋液把淀粉调成粥状糊；另一种是用清水把淀粉调成粥状糊。

3. 菜例

抓炒鱼片(见图 7-7，抓炒虾仁、抓炒腰片、抓炒鳝鱼等类同)。

图 7-7　抓炒鱼片

抓炒鱼片是一道传统的名菜，属于北京菜。此菜色泽金黄，外脆里嫩，明油亮芡，入口香脆，外挂沾汁，无骨无刺，有酸、甜、咸、鲜之味。

主料：鱼肉 200 克。

调料：料酒 10 克、精盐 1.5 克、白糖 30 克、醋 15 克、酱油 10 克、葱姜末各少许、湿玉米粉 75 克、花生油 500 克(约耗 50 克)、清汤 100 克。

制作方法：①将鱼肉剔净皮、刺，用刀切成长 1.5 寸、宽 8 分、厚 2 分的长方形片，放入碗中，加入料酒、精盐各少许，玉米粉 60 克，把鱼片拌匀挂糊；②坐煸锅，注入花生油，烧至七成热时，将鱼片逐次下入锅中，炸至金黄色捞出；③锅中留底油，放入葱姜略炸一下，随即加入料酒、精盐、酱油、白糖、醋清汤，上火烧开。用水调稀玉米粉，倒入锅中勾汁成糊状时，将炸好的鱼片倒入，翻炒均匀，淋上少许热花生油即成。

(八).软炒

软炒是取用主料本身质软滑嫩的或将新鲜质嫩原料加工成茸，拌成胶质，稀释成稀稠状，经沸水或温油加热成片状再炒入味。特点：多洁白如雪，质地细腻而极软嫩，其口味多是咸鲜味，清淡利口。

1. 操作要点

(1) 用汤或水将茸状主料调成粥状，过箩。调稀主料时不要加味，也不可用力搅拌，因用力搅拌易使原料变稠而不好过箩；加水或加汤也不可过量，否则影响炒制。

(2) 软炒菜的主料下锅后，要立即用手勺极速推炒，使其全部均匀地受热凝结，以免挂锅边。发生挂锅边的现象时，可顺锅边点少许油，再行推炒，至主料凝结为止。

(3) 炒软菜的主料炒成棉絮状即可，不可过分推炒，以免脱水变老。

(4) 炒软菜用油。量多不好，量少则易糊锅。

(5) 炒软菜的主料下锅前要搅拌一下，以防因淀粉沉淀而影响质量

2. 注意事项

先将主料出锅，经调味品拌脆，再用蛋清团粉上浆，放入五六成热的温油锅中，边炒边使油温增加，炒到油约九成热时出锅，再炒配料，待配料快熟时，投入主料同炒几下，加些卤汁，勾薄芡起锅。软炒菜肴非常嫩滑，但应注意在主料下锅后，必须使主料散开，以防止主料挂糊粘连成块。

主料要边炒边使油温增加，炒到油约九成热时出锅，单独再另炒配料，待配料快熟时，投入主料同炒。

3. 菜品

菠萝鸡片(见图 7-8)。

主料：鸡胸脯肉 100 克。

辅料：柿子椒 50 克、鸡蛋清 25 克、菠萝 70 克。

调料：花生油 5 克、盐 2 克、淀粉(蚕豆)3 克、味精 2 克。

制作方法：①鸡肉切成薄片，加少量盐腌片刻，拌上蛋清糊待用；②红柿子椒洗净，切块；③菠萝去皮切块待用；④鸡肉下锅滑炒后下红辣椒和菠萝块，用水淀粉勾芡，翻炒后装盘即可。

图 7-8 菠萝鸡片

第二节 煎的工艺

一、煎的概述

煎是油与金属作为导热体，先把锅烧热，用中火或小火将扁平的原材料两面加热至金黄色并成熟，成菜鲜香脆酥的一种烹饪方法。煎用油量不多，油不能淹没原料，用少量的油涮一下锅底，一般是先煎一面，再煎另一面，煎时要不停地晃动锅，使原料受热均匀，色泽一致。因为油与锅底同时作为导热体，所以能在很短的时间内原料表层洁白起脆。

二、煎的操作特点

煎制食物时使原料受热均匀，火力小而平稳，使食物受热均匀，色泽金黄，在加热前，一定要烧热锅，放入冷油，防止原料粘锅同时保护原料内部水分不外渗，原料香味浓厚，保持了原料的原汁原味。特点：菜料表面有金黄的煎色，气味芳香、口感香酥。

形状以扁平、平整为主。原料加工成扁薄状且薄厚必须一致，这是保证原料在短时间内成熟，形成煎制特有的质感的前提。煎以动物性原料为主，植物性原料中往往嵌、夹、包有动物性原料。另外，工具干净平滑，镬热放料，以免煎焦或不熟。

操作要领

由于煎的方法是用较高的油温，使原料在短时间内成熟，所以适宜选用质地鲜嫩的原料，如：牛里脊，鸡胸肉，鱼排等。

三、煎的具体方法

煎的方法有多种，根据原料的不同，采取不同的煎制方法。主要有软煎、蛋煎、干煎、湿煎、煎焗、煎酿、煎焖、煎封、半煎炸、煎蒸、煎烧（南煎）、糟煎、汤煎和煎熘等。

（一）软煎

软煎属“半煎炸法”，即将腌过的肉料拌上“蛋粉浆”，利用先煎后炸的手法使肉料致熟，然后切件淋上酱汁的烹调方法，而成一道热菜。特点：风味变化多，突出松软，嫩骨．成品外酥香，肉嫩软滑，味香醇厚。

软煎的工艺程序与方法：腌制原料→挂浆→煎制→调味→成品。

(1) 根据肉类特性选择腌料。

(2) 挂蛋浆。将调好的蛋浆与肉料拌匀，或将蛋液与肉料拌匀，再拍上干淀粉。

(3) 排放在锅内煎制，煎至熟透。

(4) 调味。调味方式有勾芡、淋芡或封汁。

(5) 上碟。

1. 操作要点

肉类在煎制前应先腌制，使其松软、入味。上浆要厚，否则难煎至酥香。若在锅里勾芡、封汁，操作应快捷，才能保持菜的香酥风味

2. 注意事项

(1) 工具干净平滑，锅热放料，以避免煎焦或不熟。

(2) 火力小而平稳，使食物受热均匀，色泽金黄。

(3) 菜肴需加工成扁平状，便于加热至熟。

3. 菜品

软煎柠檬鸡(见图 7-9)。

图 7-9　软煎柠檬鸡

原料：肥嫩鸡腿 2 个。

辅料：柠檬、番茄酱 1 瓶。

调料：老抽、料酒、盐、香油、味精、白糖和淀粉。

制作方法：①把柠檬皮用刨刀刮下来，其中一部分切成细丝，最后做装饰用，剩下用来腌制鸡肉；切开柠檬，取一半肉切成小块，另一半切成片，最后装饰用；②鸡腿洗净，剔除骨头(可用剪刀剪，很方便)，将上面的白筋也尽量去除；③取大碗一个，加入一大勺老抽、一大勺料酒、一大勺白糖、少许盐、一小勺香油、柠檬皮搅拌均匀，放入鸡腿肉拌匀，腌制半小时；④起油锅，待油加热到七成热，放入腌制好的鸡腿肉，煎至两面变色后，关火，将鸡腿肉分割成小块入锅，各放一勺番茄酱、柠檬肉，一勺白糖，少许盐和味精，加水一碗，煮开后用中小火煮至鸡肉用筷子

可以轻松穿透；⑤鸡肉出锅装盘，锅中剩余的汁用淀粉勾芡，淋于鸡肉上. 盛器边摆上柠檬片，在鸡肉上撒白芝麻和柠檬丝装饰。

（二）蛋煎

现将肉料先用“飞水”或“油泡”的方法初步热处理，再放入调好味的鸡蛋浆内拌匀，然后用文火将肉料蛋浆底面煎至金黄色的烹调方法。特点：成品色泽金黄，滋味甘香，味道鲜美，多为圆扁平形。

蛋煎的工艺过程与方法：辅料初步熟处理→蛋液调味打散→蛋液与辅料拌匀→煎制→成品。采用蛋煎法的菜式，其辅料大部分先经过初步熟处理，方法有泡油、滚煨、烧烤等。

（1）调味打散。除荷包蛋外，其余菜式均须将蛋液打散。

（2）加入辅料，调匀。

（3）下锅煎制。锅须先烧热，然后下油划锅。

（4）上碟。

1. 操作要点

（1）辅料的比例不宜太大，以蛋液的30%～50%为宜。

（2）辅料加蛋液前必须先沥干水分。

（3）煎制时下油不能太多。

（4）先将蛋液略炒制刚开始凝结再煎，这样更快更好。

2. 注意事项

蔬菜需要氽水，肉料先用“飞水”或“油泡”的方法预熟蛋液煎至凝结，成形扁平，色泽金黄而成菜的方法。

3. 菜例

蛋煎海蛎子（见图7-10）。

图7-10 蛋煎海蛎子

主料：新鲜海蛎子250克。

辅料：面粉少量、鸡蛋一个。

调料：盐、葱花、生抽、料酒、玉米油、干辣椒粉、食用油适量制作方法：①新鲜海蛎子，放入面粉水中洗净，再放入盐水中轻轻抓洗；②裹面粉，一个一个来；③裹完面粉的海蛎子再裹上鸡蛋液，可在鸡蛋液里加盐与干辣椒粉④平底锅，中火，油七成热后，放入裹好蛋液的海蛎子，一面变金黄之后翻面，两面金黄即可出锅。

（三）干煎

把没上浆或粉的原料煎熟使其呈金黄色，封入味汁或淋芡，或干上配佐料而成一道热菜的方法称为干煎法。特点：成品香味浓烈，色泽金黄、甘香、肉质软嫩、味鲜。

干煎的工艺过程与方法：原料整理成形或蘸上芝麻→煎制→调味→成品。

(1) 整理原料形状。有的原料要蘸上芝麻。

(2) 煎制。

(3) 调味。有的菜式用封汁方法调味，有的淋芡，也有的勾芡。

1. 操作要点

(1) 经过干煎的主料，不需要再经过其他烹调过程即可食用，故必须煎熟、煎透。

(2) 煎菜的油量，不可淹没主料，油少时可以随时点入；并随时晃动锅，使所煎的主料不断转动，一防巴锅；二防上色不匀。

(3) 泥状(末状)的主料，应加入调料、鸡蛋、湿淀粉，并混合均匀，煎时才不会松散。

(4) 煎锅必须先烧热，再用凉油涮一下，然后再下入主料，才不会粘锅。

2. 注意事项

主料不上浆，也不上粉，直接煎制，煎制时应用慢火，面要沾匀，蛋液要挂匀，煎、浸时防止糊锅。

3. 菜品

干煎黄鱼(见图 7-11)。

图 7-11　干煎黄鱼

干煎黄鱼是一道菜品，主要食材是黄鱼，主要营养价值是能清除人体代谢产生的自由基，能延缓衰老。对人体有很好的补益作用。

主料：净黄鱼 600 克。

辅料：大葱 1 根，油 1 000 克(约耗 125)，鸡蛋 100 克。

调料：料酒 50 克，葱末、姜末各 2 克，葱、姜丝、蒜片各 3 克，盐 3 克，味精 10 克，醋 15 克，面少许，香油 10 克，汤适量。

制作方法:①五脏从鱼嘴取出,再冲洗干净,把大葱从嘴放进鱼肚里。将鱼打上斜刀,加料酒、盐、味精、葱、姜、香油,腌制,沾匀面。将鸡蛋磕入碗里,打匀;②坐锅,放250克油,将鱼挂匀、挂满鸡蛋液,放油里煎,两面煎至金黄色时;③锅内加料酒、盐、味精、葱末、姜末、蒜片、醋、汤,火烤熟透,把鱼捞到鱼盘里,淋香油,倒上汁即成。

(四) 湿煎

湿煎即把原料放入镬中煎至呈金黄色,然后加入调料,加汤水,加热至熟,最后勾芡粉的一种方法。特点:气味芳香,质感爽滑,色泽金黄。

湿煎的工艺过程与方法:原料煎至呈金黄色→加入调料、汤水→加热至熟→勾芡。

1. 操作要点

(1) 火候的掌握极其重要,一般用慢火煎,煎至原料两面都呈金黄色并透出香气。加入调味汁后,一般选用中火加热并加盖,使原料入味并焖至熟透。

(2) 调味汁的量要恰当,如果调味汁的量太多,加热收汁的时间就会过长,而且煎后的原料会严重软化,并失去香气;但如果汁太少,则菜肴可能会出现味道不均匀的现象,这些都会影响菜肴的质量。

2. 注意事项

应视原料的数量和性质决定调味汁的量,一般以成菜上碟时,碟边只有少量的芡汁,而菜肴的味又均匀,芳香熟透为宜。

3. 菜品

湿煎虾碌(见图7-12)。

图7-12 湿煎虾碌

主料:虾、明虾。

调料:二汤、茄汁、麻油、胡椒粉、白糖、湿淀粉。

制作方法:①把虾洗净;②用旺火烧热鼎下油,放入虾碌,用慢火煎至两面呈金黄色时加进调料、二汤、茄汁、麻油、胡椒粉、白糖,待略为收汁时加入湿淀粉勾芡,加尾油拌匀装盘。

(五) 煎焗

原料经过煎香后,将少量的汤汁(或味汁)或酒洒在热锅内,用其产生的热水蒸气将原料焗熟成菜的方法称为煎焗法。特点:菜式由煎和焗共同完成,以煎为主,煎、焗结合,成品色泽带金黄,滋味甘美。

煎焗的工艺程序与方法:腌制原料→煎熟→焗香→成品。

(1) 将原料洗净,改刀后加入調味料腌制后静置 20 分钟。

(2) 将原料放入锅内煎熟、煎香。

(3) 加入汤汁(或味汁)或酒,加盖焗香至熟透。

(4) 上碟造型。

1. 操作要点

(1) 原料以碎件或薄形为主。

(2) 原料必须经过腌制。

(3) 焗制时火力不宜太猛,且要加盖。

(4) 菜式一般不勾芡。

2. 注意事项

将原料进行切成片状或块状,同时进行腌制,先煎后焗

3. 菜品

煎焗排骨(见图 7-13)。

图 7-13 煎焗排骨

主料:猪小排。

调料:姜适量、大葱适量、红葱头适量、红辣椒适量、生抽适量、果酒适量、盐少许、糖适量

制作方法:①小排洗净,用盐腌 20 分钟,热油锅慢煎至两面金黄备用;②准备好配料,另起锅爆香,加煎好的排骨,调入生抽、果酒、盐和糖。

(六) 煎酿

煎酿即把主料加工成形后酿上稻心,然后再煎制"勾芡"的一种方法。特点:菜肴形格变化较多,焦香鲜嫩

煎酿的工艺流程与方法:将改切好的主料,吸干水分,在酿馅的一面抹上生粉,酿入馅料造型,放入镬中煎至上色(金黄色)放调料,汤水调味,略煮至熟用湿粉勾芡加尾油即成。

1. 操作要点

煎酿的制作必须做到馅料不脱落,外形整齐美观,煎色金黄,芡汁少、馅露出量少,保持馅

料爽脆为好。

煎酿有几种形状：棋子形——酿凉瓜，圆形——酿青椒，山形——酿冬菇，琵琶形——酿鸭掌。

2. 注意事项

煎制与酿时间需要把握适度，以食材色泽金黄，鲜嫩香醇为宜。

3. 菜品

煎酿茄子(见图 7-14)。

图 7-14 煎酿茄子

主料：净鱼肉 200 克。

辅料：茄子 400 克。

调料：干淀粉、湿淀粉、精盐、味精、白糖、料酒、胡椒面、蚝油、酱油、香油、熟猪油各适量。

制作方法：①将茄子洗净，去蒂，斜切成双联厚片；②将鱼肉剁成泥，用精盐、味精稍腌，然后顺一个方向搅起劲，再加干淀粉、水拌匀，分别填入茄子双联片中间；③中火热锅，下少许猪油，排入酿茄子，边煎边加适量猪油，煎至馅料是金黄色时，慢慢盛出；④旺火热锅，加油少许，烧热，烹料酒，加水少许，加精盐、味精、胡椒面、蚝油，再加入酿茄子，盖盖，焖至软烂，用湿淀粉勾芡，淋香油即成。

（七）煎焖

煎焖就是把煎过的主料放入锅内，加入调料和汤，盖严锅盖，用小火慢慢地焖烂主料的一种烹调方法。特点：鲜嫩软烂，汁浓味厚。

煎焖的工艺程序与方法：原料造型→煎制金黄色→略焖→勾芡→成品。

(1) 根据菜式设计要求进行原料造型。

(2) 将原料煎至金黄色。

(3) 加汤水及调味料，略焖。

(4) 勾芡。

1. 操作要点

本方法为煎与焖相结合，先煎后焖，以煎为主。原料若以酿馅形式造型，须将馅酿牢。焖制时间不宜过长，掌握好火力的大小和汤汁的多少，一般应用小火，焖时以汤汁与主料相平为宜。

2. 注意事项

因主料是蘸面粉和鸡蛋糊煎的，焖时汤少易糊），待汤汁将尽，主料酥烂时即成。煎焖菜，要使原料保持完整的形态。

3. 菜品

煎焖鱼（见图 7-15）。

图 7-15　煎焖鱼

主料：马鲛鱼。

调料：豆豉、姜、蒜、大葱、盐、生抽、干贝素和糖。

制作方法：①马鲛鱼斜切片，加盐腌制 30 分钟，放到平底锅少油煎至两面金黄；②准备好配料，放姜蒜和大葱放锅中间爆香，加豆豉和生抽稍焖一下，加糖调味。

（八）煎封

煎封，北方又称作“煎烹”，烹是将主料大火煎至略熟，再加入高汤及调味料烹煮入味的一种煎法，是将煎和烹两种方法结合起来，再加入适量的液态调料的一种烹调方法。一般是用旺火把主料煎至将熟，再把主料放入热锅中用液态调料烹之。此种烹调方法较多用于鱼类；即将鱼类用调味品腌过后，用热油慢火煎透，再封上料头芡使其透味的烹调方法。

煎封的工艺程序与方法：原料腌制→慢火煎→烹熟。

1. 操作要点

煎烹菜的主料，有的不挂糊、不拍粉、不拖蛋液，仅用调料腌渍即可，如“煎烹羊肉串”。煎烹菜切忌拖汁带芡、黏糊一团。煎烹类菜肴吃汁不见汁，主料滑嫩而清爽利落。

2. 注意事项

煎封法以原味鲜的鱼为原料，制作以煎为主，以焖为辅。

(1) 第一遍煎制时，煎制时间不宜过久，边缘上色就可以。

(2) 酱料可以按照自己喜欢的口味调制，但是必须用胡椒粉调味。

3. 菜品

煎烹口菇(见图7-16)。

图7-16 煎烹口菇

主料：主料口蘑6个。

调料：食盐1小勺、蒜5瓣、石香菜1小碟、橄榄油适量。

制作过程：①把口蘑洗干净后去柄，蒜切成末；②锅内放入一些橄榄油，小火把蒜末炒香；③把口蘑大头朝下，摆入锅里；④盛一些蒜末放进口蘑里，小火盖上锅盖煎；⑤当汁溢满口蘑内部的时候就熟了，出锅前撒上些盐、石香菜即可。

(九) 半煎炸

半煎炸是將原料上浆后用先煎后炸的加热方法烹制而成一道热菜的方法称为半煎炸。特点：色泽金黄，外形整齐，为“日”字形件，口感外酥里嫩。

半煎炸的工艺程序与方法：腌制原料→调窝贴浆→挂浆造型→煎制定型→炸制香酥→上碟排齐→成品。

(1) 腌制原料。肉料依需选择腌料，肥肉应用白酒、精盐腌制。

(2) 调窝贴浆。浆的稀稠应与原料配合得当。

(3) 一片肉料与一片肥肉挂浆后，相叠成一个整体。

(4) 煎制定型。炸至熟，呈香酥口感。

最后整齐排放在碟中，配淮盐，喼汁为佐料。

1. 操作要点

肥肉不宜太厚，要用酒腌透；挂浆要均匀，不要露肉。下锅时要摆切整齐，便于熟后逐件分开。先煎肥肉。

2. 注意事项

要了解半煎炸，需要对半煎炸与软煎在操作上的区别加以理解。

(1) 半煎炸上窝贴浆，软煎上半煎炸粉。

(2) 半煎炸是两种或两种以上原料，一块肥肉与另一块肉料相叠；软煎是只有一种原料。
半煎炸烹制时是先煎后炸；软煎是直接煎至熟。
半煎炸是上干粉跟佐料；软煎是封汁后上碟。
煎炸特点是色泽金黄，外形整齐，呈日字形；软炸特点是外酥内嫩，味汁风味突出。

3. 菜品

窝贴明虾(见图 7-17)。

图 7-17　窝贴明虾

主料：治净明虾 360 克(24 件)。
辅料：猪肥肉 150 克、蛋黄 2 个、火腿 15 克。
调料：精盐 3 茶匙、味精 1 茶匙、绍兴料酒半汤匙、干淀粉 1.5 汤匙、植物油 500 克。

制作方法：①明虾去壳，开背取肠，留尾，洗净，加入精盐、味精、淀粉，拌匀，冷藏腌制；②将肥肉切成薄片，加料酒、精盐，腌制；③调窝贴浆，明虾与肥肉片分别拌上窝贴浆；④取净碟，撒上干淀粉，先排上肥肉片，撒上火腿末，再叠上虾片，叠时刀口朝下；⑤把叠好的虾排在锅内，用中火煎至定型，呈金黄色，再下油略炸，沥油上碟，配淮盐、喼汁蘸食。

(十) 煎烧

煎烧，又称南煎，是南方比较常用的一种烹调方法，多用此法制作丸子。一般是将主料剁成末状，加入调料、鸡蛋、湿淀粉搅拌均匀，挤成丸子，将丸子煎成饼形，再放入汤及调料、配料煎烧。特点：菜色金黄，主料酥烂醇香，入口即化。

1. 制作要点

(1) 主料是末状，易松散，要煎好一面再煎另一面，翻动时切勿把主料弄碎。
(2) 煎过的主料虽已定形，但中间并未熟，一定要用大火将汤煮沸再下锅。

2. 注意事项

在大量制作南煎菜时，如不待汤沸即下主料，很容易把主料泡散。主料下锅之后，待汤开后，即可改用慢火，把主料烧至酥烂即成。

3. 菜例

香煎排骨(见图 7-18)。

图 7-18　香煎排骨

主料：排骨 2000 克。

辅料：葱 100 克。

调料：油适量，姜汁、辣酱油、甜酱、绵白糖、醋白酒、花椒适量。

制作方法：①排骨洗净备用；②将葱洗净切段；③炒锅加少许食用油，将洗净的排骨码入锅中煎制、淋上适量白酒，去味增香；④排骨煎到两面金黄，出锅备用；⑤炒锅放油，下入花椒和青花椒炸出香味，放入豆瓣酱；⑥将豆瓣酱爆香炒出红油；⑦放入葱段；⑧放入煎制好的排骨，加入姜子和辣酱油，炒拌均匀；⑨加入水，淹没排骨，煮到汤汁渐少，排骨酥烂，关火，加入适量鸡精调味出锅食用。

（十一）其他煎的方法

1. 煎蒸

煎蒸，就是将煎过的主料装入餐具内，放入调料，再上屉蒸制的一种烹调方法

煎蒸基本上同于煎烹。蒸制主料时，切勿使蒸气水滴入盛主料的容器。主料经煎后再蒸，调料渗入其中，味醇香，质软烂。

2. 糟煎

糟煎，是将煎过的主料再用香糟汁和汤加以烧制的一种烹调方法。用糟煎法烹制的菜肴，有浓郁的香糟汁的香味，主料软嫩可口。

3. 汤煎

汤煎，就是将主料煎后冲入沸汤再烧沸的一种烹调方法，因以食汤为主，故称汤煎。①汤煎的主料多以鸡蛋为主，下料不可过多，一般以 250 克为宜；②冲汤，必须用沸汤；将沸汤冲入煎蛋锅内要用大火将汤再次烧沸，待冲出香味时方可加入调料用此法烹制的汤，味浓而香。

4. 煎熘

煎熘，是将主料先经过挂糊或拍粉拖蛋液，下锅煎熟（也可以直接下锅），然后再以芡汁熘制的一种烹调方法。煎熘菜的煎法同于干煎，熘法则同于滑溜。用此法烹制的菜肴，若主料是肉类的，食之有滑嫩之感；若主料是素的（豆腐），食之有软烂之感，其汁味变化较大。

第三节 炸的工艺

一、炸的概述

炸是一种以油为导热体，原料在大油锅中经高温加热，成菜具有香、酥、脆、嫩等特点，不带卤汁，是一种旺火、多油、无汁的烹调方法。炸的火力一般较大，油量也大，油与原料的比例是3∶1以上，炸时原料全部浸没于油中。炸时的油温根据原料而定，不一定始终是高油温，但必须要经过高温加热阶段，这与炸菜外部香脆的要求相关。炸的工艺分为两部：第一步，使原料断生成形，所用油温不高；第二步，复炸，使外表快速脱水变脆，油温要高。炸菜的调味，一般根据食材另外调配蘸食。

二、炸的操作特点

炸能使成品具有外脆里嫩的特点。炸的工艺所使用的油温一般热至七八成，即 200℃左右。原料表层迅速脱水后，外层酥脆，而内层则依然保有较多水分，嫩的口感则比较明显。炸的工艺一般在原料外面挂面糊，然后炸，口感更凸显外脆里嫩的效果。

炸能使食物原料上色。高温能够使原料表层碳化，颜色逐步变深，颜色可以随着碳化程度的加深而逐步变化，从米黄→金黄→褐色，甚至完全碳化成黑色。随着油温升高，颜色加深，幅度加剧，一般炸菜的颜色以金黄色为宜。

三、炸的具体方法

炸有很多种类，根据原料的特点以及成菜的需要，有如清炸、干炸、软炸、酥炸、面包渣炸、纸包炸、脆炸、油浸、油淋等。它们的操作方法和技术特点各不相同，从上述炸名称上就能知道。

（一）清炸

清炸是主料本身不挂糊、不拍粉，只用调料腌渍一下，用旺火热油炸制的一种烹调方法。特点是外焦脆，内鲜嫩，清香扑鼻。

1. 适用范围

原料选用新鲜易熟、质地细嫩的如小雏鸡、猪里脊肉、猪肝、猪腰、猪肚仁、鸡鸭肝等。原料的形状要求切丁、条、片、小块且整齐划一，有一些原料须剞花刀；清炸类菜肴的基本口味以咸鲜为主，其调味方式属于原料加热后的调味，也称辅助调味；其形式外带味碟，有椒盐粉、甜面酱、辣酱油等。

2. 工艺流程

选择原料，新鲜易熟，质地脆嫩→处理加工，洗净，剞花刀的原料要求美观，其他原料需整齐划一→腌渍入味，以咸味为主，掌握好腌制时间→炸制，旺火热油，根据原料质地、大小，控制入油的次数及油温→装盘带围碟，符合成品要求，围碟的调料要多样化→上桌即食。

3. 注意事项

（1）清炸的主料不挂糊，不拍粉，外面没有保护层。要把这种主料炸得外焦里嫩或鲜嫩可口,就必须了解原料质地的老嫩,合理地确定主料的大小,正确地掌握油温。

(2) 主料小的,如“清炸鸭肝”的鸭肝,应该用热油炸两次,因为主料块小,传热快,如长时间在热油中炸,失去水分就多,易老而不嫩。用热油炸两次,则容易达到外焦里嫩的标准。

(3) 主料大的,如“清炸鱼”的鱼,开始要用热油炸,以保持主料的形态;中途应改用温油温,以使油温逐渐渗入主料内。

清炸菜在各个地方菜均有,其炸制方法大同小异。清炸菜的特点是:主料经调料拌腌和油炸之后有一种特殊的油脂香味。清炸菜常配有花椒盐和各种爽口的蔬菜。

4. 菜例

清炸凤尾虾(见图 7-19)。

图 7-19 清炸凤尾虾

主料:海虾 500 克。

调料:小麦面粉 20 克、料酒 5 克、盐 2 克、味精 1 克、植物油 50 克和椒盐 15 克。

制作方法:①1. 将中虾去头、皮,留尾,放墩上由脊部片开,腹部相连成一大扇,用刀尖先斩断筋,再用刀背将肉捶松;展平,撒料酒、盐、味精稍腌。然后再撒一层干面粉;②勺中加植物油烧温,将虾逐个放入,炸熟呈金黄色,食时蘸花椒盐。

(二) 干炸

干炸又称焦炸,与清炸近似,是将调味品加入生的材料中,调味品充分渗入后沾糊,放入油锅中炸的方法。在前期过程中,调料腌渍后再拍蘸适量淀粉或玉米粉(也有使用湿淀粉的),炸成内外干香而酥脆的一种烹调方法。特点是外焦里嫩,色泽金黄。

1. 适用范围

适于干炸的原料比较广泛,新鲜的肉类、无腥味的鱼虾类,均是干炸类菜肴的首选。带骨头的原料如鸡块、排骨等也可用做干炸菜,干炸的基本味是丰富多变的,其色泽基本是同一的;用于拍粉的种类,有淀粉、面粉、玉米粉、小米粉等,其效果各有特色。

2. 工艺流程

选择原料,符合食品卫生要求的大部分原料→加工切配。加工成条、片、段等形状,不适应整只个大的原料→挂糊或拍粉,水粉糊、全蛋糊、蛋黄糊均可用于干炸菜肴→初炸成形,入六七成的油温中炸熟定型→重炸上色,在七八成的油温冲一下→装盘点缀,带围碟上桌。

3. 注意事项

(1) 干炸菜的主料炸制时间要长些，一般是开始时用旺火热油，中途改用文火或小火，才能把主料炸的里外一致。

(2) 主料经过调料腌渍之后，过油极易上色，故在干炸时应拍蘸少许干粉，既能避免主料上色过快，又能使主料外皮酥脆

(3) 干炸菜主料的形态有整的、小块的或圆形的(丸子)多种；有一次炸成的，也有两次炸成的，要因菜因料而异。

干炸菜因主料失去较多，故食之味干香可口，是佐酒的好菜肴。

4. 菜例

干炸蘑菇(见图 7-20)。

图 7-20 干炸蘑菇

主料：鲜蘑(平菇最好)。

调料：鸡蛋清、精盐、味精、淀粉、葱姜。

制作过程：①先将蘑菇撕成细条，下水焯一下(蘑菇为菌类是在木屑之类的杂质上生长的，带有较多杂质，如果直接炸会有一种杂草的味道)；②将蛋清倒入碗内，用筷子顺一个方向连续抽打起泡沫，再加干淀粉、葱姜、盐、味精，继续顺同一方向搅拌均匀，制成蛋泡糊，直到能立住筷子为止；③把焯过水的蘑菇放在蛋泡糊里，挂衣，抓匀，放一会儿；④炒锅置于火上，油烧五六成热后，将挂好糊的蘑菇逐一下锅，像炸里脊肉一样的，其间要用漏勺捞出，用勺将蘑菇打散或用筷子轻轻翻动，炸至外焦里嫩，色泽略微金黄即可。

(三) 软炸

软炸是将主料挂一层薄鸡蛋糊(目的是减少主料的水分散失)，然后下油锅炸制的一种烹调方法。特点是外香软，里鲜嫩。

1. 适用范围

软炸菜品特别适宜老年人及幼儿食用。在不同地区，软炸技法在操作程序上存在差异。在济南地区，软炸技法是把炸好的原料倒入烹好汁的勺内翻炒均匀，再出勺装盘，盘底无汤汁，是有配料的，这是软炸技法的显著特征。

2. 工艺流程

选择质地鲜嫩无骨的原料，改刀成小块、薄片、细条等→入味，在原料入油前调味，以防失

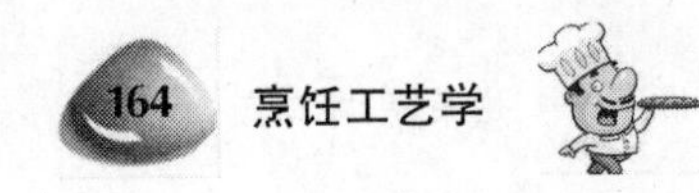

水，保持原料表面干爽→挂糊，糊的稠稀度以挂住原料为原则，现炸现挂糊→初炸划油，油温不低于四五成热，原料逐片下锅，防止粘连→复炸上色，油温六七成时，炸至浅黄色即可。

3. 注意事项

(1) 软炸菜的主料，应先用清洁的布吸干水之后再拌腌。拌的味不可过重，味淡可配花椒盐调配。

(2) 软炸菜所用的鸡蛋糊、蛋清糊或雪花糊均较稀，故下料时要逐个下，炸后要摘去多余的尖、叉部分，使其外形美观。

(3) 软炸菜的主料大多是炸两次。第一次要用文火、温油，炸至主料的外层糊凝固、色泽一致时捞出。第二次要用旺火、高油温，将主料下锅炸熟。主料在热油中停留的时间较短，能减少水分的散发而软嫩可口。

(4) 为炸好的主料撒花椒盐的多寡，要视拌腌口味的浓淡而定，要把花椒盐均匀地撒在主料上，或放在主料的一旁，也可另放一小碟随菜上桌。

4. 菜例

软炸里脊(见图 7-21)。

图 7-21 软炸里脊

主料：猪里脊肉 200 克。

辅料：鸡蛋 4 个。

调料：味精 2 克、料酒 30 克、干淀粉 30 克、盐少许、香油 10 克、花椒盐 1 碟、大油 1000 克。

制作方法：①将里脊肉洗净，切成长 4 厘米、宽 2 厘米的薄片，放在碗内，加盐、味精、料酒拌匀，腌渍入味；②将蛋清倒入碗内，用筷子顺一个方向连续抽打起泡沫，直到能立住筷子为止，再加干淀粉，乃顺同一方向搅拌均匀，制成蛋泡糊；③炒锅上火，放入大油，烧至五成熟，将腌渍好的里脊肉分片挂上蛋泡糊后放入，用筷子轻轻翻动，大约 5 分钟炸熟捞出装盘。淋上香油即成。可蘸花椒盐食之。

(四) 酥炸

酥炸，一般是指将主料挂上专用的酥炸糊之后再炸制的一种烹调方法。还有一种酥炸法，是先将主料蒸、卤之后再挂少量鸡蛋糊用热油炸制。特点是外酥香，内软嫩，肥而不腻。

1. 适用范围

适合酥炸的原料非常广泛，有动物性原料家禽、家畜、鱼、虾等；有植物性原料，如各种山菌、蘑菇等。用于酥炸的原料块大，带骨头，一般不需要挂糊，拍粉或不拍粉。块小、不带骨头的原料一般挂酥糊。

2. 工艺流程

选料熟处理，把蒸、煮好的原料改刀→挂糊、拍粉，根据原料的质地及形状选择→炸制，旺火加热，在六七成热油温中炸至外表金黄且发酥为止→成形装盘，整只的原料须改刀→点缀上桌。

3. 注意事项

(1) 酥炸糊本身膨胀性很大，故为主料挂糊要薄厚得当，挂糊太厚则主料会膨胀过大过厚，挂糊太薄则不酥松。

(2) 主料挂糊下油锅炸时，须待糊定型时方可用手勺不停地推动、翻转，以免炸出双色来。将主料炸透之后，要逐个捞出，再用热油重炸一次，才能使主料外酥松里鲜嫩且颜色一致。

(3) 第二种酥炸法多用于主料大的菜。因这类菜的主料体型较大，并且经过蒸、卤已经熟烂，所以要用盘子拖炸，即先在盘中放适量的酥炸糊，把主料放于糊上，使主料的底面均匀地沾上一层糊，然后用适量酥炸糊抹在主料的主面，将主料徐徐推入油锅中，炸制深杏黄色即成。

4. 菜例

酥炸鸡翅(见图 7-22)。

图 7-22 酥炸鸡翅

主料：鸡翅 750 克。

辅料：糯米 50 克，火腿 50 克，芝麻 50 克，面包屑 50 克，鸡蛋 100 克，小麦面粉 50 克。

调料：花生油 55 克、葱 10 克、姜 10 克、盐 5 克、料酒 10 克、椒盐 4 克、淀粉(玉米)5 克。

制作方法：①先剁掉翅膀尖，再把骨节弯曲处剁成两段，放入盆内，加入葱段、姜块，料酒上的笼蒸至七成熟，取出晾凉，在每个翅膀上横划一刀，剔去骨；②糯米放入碗内淘洗干净，用冷水泡四个小时，把水控净上笼蒸熟；③芝麻洗净，炒至微黄有香味时倒出碾碎；④火腿切成末，把芝麻、火腿、精盐一起放入糯米碗内搅拌均匀成馅；⑤鸡蛋磕入碗里搅散，放入面粉、湿淀粉调成蛋粉糊；⑥在鸡翅剔去骨的空隙处填上馅料，外面裹上一层蛋糊，再滚上一层面包渣摆在盘里；⑦将炒锅放在旺火上，倒入熟猪油，烧至六成热时端离火口；⑧将鸡翅逐个下锅，全部放完后将锅端回火上，炸至呈浅黄色时捞出控油，装盘，撒上上花椒盐即可；⑨上菜时随带甜面酱、番茄酱、大葱白段佐食。

（五）纸包炸

俗称卷炸，是将加工成片、丝、条、粒形及泥茸状的无骨原料，加入盐、味精、酒等调味品拌匀，用皮料（或玻璃纸）包裹或卷裹起来，再入油锅用高温油炸熟的技法。特点是外酥脆，内软嫩。主料保持原汁原味，鲜嫩异常。

1. 适用范围

适合纸包炸的原料主要有鱼、虾、鸡、鸭肉、猪肉、冬笋、蘑菇等。包卷的皮料可分为可食用和不可食用两种。可食用的皮料有鸡蛋皮、猪网油、腐皮、面皮、鸭皮、肉片、糯米纸；不可食用的皮料有桑皮纸、玻璃纸等。

2. 工艺流程

选料，鲜嫩、体小无骨的原料→刀工，卷裹的原料以丝、粒、泥为主，包裹以条、片为主→调味，鲜咸味，稠稀度恰当→准备皮料，大小规格适当→卷包成形，粗细均匀、紧密，不漏馅料→炸制，慢火温油炸熟→装盘点缀。

3. 注意事项

(1) 腌渍主料时，要加适量的香油，以免炸后主料和纸相连，不便食用。

(2) 用纸包主料时，各包的分量要一致，要将主料平放在纸的中间，然后再包裹，以免主料成团或成块而不易炸透。

(3) 炸制纸包菜的油温不可过高，否则易爆。原料下锅后，要不断用手勺推转，以使其受热均匀。

4. 菜例

纸包牛肉（见图 7-23）。

图 7-23　纸包牛肉

主料：牛肉粒（用边角料即可）200 克。

辅料：土芹菜粒 50 克，葱姜水 20 克，威化纸 10 张，面包糠 100 克，鸡蛋 2 个，胡萝卜丝 100 克。

调料：盐 5 克、鸡精 2 克、胡椒粉 2 克、白醋 5 克、香油 2 克、色拉油 1 000 克。

制作方法:①将牛肉粒加入芹菜粒,放入葱姜水、盐、胡椒粉、鸡精调匀成肉馅;②取威化纸,将牛肉馅放入纸上,摊开,折起来成饼,然后拖鸡蛋液,拍上面包糠,放入五成热的油锅中小火炸1分钟左右(锅内一次不能多放,一般放4个威化纸包即可,否则容易炸碎)至金黄色,捞出控油后摆在盘子四周;③将胡萝卜丝氽水,挤干水分,加白醋、香油、少许盐拌匀后放入盘中间即成。

(六) 脆炸

脆炸(这里脆炸指的是脆皮炸),是指将主料、配料用腐皮或网油包卷成卷(或扁圆状、长方包等形状),外面挂一层水淀粉糊(或蘸上一层干淀粉、玉米粉),然后炸制的一种烹调方法。

1. 适用范围

适合脆炸的原料需要进行整型处理,使原料大小均匀一致。

2. 工艺流程

选料,将原料进行初加工整形处理,切成大小一致的丝、块等形状→调制脆皮糊→挂糊炸熟→油温升高,将食物炸成金黄色。

3. 注意事项

(1) 原先脆炸菜的主料、配料一般是切成指甲片或丝,其刀口必须一致,以免炸时生熟不一。用网油或腐皮包裹主料时,其封口处要用鸡蛋糊粘牢,以免裂开,并用刀尖在腐皮或网油上面扎几个小孔,以便于排气,避免炸时涨起,影响外形美观。炸时先用热油炸,固定外形,再用温油炸透,最后用热油冲炸,使其外脆里嫩。

(2) 在加热时候需要适时翻动原料,使其受热一致,掌握好火候。

4. 菜例

脆炸牛奶(见图7-24)。

图7-24 脆炸牛奶

主料:主料:牛奶500克。

辅料:玉米淀粉100克,小麦面粉500克。

调料:味精5克、盐10克、白砂糖50克、发酵粉20克、植物油200克。

制作方法:①牛奶糕的制备:把牛奶、白糖、淀粉混合搅拌均匀,然后倒入锅内;②煮沸后转为文火,慢慢翻动,使其凝固;③呈糊状时铲起放在盘内摊平;④冷却后置于冰箱内,使其冷却变硬；⑤需要时取出切块或排骨状；⑥脆浆的制备：将面粉、植物油150克、水350克、精盐、发酵粉、味精放在盆内拌匀，调成糊状备用；⑦把植物油倒入锅中，烧热至六成热；⑧将排骨状的奶糕沾上脆浆，逐渐放入油锅，炸至金黄色捞起上碟。

（七）面包渣炸

面包渣炸又称吉列炸法，是将主料加工成厚片状，先用调料腌渍，蘸上面粉再蘸鸡蛋液，然后滚蘸一层面包渣下油锅炸制的一种烹调方法。特点是成品色泽金黄、外表松酥、主料鲜嫩、味咸而鲜美。

1. 适用范围

面包渣炸适用于经过去壳、去皮处理的原材料，如去皮的鱼片、鱼丁，去壳的虾仁等。

2. 工艺流程

原料拌味，卷类的菜式则做馅→卷类菜式包卷成形→上粉。先上蛋浆，再裹面包屑→油温在150℃时，原料下锅→降低油温浸炸→升高油温起锅→跟做佐料。

3. 注意事项

(1) 为腌渍过的主料拍蘸面粉时，要力求均匀，然后再挂鸡蛋液，才能将面包渣蘸均匀

(2) 若炸制此菜的数量较大(如大型宴会用)，可往鸡蛋液中加入相当于鸡蛋液1/3的凉水，可避免炸制主料时油起泡沫。

(3) 所用面包渣有两种：一种是用较新鲜的面包，切成绿豆大小的粒；一种是将面包切片烘干，再用压面挤压成粉末状。

(4) 蘸上面包渣的主料，应用手轻轻拍一拍，可将多余的面包渣拍下，也能使面包渣黏附得更牢固，以免炸时脱落。

4. 菜例

面包炸虾(见图7-25)。

图7-25 面包炸虾

主料：明虾6只。

辅料：鸡蛋1枚、面包糠适量、圆生菜适量。

调料：色拉油适量、食盐4克、鸡精2克、淀粉适量、番茄酱适量、黑胡椒适量、沙拉酱适量。

制作方法：

①生菜切细丝备用；鸡蛋放入碗中打匀，生粉及面包糠放入盘中备用；②虾去虾头及虾壳，留尾部不要去掉，再虾的腹部浅浅的划 3 刀(一定要轻，只要把虾筋切断就可以了，这步是为了防止虾受热卷曲)，再用刀在虾背部拍两下以保证虾筋全部断掉，处理好的虾身调入盐，少许鸡精，多一些的黑胡椒粉抓匀腌 5 分钟；③抖掉虾身上多余的面包糠，锅中放油烧热后用筷子插入，中间有小汽泡后转中小火，轻轻投入虾炸至金黄捞出控油即可。

(八) 松炸

将原料去骨，加工成小型的片、块、条等形状，经过调味，挂蛋泊糊，用小火温油慢慢炸熟的烹调技法。特点是色泽洁白饱满，质地松嫩。

1. 适用范围

选用新鲜、味醇、无骨的小型原料，蛋清一定要新鲜，以保证蛋泊糊效果。

2. 工艺流程

选荤料无异味，易熟，素料脆嫩→调制蛋泊糊(蛋清拌制蛋泡，加入适量淀粉)→炸制成形，油温三四成热，挂糊逐片炸熟→装盘成菜。

3. 注意事项

(1) 调制蛋泊糊的原料有蛋清、淀粉、面粉，按 1∶0.5∶0.5 的比例比较理想，否则会出现不够饱满或干瘪现象。

(2) 蛋泊糊现用现制，不宜提前加工。

4. 菜例

松炸苹果(见图 7-26)。

图 7-26　松炸苹果

主料：苹果数个。

辅料：肉桂粉、白砂糖、冰水、低筋面粉适量。

调料：糖粉适量、盐适量。

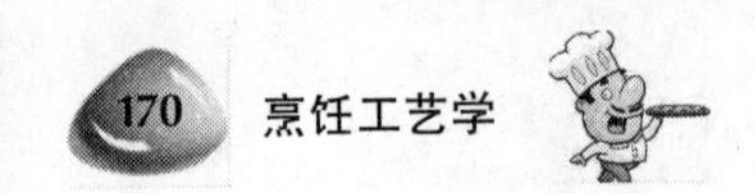

制作方法：①苹果削皮，横着切厚片，把核去掉，中间掏空；②把低筋面粉、白砂糖和泡打粉加入适量水调匀成面糊；③苹果滚上一层低筋面粉；④放入调好的面糊中；⑤成热油下锅慢炸至表皮金黄即可，吃时撒上适量糖粉和肉桂粉，味道更好。

（九）板炸

板炸又称之为焦炸，是把原料经刀工处理，加工制成排状或片状后，经加调味料入味，外层干面粉（面粉、吉士粉等），托层鸡蛋，沾层面包渣放入五六成热的宽油中炸的烹调方法。特点是整齐划一，色金黄，外香脆，内软嫩。

1. 适用范围

板炸类菜肴适于大批量的制作，在保证菜肴质量的前提下，其存放的时间相对较长，板炸菜肴要求有造型，选用的原料宜于改刀成形。其基本口味趋于西式化，蘸酱多是番茄沙司、蛋黄酱等。

2. 工艺流程

选料，加工成大片且容易成熟的原料→腌渍，调料要多，口味要重→拍粉挂糊，根据原料的性质选用淀粉还是面粉，炸制成形，控制好油温是成形的关键，六成热油下锅，加热成熟→改刀装盘，刀法讲究，多采用斩刀技法→带酱上桌。

3. 注意事项

（1）一般将原料片成大薄片，表面剞多十字形花刀，刀纹深浅要一致，保证原料入味均匀且形状平整，不卷曲。

（2）根据原料的质地决定是否拍粉，纤维粗大、质地老的不需要拍粉，脆嫩易碎的原料必须拍粉，以保证菜品的形状完整，水分不流失。

4. 菜品

吉利虾球（见图 7-27）。

图 7-27　吉利虾球

主料：净虾球 500 克。

辅料：鸡蛋 1 个、面包渣 25 克（将淡面包切成块放在烤箱内烧焦脆后碾成小粒）。

调料：生粉 3 茶匙、味精 1 茶匙、精盐 2 茶匙、麻油 1.5 茶匙、花生油 750 克。

制作过程：①将虾去壳，改成球状，吸干水分，用精盐、麻油、味精腌过；②将鸡蛋和生粉搅成糊状，放入虾球拌匀，然后拍上面包渣；③炒锅内加花生油烧五成热，放入虾球，用中火炸至金黄色即熟装盘。

（十）油淋炸

油淋炸是将主料先用卤汤（白汤）浸煮之后，挂上一层糖浆（可用蜂蜜或饴糖水），待其表皮风干时，将主料放至漏勺上，淋热油于主料，使其至熟的一种烹调方法。

1. 适用范畴

油淋炸主要针对已经加工处理的鸡、鸭、鹅、兔等整形原料，再次加工反复滚油淋烫，能保持原料本身质嫩鲜香的滋味，皮酥香，肉细嫩，色红亮。

2. 工艺流程

先将原料蒸、卤加工成熟后晾干，再缢油淋烫的过程。

3. 注意事项

(1) 淋炸的主料多是鲜嫩的肉鸡。浸煮时切勿弄破表皮，煮时火力不可达，文火即可。

(2) 主料挂浆要均匀，要用糖浆反复浇一两次，以免炸时上色不均。风干时要挂在阴凉通风处。

(3) 淋炸时，主料的内外淋油要匀，特别是炸淋表皮时，油温不可过高，以防上色不匀和裂皮。

4. 菜品

油淋火鸡膀（见图 7-28）。

图 7-28　油淋火鸡膀

主料：火鸡 600 克。

辅料：萝卜 15 克、芹菜叶 10 克。

调料：酱油 50 克、料酒 25 克、姜 25 克、大葱 25 克、香油 15 克、白砂糖 15 克、米醋 5 克、盐 5 克、胡椒粉 1 克、大蒜（白皮）5 克、花生油 100 克。

制作方法：①先将鸡翅膀剁去尖，从关节处折断，剁去两头的骨头节，抽出翅膀中的骨头；②鲜姜去皮，一半切成小片，一半切成细末；葱一半切成段，一半切成细末；大蒜去皮，拍碎剁成细末；③将鸡翅膀用酱油、料酒、白兰地酒、胡椒粉、葱段、姜片拌匀腌渍入味；④炒锅上火，放入

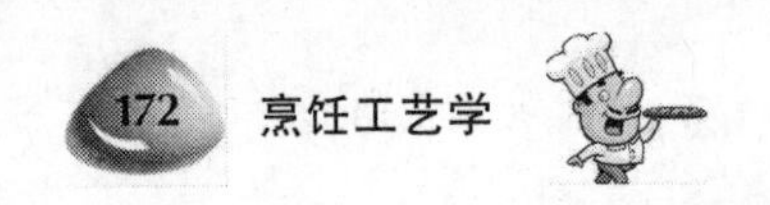

花生油，烧至七成热时放入腌好的火鸡翅膀，炸熟捞出；⑤用旺火将油烧至九成热，再将火鸡翅膀放入，待鸡皮炸脆时捞出；火鸡翅膀剁成小块，整齐地摆放在盘中；萝卜花压住芹菜叶，放在盘子一端。最后，将酱油、鸡汤(25克)、白糖、味精、精盐、葱、姜、蒜末、米醋、香油调成汁，浇在鸡翅膀上即成。

（十一）油浸炸

浸炸，是指将经加工处理的原料，放入温油锅(三四成热，约60～110℃)，让油温慢慢升高，使组织结构紧密的原料炸透，变为口感松脆香酥的菜肴。如油酥花生仁、灯影牛肉、烟熏排骨、五香鸭。

油浸炸是先将主料煮或蒸制至熟，撒浇上调料，再以热油泼之的一种烹调方法。

1. 适用范围

油浸炸适用于禽畜肉类块状原料，并经过前期初热处理，基本成熟。

2. 制作要点

(1) 用油浸炸法所烹制的主料多是活鱼。经过煮或蒸之后，主料多带汤水，撒调料时要沥净汤水。

(2) 先浇调好味的汁，再撒葱姜丝，后泼热油(要泼在葱、姜、丝之上)，再撒香菜，其顺序不可颠倒。

此法烹制的鱼，味软嫩鲜美；葱丝、姜丝经热油浸炸，香味扑鼻。

3. 菜例

纸包鸡(见图7-29)。

图7-29　纸包鸡

主料：鸡脯肉250克。

辅料：火腿15克、冬笋25克、玻璃纸20张。

调料：料酒10克、香油10克、葱花5克、姜米5克、熟菜油1 000克(实耗50克)、川盐3克、味精5克。

制作方法：①鸡肉切成薄片，冬笋、火腿切指甲片。将鸡肉、火腿、冬笋放在碗中，加川盐、味精、料酒、香油、葱、姜拌匀码味；②码好味的鸡脯肉分成20份分别摊在12厘米见方的玻璃纸上，包成12个纸包；③炒锅下油烧至二成热时，将纸包鸡下油炸，不停地用手勺推动，待油温逐渐升至四成热时，见纸包鸡油面上浮起时，即可捞出装盘上桌。食用时打开玻璃纸，鸡肉保持原汁原味，鲜嫩味美。

第四节 焖的工艺

一、焖的概述

焖，也称炆。炆，是广东的烹饪术语。生料或经初步熟处理后的原料与料头、汤汁和调味品一起，加盖用中火加热至熟后勾芡成菜的烹调方法称为焖。焖是在烧、煮、炖、煨的基础上演变而来的。焖是以水为主要导热体，原料经大火煮后，长时间小火焖，再大火加热，成菜酥烂、汁浓味厚的一种烹调方法。焖的烹调工艺与烧的烹调工艺有些相似，同样是火候与时间的把握，但在焖的制作工艺环节中，小火加热的时间更长，使原料酥烂程度更进一步。

焖是以汤汁为传热介质，再加盖加热的过程中，汤汁的温度可稍高于 100℃，浸于汤汁中的主、辅料，一方面慢慢地从汤汁中吸取热量，热量向原料内部传递，使原料的温度慢慢升高，最后达到成熟；另一方面主、辅料与调味品混匀后，在热的作用下彼此相互作用，呈味成分互相渗透，形成味道香浓、捻滑的产品。焖制菜肴的原料，多用质地紧密坚实的韧性原料，例如：鸡、鸭、鹅、猪肉、猪手、牛肉、干制的蘑菇等。原料切制，多为小块、厚片、粗条。

二、焖的操作要点

原料的选择为老韧的动物原料。因为老而韧性强的原料风味更加浓郁，经过焖烧析出的物质在汤里呈现更彻底，体现出原料的本味和本质美。在焖的制作工艺中，通常动物性原料一般有牛肉、羊肉、牛筋，蹄筋等，植物性原料选择一般是耐长时间加热的食材，如笋等。

火候的把握要适时适度。焖的烹调方法一般需要进行三个阶段。第一阶段是原料入锅用大火断生除去异味，并也可以使原料上色，通常用炸、煎、煮、蒸等烹调方法。第二阶段，是用小火或微火长时间加热，使得原料在长时间加热过程中逐步析出营养物质，同时原料肌体的纤维逐步酥烂，这个过程是关键所在。第三阶段，则是大火调味收汁，进一步根据菜品的需要进行勾芡使得卤汁浓稠，以符合菜肴的风味特点。

调味品投放时间要准确。焖菜由于加热时间长，所以在调味品的投放时间上也需要注意，咸味调料由于会使肌肉组织过早析出水分，使肉质变得老硬，因此在第二阶段不易加入过多咸性调味料。另外，动物性原料脂肪含量较高，焖的过程也会析出很多油脂，所以，油脂的投放也需要适当减少。汤汁的投放量需要一次加到位，中途添加汤汁会影响菜品浓醇的口味。

三、焖的具体方法

焖菜加盖扣汤（即适量的汤）焖熟，故味浓厚而醇香，主料较烂，适于烹制粗制纤维的用料，如猪肉、牛肉、羊肉、鸭和鹅等。焖菜多为咸鲜味。如今的焖制技法，因原料生熟不同，有生焖、熟焖；因传热介质不同，有油焖、水焖；因调料不同，有酱焖、酒焖、糟焖；因成菜色泽不同，有红焖、黄焖；还有因技法而变化的干焖、酥焖、大焖、锅焖、家常焖等。

（一）生焖

把生料与料头等一起爆香后，加汤和调味料，加盖用中火加热至熟透勾芡成菜的方法称为生焖。生焖法所使用的原料多为带骨的又比较难熟的原料。用生焖法制成的菜肴具有味香浓和肉软滑等特点。

1. 工艺流程

生料斩成件→猛火烧热锅，加入食油、料头和肉料、料酒，爆炒至香→加入汤并调味，加盖→用中火加热至熟透→用湿淀粉勾芡→加包尾油、拌匀→上碟。

(1) 用生焖法烹制菜肴时，要使菜肴具有香浓的味，必须在猛火加热且有少量油的情况下，把肉料与料头及其他具有香辛味的原料一起爆透，使原料中的呈香物质透出，产生香气，再加入汤，调味，加盖焖，这样可使浓郁的香味渗透入主料的内部，以形成具有特殊风味的浓香菜肴。

(2) 熟焖是在经初步熟处理后的原料中加入汤并调味，加盖用中火焖透，勾芡成菜的方法称为熟焖。在实际制作中，常用的初步熟处理的方法有拉油、炸和煲等三种，因此，熟焖可分为拉油焖、炸焖和煲焖三类。

(3) 焖一般是用中火加热，且必须加盖。

(4) 焖前加入汤水的量要适当，一般以成菜上碟后，芡汁恰能泄到碟边为宜。

3. 菜例

生焖鸭(见图 7-30)。

图 7-30 生焖鸭

主原料：鸭 2 000 克。

辅料：红辣椒 20 克、青菜适量。

调料：熟猪油、大蒜、料酒、姜丁、红椒、酱油、肉汤适量。

制作方法：①将子鸭宰杀，煺毛，剖腹去内脏洗净，斩成 3 厘米见方的块状；②生姜洗净，刮皮切丁；红椒去蒂、籽，切柳叶片；大蒜去衣洗净，备用；③炒锅置旺火上烧热，放熟猪油，先把大蒜炸香盛出，再把豆酱下锅炒香，然后把鸭子入锅煸炒，待炒至断血水，加料酒、姜丁、红椒、酱油，加入肉汤 350 毫升，移至中火炖焖；待鸭肉炖至七成烂时，放大蒜，然后焖烂收稠汤汁，淋入香油，起锅即可。

(二) 拉油焖

1. 工艺流程

肉料刀工处理→在肉料中加入调味料腌制或拌湿粉→拉油：猛火烧热锅，加入花生油，加热至一定温度后放入肉料，用中火加热，拉油至约八成熟，倒入笊篱中，滤干油→把锅放回火位，加料头和肉料→加料酒→加汤，调味，加盖用中火焖至熟透→勾芡→加包尾油→上碟。

2. 菜例

油焖大虾(见图 7-31)。

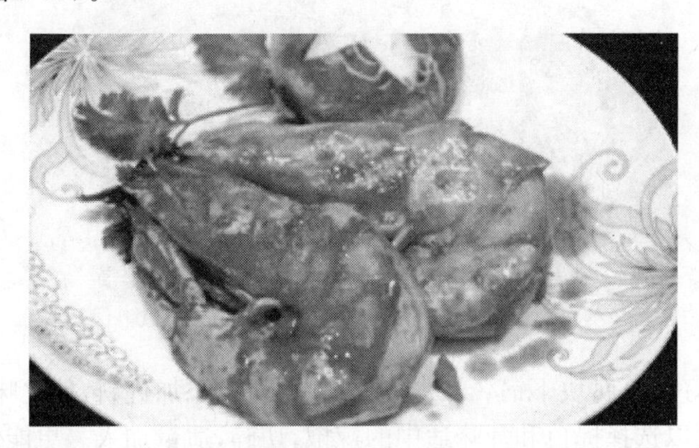

图 7-31　油焖大虾

主料：鲜大虾 750 克。

调料：料酒 15 克、精盐 2 克、白糖 10 克、猪大油 60 克、花椒油 10 克、青蒜段 25 克、姜丝 3 克、姜汁 5 克、高汤 75 克。

制作方法：①将大虾洗净，从眼部剪去头须，剪去腿、爪及尾，取出沙包、沙线，每只大虾切成两段；②炒勺置中火上，放入猪大油、花椒油烧热，加入姜丝和大虾一齐煸炒数下，然后用手勺轻按虾头，挤出虾脑，再放入料酒、高汤、姜汁、白糖、精盐、味精继续煸炒几下，盖上盖，移至微火上焖制；③待虾肉焖至将要熟透，汁浓、色红时，将炒勺移至旺火上收汁，放入青蒜段，勾芡、淋油，颠翻几下即可出勺装盘。

(三) 炸焖

炸焖法释将原料经过改刀处理后上粉炸熟再焖制的方法。特点是成品外干香、内软滑、鲜美。

1. 工艺流程

原料刀工处理→肉料用味料腌制，沾上干生粉→炸：猛火烧热锅，加入花生油，加热至所需温度，放入已上干粉的原料，炸至身硬，倒出，滤干油→把锅放回火位，加入料头及其他各料→加料酒→加汤和调味→加盖焖至熟，加老抽调色→勾芡，加包尾油→上碟。

2. 菜例

油炸焖豆腐(见图 7-32)。

主料：豆腐一大块。

调进料：菜油、盐、老抽、生粉。

制作方法：①一定要选择色鲜，表面富含光泽，这样的豆腐，才不会易碎，而且不老。紧密性很好，不至于松散；②把豆腐切成厚薄，约 3～4 毫米厚，要求大小均匀，开火炉，下菜油，下料煎炸，很容易就达到面黄里嫩，油量要适中，不可以太少；③在反复煎炸过程中，要有耐心，每块都要做到面黄而不焦。不能整体随意翻动，先用筷子或者锅铲一块块翻动，小心翻动不易碎掉成渣；④装盘，可以放置很多天，也可以现煎炸马上就下锅做焖豆腐。就这样吃也是可以的，外酥里嫩，吃时加盐，自然吃嚼起来有味儿；⑤焖豆腐，先下汁水，看食材量添加。待到汁水翻开，

图 7-32 油炸焖豆腐

就可以把事先油炸好的豆腐块下锅。汁水根据口味，适量添加佐料，使之味更浓郁、更香；⑥为了保证鲜、香、辣，可以选择提色和辣味适中的辣椒，切碎，适量加入。更能体现白里透红，增加食欲；⑦起锅装盘，让汁水更柔和，不至于如清水，最后需要调一点豆粉加生抽提色还养味。白中红绿自是上品，选择才会更好，味更佳。

（四）煲焖

1. 工艺流程

原料刀工处理→原料用慢火煲至够焓→猛火烧热锅，加入花生油，加入料头及配料，爆至香→加入已煲焓的肉料→加料溅酒，加汤，调味→加盖，用中火加热焖透，调色→勾芡，加包尾油→上碟。

2. 制作关键

用熟焖法烹制菜肴时，在用调味料的同时，通常还需加入适量的老抽调色，使菜肴不但肉质焓滑，而且颜色鲜艳。

3. 菜例

花生焖猪手（见图 7-33）。

图 7-33 花生焖猪手

主料：猪蹄600克。

辅料：花生仁(炒)适量、水适量

调料：冰糖20克、桂皮少许、干辣椒5个、料酒适量、生抽1勺、老抽2勺、茴香2颗

制作方法：①猪手斩小块，洗净，加料酒焯水；②花生先用清水煮开。捞出待用；③将猪手和花生倒入锅内，加适量的清水，放入茴香、桂皮、干红椒、两勺老抽、一勺生抽、冰糖20克、盐少许；④用大火烧开后，转小火焖半小时，最后用大火收汁。

（三）黄焖

1. 工艺流程

黄焖是一种比较精细的焖制技法，以酱油或糖着色，以鸡油、黄花等作为主要调味，菜色呈淡黄色，成菜色泽金黄透亮，味道醇香鲜浓。所谓"黄焖"与"红焖"之别，在于制品颜色深浅不同，可用糖色来增加"红焖"的颜色。

2. 适用范围

黄焖菜大致有两类。

第一类是烹制高档原料，如海参、鱼翅等。主料一般不挂糊，而是在经初步热处理后，直接添汤改用慢火焖制，或者是装入容器内入笼蒸至酥烂。比如黄焖鱼翅，先是把水发鱼翅在沸水锅里焯透，然后捞入鲜汤锅并加鸡肉、鸭肉、火腿等配料，用慢火煨六七个小时才取出。往净锅里添入干贝汤，同时调入料酒、白糖、精盐、味精等，放入煨好的鱼翅烧焖五六分钟后，出锅装入盘中造型。另把锅里的原汤调口味，视汤汁的浓稠度确定勾薄芡还是不勾芡，最后把锅里的汤汁浇在鱼翅上，撒上火腿末即成。

在做此类黄焖菜时，主料必须先焯透，要等除去腥膻味才放入加有鸡、鸭、火腿等呈鲜物质的汤里焖制。在焖制时，还应加适量的熟鸡油，以使汤汁面上呈金黄色。

第二类则是烹制鸡、鸭及畜类等相对平常的原料。焖制时，主料一般都要经过改刀，并挂全蛋糊，然后下入热油锅里炸至断生。或者是把主料直接下到热油锅里，煸炒至上色才添汤加辅料，加盖后，用慢火焖至酥烂。比如黄焖鸡，把雏鸡宰杀洗净后，劈开再用甜面酱腌渍入味。挂匀全蛋糊后，入六成热的油锅炸成金黄色便捞出。锅里留底油，投入葱节、姜片、花椒和八角炸香后，放入甜面酱、酱油、清汤、盐和炸过的鸡，开小火焖至汤汁只剩下一半时，取出主料，抽去鸡的脊骨和腿骨，把鸡肉剁成长方块摆盘内，倒入汤汁再上笼，蒸5分钟便取出。另把汤汁滗入净锅里烧沸，用湿淀粉勾薄芡后，浇在盘中鸡块上，即成。

在做这类黄焖菜时，挂糊要均匀，并且不能太厚，否则在焖制时极易脱糊，从而影响成菜的美观和质感。

3. 做黄焖菜时需要掌握的要领

(1) 黄焖这种烹调方法很注重火功，火候的正确与否，直接影响成菜是否酥烂软嫩。所以在焖制时，宜用微火加热，切不可大火急冲。

(2) 因为黄焖菜是以色取胜，故对菜肴的色泽要求也就更严格，在烹制时加有色调料的量就应当恰如其分，要是把握不准，也要做到宁少勿多。若菜肴的颜色过深，那就成红焖菜了；而颜色太浅，又不符合黄焖菜的基本标准。

(3) 制作黄焖菜时的掺汤量也不宜过多，一般是以刚淹没主料为好。虽然某些黄焖菜在成菜时需要勾芡并收浓汤汁，但芡汁也不宜过多，因为黄焖汤汁的浓度，主要靠小火长时间地

加热而自然形成，而汤多后必然会味寡，正所谓“多一分汤，少一分味”。

(4) 做黄焖菜必须加盖，以让锅里的主料尽快酥烂。另外，材料也要一次性加足，尽量不要在中途掀盖敞汽，尽可能地保持菜肴的原汁原味。

(5) 做黄焖菜以用豆油或熟猪油为好，因为这两种油脂比较容易与汤汁混合成乳浊液。

(6) 做黄焖菜用时一般都比较长，焖制时为防止菜肴巴锅甚至烧煳，就得不时地去晃动炒锅，还可以先在锅底垫上竹篦子。

4. 菜例

黄焖鸡块(见图 7-34)。

图 7-34　黄焖鸡块

主料：嫩鸡块。

辅料：笋内 75 克、水发木耳 75 克。

调料：葱段 10 克、白汤 250 克、味精 15 克、湿淀粉 2 克、熟猪油，料油各 35 克、酱油 30 克、白糖 10 克。

制作方法：①鸡入沸水氽 2 分钟捞出冷却切成 5 厘米长，2 厘米宽小块；②锅烧热，下猪油入葱段煸香，下鸡块加料酒、酱油、白糖、白汤，煮沸收汁，将鸡块捞出，皮朝下排放于碗中；③鲜笋切滚刀块，同水发木耳一起入鸡汁锅中，略煮沸。捞出铺在鸡块上；④剩下汤汁勾芡，淋于鸡块便可。

第五节　烧的工艺

一、烧的概述

烧，是以水为主要导热介质，原料经过旺火、文火、再到旺火三个阶段的加工过程使食物成熟。通常将主料进行一次或两次以上的热处理之后，加入汤(或水)和调料，先用大火烧开，再改用小火慢烧至或酥烂(肉类、海味)，或软酥(鱼类、豆腐)，或鲜嫩(蔬菜)的一种烹调方法。特点是用料广泛，选料严格，刀工精细，操作讲究，注重调味，精于用火，长于勾芡。经过烧的烹调工艺加工的菜品，色泽光润，形态美观大方，以菜为主，卤汁少而浓稠，质地酥烂，软嫩，口味浓厚。

二、烧的操作要点

烧的加热过程根据工艺特点需要经过三个阶段，因此在操作中需要把握三个阶段中的操作要点多加注意。

第一阶段的加热通常称为表层处理，根据原料的特点，有些原料需要进行前期煎、煮、蒸、煸等处理，使原料断生以及初步具有原料风味，有些原料的本身就是熟料、半熟料，其风味基本定型，不需要进行前期处理，直接进行加汤汁焖烧，俗称落汤烧。

第二阶段的加热处理需要使用小火焖烧，这个阶段的工艺决定了菜肴的质感，因而把握好原料的特点，控制好火候和时间是成菜体现风味的关键所在。加入呈味佐料在这个阶段的开始阶段就要完成，因为佐料限于汤水加入能使原料脱水的表面更多地吸收调料的味道。如果对于有颜色的调味料，加入酱料的烧菜通畅需要旺火略微收汁一下，使得原料和调料混合均匀后，再加汤水烧制。另外，加入汤水通常是清水，因此，投放的量一次下准，中途加入会使得汤汁的浓稠程度和风味产生影响，把握好时间，汤汁的剩余量应该是焖烧完毕后正好调味收汁的量。

第三阶段，勾芡与收汁，收稠卤汁、勾芡是最后成菜色、香、味、形的关键，旺火收汁时，根据原料的老嫩程度，控制好火候，芡汁的均匀、旋锅的幅度等均需多加注意。卤汁中油与芡汁的比例，避免油芡分离也是关键技术。

三、烧的方法及分类

烧因技法、色泽、调味、卤汁(或汤汁)多寡等不同特点，有多种烧的烹调工艺。如：生烧、熟烧、软烧、碎烧、糟烧、扒烧、闷烧、煎烧、煸烧、南烧、糊烧、自来芡烧、红烧、白烧、干烧、酱烧、葱烧、蒜烧、家常烧、虾籽烧、海烧、蟹黄烧、耗油烧、腐乳烧、葡汁烧、糖醋烧、茄汁烧、咖喱烧等。

(一) 红烧

红烧，是因采用此法烧制的菜肴多为红色(深红色、浅红色、枣红色)而得名。红烧菜的主料多先经过热处理(或炸，或煎，或煸，或煮)之后，再加入汤和调料，用急火烧开，再改用慢火烧，使味渗透入主料内部和收浓汤汁，再以水淀粉勾芡。它的应用范围很广，几乎各种地方菜都采用此种烹调方法。但各地的叫法却很不一致，有的根据调料来命名，如："酱烧鸡""腐乳烧肉"等；有的根据色泽命名，如"红烧肉""红烧鱼"等；有的有根据口味命名，如"樱桃肉"等。

红烧菜的选料相当广泛，高档的山珍海味类，一般的畜肉类、鱼类、蔬菜类、豆制品和野味类都可以通过红烧技法制成美味可口的菜肴，其原料既可以是大型的或整只的，也可以切成段、块等形状，但不宜切得过小，否则经过长时间加热易碎。如"走油蹄髈""红烧河鳗""红烧肉""红烧蹄筋"等许多菜肴都是通过红烧技法而制成。红烧菜一般都有热处理的过程。根据菜料的不同形状、质地和菜肴的要求，热处理的方法有炸、煎、煸、炒、焯水等。但不是所有的菜肴都要经过熟处理过程，如"红烧肘子"是直接落汤红烧。热处理不但可以缩短正式烹调时间，还可减少原料的腥味，使原料容易上色，增加菜肴美观。如鱼类一般要求两面剞刀，码味腌制后两面煎黄，目的在于去腥，使鱼容易入味、上色。禽类红烧要求爆炒，使原料中水分蒸发些，容易使调味品渗入其中。有些原料要经过涨发，再进行"红烧"，其涨发过程也包含着热处理过程。

红烧菜的芡分三种，即第一种是薄芡，主要增加菜肴的滋味和光泽，(如红烧明虾等菜)；第二种是厚芡，红烧菜中用得较多，将稠卤汁全部黏附到原料上，使菜肴华润、柔嫩、鲜美，(如“红烧青鱼肚档”“红烧鸡块”等菜肴)；第三种是自来芡，适用于富含明胶蛋白质的原料，因为经慢火长时间收汁后，溶于汤汁中的胶质会自动黏附在原料上，使菜肴更加滋润、醇厚、光滑、艳丽宜人(如红烧河鳗、红烧甲鱼等菜肴)。

红烧菜色泽分为深红色(如红烧青鱼肚档等)、浅红色(如红烧鲍脯等)、红中带黄色(如“红烧塘鲢鱼”)等。

红烧菜色泽红润，汁宽芡浓，口味有甜咸味(如下巴甩水等)、咸鲜微甜(如红烧鳙鱼头等)、咸甜味(如红烧鱼回鱼等)酸甜味(如萝卜醋鱼等)、香甜味(如冰糖玫瑰肘子等)、咸香味(如红烧鲍脯)、多味(如九转大肠)，酸、甜、咸、香、辣等几种。

1. 操作要点

(1) 对主料进行热处理时，切不可上色过重，否则会影响成品的色泽。

(2) 红烧菜的汤汁也直接影响成品的色泽。下调料(如酱油、糖色等)调色时，宜浅不宜深，调色过深，会使成品颜色发黑、发暗，味发苦。

(3) 人们吃红烧菜，讲究的是吃原汁原味。所以放汤要适当，汤多味淡，汤少则不易烧透。

2. 菜例

红烧甩水(见图 7-35)。

图 7-35　红烧甩水

主料：2.5 公斤以上的草鱼或者青鱼，取其尾巴。

调料：淀粉、白糖、酱油、葱段、醋、香油各适量。

制作方法：①鱼尾洗净，沿鱼尾侧面脊椎将其劈成扇形，干粉上浆待用；②热锅放油，烧至七成热，鱼下锅，过一下，立刻起锅；③锅内剩余少量余油，依次放入葱段、酱油、白糖、半杯水，煮开，下鱼，盖上锅盖，旺火焖 15 分钟，揭开锅盖，大火收汁；勾芡、起锅；在锅内的余汤里，加一小匙醋、少量葱段，淋在鱼上。

(二) 白烧

白烧(广东称为“白灼”)就是将经过焯水、油炸，或者蒸制(蟹黄、虾子等)后的原料用淡白色的汤和调味品在锅中用中小火加热成熟的方法。白烧同红烧的方法基本相同,只是颜色略有不同。白烧与红烧相反,因此采用此法烧制的菜肴因色白而得名。原料经过汽蒸、焯水等初步熟处理后,加入汤或水,再加入盐等无色调味料,勾薄芡。白烧菜的主料多为高级原料,如鱼肚、鱼翅等。以蔬菜为主料的多用菜心。特点是汤汁多为乳白色,清淡素雅,色泽鲜艳,口味咸鲜。

1. 白烧菜的操作要点

(1) 白烧菜的主料,一般是经过煮(或蒸,或氽,或烫,或油滑)之后再进行烧制。

(2) 白烧菜的汤色很重要,一般多用奶汤烧制。

2. 菜例

白烧四宝(见图 7-36)。

图 7-36　白烧四宝

主料:鸡腰 200 克、鸭舌 15 克、鸭掌 15 只、熟鸡皮 15 块。

辅料:菜心 10 余棵、鲜蘑菇 75 克。

调料:浓汤 1 中碗、鸡油 75 克、黄酒 75 克、菱粉 7.5 克、精盐少许。

制作过程:①把鸡腰洗清,放入开水煮一下,取出撕去外皮,把鸭舌先用开水烫过,也撕去外皮,同鸭掌一道放入开水内煮熟,取出拆净软骨;②起热猪油锅,把鸡腰、鸭舌、鸭掌、熟鸡皮,菜心、蘑菇一道下锅,加浓汤、酒、盐烧。等汤将近收干,即调菱粉下锅勾薄芡,同时浇上鸡油起锅。

(三) 干烧

干烧(有的地方叫大烧),是将主料经较长时间的小火烧制,使汤汁渗入主料之内,使烧成的菜见油而不见汁(或有很少汁)的一种烹调方法。简言之是主料经过油炸后,另炝锅加调、辅料添汤烧之。特点是色泽深亮,味香鲜浓。

1. 干烧操作要点

(1) 干烧菜的主料一般是鱼类。在为鱼过油时,切不可上色过重,否则烧制后的菜肴颜色发黑。

(2) 干烧菜要将汤汁收尽,放汤(或水)的量要适当。汤(或水)多则费时费火而且颜色会变浅；汤少则主料不易烧透，并且容易使颜色变深。

干烧菜多为深红色；口味上变化比较大、有辣味的、有带酸甜味的、有咸鲜味的；配料多种多样，其共同点就是将汤汁收尽，口味浓厚。

2. 菜例

干烧大虾(见图 7-37)。

图 3-37 干烧大虾

主料：净大虾 350 克(如无大虾可改用小虾仁)。

辅料：猪板油 75 克、鸡蛋 1 个、豌豆尖 100 克。

调料：郫县豆瓣酱 50 克、酱油 5 克、醋 5 克、盐 2 克、味精 1 克、料酒 15 克、姜丁 10 克、蒜丁 10 克、葱花 20 克、花生油 750 克(耗 100 克)、干豆粉 40 克、清汤 200 克。

制作过程：①将虾拦腰切一刀，装在碗内，加料酒、盐码味，蛋液加干豆粉调成蛋糊，将虾拌匀。板油切丁；②锅内油烧至六成热，入虾稍炸捞起，待油温上升后再下锅翻炸，皮酥捞起；③倒去锅中余油，下豆瓣酱，炒出红色，再下板油丁、姜、蒜丁，炒香后加汤，放虾、酱油、料酒、味精，烧透入味，下葱花、醋，将汁收干亮油装盘，豌豆尖洗净炒熟，放在大虾面上即成。

(四) 酱烧

酱烧，是用热锅热油把酱炒出香味，冲入汤，再下入调料和主料的一种烹调方法酱烧与红烧基本相同，不同的是酱烧的调料以酱为主，如甜面酱、黄酱、酱豆腐。

1. 酱烧的操作要点

(1) 炒酱时切勿炒糊和巴锅。

(2) 为酱烧菜调色，应用糖色和红曲卤，以使其色泽鲜艳而不发暗。

(3) 酱烧菜多是将汤汁烧浓，而不勾芡。

酱烧菜肴色金黄，其口味甜咸适口，并有浓郁的酱香味。

2. 菜例

酱烧排骨(见图 7-38)。

酱烧排骨是一道酱香型名菜，制作工艺为酱烧，原材料为排骨、豆豉，烹饪简单，营养价值高。排骨既不用水焯也不用油炒糖色，就用排骨本身的油慢慢煎到出油。

主料：排骨 500 克。

图 7-38 酱烧排骨

调料:豆豉1汤匙半、糖、绍酒、老抽、大料、桂皮各适量。

制作方法:①1、买肋排时请卖家将排骨砍断,但不要把肉切开,等排骨熟后再切,整齐美观。将豆豉碾碎,加入1汤匙油,放1汤匙糖,抹匀在排骨上腌半小时;②砂锅中放油2汤匙,下排骨,放绍酒、老抽、大料、桂皮、适量水烧开。改用小火烧约1小时,至排骨熟烂。再加糖半汤匙煮一会儿,捞出稍晾,切块,冷热食用均可。

注意事项:排骨要纯肋排;使用微波炉不必经常翻动排骨,也不必担心糊底。具体加热时间如下:高火8分钟,将排骨烧开,中火烧约30分钟,加糖后再中火烧10分钟即可。

(五)葱烧

葱烧,是先用热油将大葱炒至红黄色时冲入汤,然后再下入调料和主料的一种烹调方法。葱烧是山东风味菜,其味以咸鲜味为主,并有浓郁的葱香味。

1. 操作要点

葱烧和红烧基本相同,不同的是葱烧菜的调料中大葱占主料的1/3左右。

2. 菜例

葱烧鲫鱼(见图7-39)。

图 7-39 葱烧鲫鱼

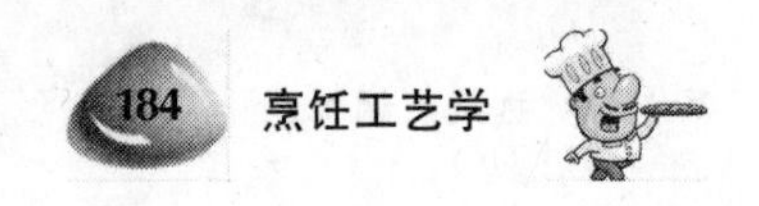

葱烧鲫鱼是四川省的传统名菜，属于川菜系。此菜鱼肉鲜嫩，红亮酥香。鲫鱼肉肥籽多，味道鲜美，可红烧、煮汤或清炖，因其营养丰富，含有大量的蛋白质，常食可补益人体。

主料：鲫鱼 250 克。

辅料：大葱 150 克。

调料：姜 10 克、料酒 25 克、酱油 15 克、盐 4 克、白砂糖 30 克、醋 20 克、味精 1 克、淀粉（豌豆）15 克。

制作方法：①将鲫鱼处理干净，用少量的料酒和盐抹在鱼身上，腌 10 分钟左右；②葱白切段待用；③锅中倒入适量的油，烧至七分热时放入鱼略炸，再改用小火，将鱼炸至外酥内熟，呈现金黄色时捞出，沥油；④用余油将葱段炸至金黄色时捞出；⑤再准备一口锅，放入少量的油，将糖炒成黄色时加入料酒、醋、酱油、姜末、盐和汤烧开，再放入鱼和葱段，用小火烧 10～15 分钟，见卤汁转浓时放入味精，用湿淀粉勾芡即可。

（六）软烧

菜品红润汁宽，鲜嫩柔软，或清淡，或味厚。例如，河南的软烧肚片，北京的软烧羊肉，山东的软烧豆腐等。

1. 操作要点

原料经汽蒸、焯水等初步熟处理后，加入有色调味料，煮制着色，再加汤烧制成菜。

2. 菜例

软烧草鱼（见图 7-40）。

图 7-40 软烧草鱼

主料：草鱼 750 克。

辅料：青蒜 25 克。

调料：猪油（炼制）75 克、姜 8 克、大蒜（白皮）10 克、大葱 15 克、酱油 15 克、醋 25 克、白砂糖 40 克、料酒 20 克、盐 5 克、味精 2 克、淀粉（玉米）15 克。

制作方法：①将鱼刮鳞、挖鳃，剖腹取出内脏，洗干净，沥干水；②鱼放在案板上，用刀在鱼体两面各剞 5～6 刀（刀深 0.3 厘米，刀距相等）；③用盐、料酒拌匀，腌渍鱼体半小时；④葱、姜、蒜分别洗净均切成末；⑤将锅置于火上，下入猪油烧至七八成热，放入葱花、姜末、蒜末、爆出香味后放入草鱼，煎至两面黄色，半熟；⑥随即下入鲜汤、盐、酱油，烧沸改用小火烧 10～15 分钟，烧至鱼酥熟，捞出盛盘；⑦将原锅汤回到火上，加入糖、盐烧开，汤汁减少时放进味精拌匀，用湿淀粉勾芡，边勾芡边淋醋，搅拌均匀；⑧芡汁变浓，撒上青蒜段，颠翻一下，趁热浇在鱼体上即成。

第六节　综合烹调工艺

热菜菜肴种类繁多，烹调方法多样，其制作的热菜各具特色。本节着重介绍常用热菜的油烹法、水烹法和固体烹法烹调工艺。

一、油烹法工艺

(一) 熘

熘初始于南北朝时期，是将加工、切配的原料用调料腌制入味，经油、水或蒸气加热成熟后，再将调制的卤汁浇淋于烹饪原料上，或将烹饪原料投入卤汁中翻拌均匀成菜的一种烹调方法。其特点酥脆或软嫩，味型多样。因其使用调味、上浆、挂糊及成菜质感的不同，熘法可分为糖醋熘、醋熘、糟熘、焦熘、滑熘、软熘等。

1. 操作要领

根据主料含水量的高低灵活应用糊或浆的稀稠，含水量高的主料则糊或浆应稠些；含水量低的主料则糊或浆应稀些。芡汁的浓度及剂量应既能挂在主料上，又能呈流澥状态，分布于主料四周。

此外，熘制法根据烹调时使用调料的不同，还有醋熘、糖醋熘、茄汁熘、糟熘等方法。

菜例

熘鱼片(见图 7-41)。

图 7-41　熘鱼片

主料：鲆 200 克。

辅料：冬笋 10 克、木耳(水发)、10 克、鸡蛋清 25 克、淀粉(蚕豆)15 克。

调料：香油 2 克、黄酒 10 克、大蒜 4 克、花生油 30 克、盐 5 克、小葱 6 克。

制作方法：①将鲆鱼宰杀洗净，片取净肉 200 克洗净，片成长 5 厘米、宽 3 厘米、厚 0.2 厘米的薄片；②将鱼肉放入碗内，加入黄酒、精盐，调匀入味，再放入鸡蛋清、湿淀粉 15 克(淀粉 8 克加水)抓匀腌渍 5 分钟备用；③冬笋切成片，备用；④炒锅内加入花生油，置中火上烧至四成热时，将鱼片逐片下锅滑熟呈白色，捞出控净油；⑤炒锅内留油 25 克，中火烧至六成热加入葱、蒜爆锅，放进黄酒一烹，加入清汤150毫升、精盐、冬笋片、木耳烧开，撇去浮沫；⑥再放入鱼片用慢火煨透，用湿淀粉15克勾成熘芡，淋上芝麻油，装入盘内即成。

（二）拔丝

拔丝是将主料经油炸后，置于失水微焦的糖浆中裹匀，挟起时可拉出糖丝而成菜的烹调方法。简言之，拔丝就是指将糖熬成能拔出丝来的糖液，包裹于炸好的食物上的成菜方法。又称作拉丝。拔丝主要用于制作甜菜，是中国甜菜制作的基本之一。拔丝大致分为干熬、水熬、油熬、油水熬。制品特点是色泽晶莹，呈金黄或浅棕，外脆里嫩、香甜可口。

1. 制作方法与种类

(1) 水炒糖：用水来调和糖。首先锅洗净一定要干干净净，然后开火锅大约锅有6成热时加入糖，最好是绵糖因为出来的效果比较好。炒时一定要控制好锅的温度，太热容易失败。炒到糖差不多变成红色时加入少许水，水和比例是按糖的比例加的。火的温度一定不要太高，然后就开炒，一直炒到糖和水融合并成黏稠状时关火就行了。

(2) 油炒糖：做法比水的难，这种炒法更考验功夫。锅洗净烧热。然后入油，油和糖比例差不多，也可以稍多些。油温烧到五至七成热。怎么样测油温呢。我们常做饭的一看就知道，大家不太会的就用手放在离锅的一段距离用手感觉一下。油温够了就加入糖，然后开炒感觉糖要糊，锅就离火，但这时要注意火不要关，因为一开一关温度会反差很大，炒出来的效果不好。还是和上面一样炒到糖发红有黏稠度时就行了。但这里提一句，炒时可以用勺子在锅里搅拌这样效果也不错。

2. 操作要领

(1) 原料是糖、水、油。多采用糖和水，也叫亮浆糖水，糖与水的比例为50:18。

(2) 掌握好糖的温度。控制温度110℃上下。火力集中不能过旺。

(3) 制时间准确。制糖溶液受热后的形态、色泽发生变化，当观察到糖溶液由浅黄色起小泡时，即达到出丝的标准。原料：根茎蔬菜鲜果如(山药，苹果，香蕉，西瓜，橘子，葡萄等。干果类：莲子，白果。特点是香甜、松脆、软嫩、酥烂、绵糯。代表菜是拔丝白果、拔丝香芋、拔丝地瓜。

熬糖时欠火或过火均不易出丝，故应防止熬煳；油炸主料和炒制糖浆最好同步进行，均达到最佳状态后将两者结合在一起。若事先将主料炸好，糖浆热而主料冷，便会加速糖浆凝结，拔不出丝或出丝效果不佳。主料若是含水量多的水果，应挂糊浸炸，以避免因水分过多造成拔丝失败。

3. 菜例

拔丝香蕉(见图7-42)。

主料：香蕉3根。

辅料：蛋2个、面粉1碗。

调料：砂糖6匙、纯麦芽1匙、沙拉油6碗、黑芝麻2匙。

制作方法：①香蕉去皮，切成滚刀块；②蛋打匀，与面粉拌合；③砂糖、清水、纯麦芽在锅中煮，待砂糖溶化，用小火慢慢熬黄；④糖快好时，另锅将沙拉油烧热，香蕉块沾面糊投入油中，炸至金黄色时捞出；⑤倒入糖汁中拌匀；稍撒黑芝麻。

图 7-42　拔丝香蕉

（三）挂霜

挂霜是将主料经炸制（有的不经炸制）后，撒上白糖或将炸好的主料放入糖溶液（糖加水熬制）中，裹匀糖溶液而成菜的烹调方法。制品特点是洁白似霜、松脆香甜。制法种类有撒糖挂霜法、裹糖挂霜法等。

1. 操作要领

主料挂糊不宜过薄，浸炸时火力不要过旺，避免颜色过深或糊壳过硬，影响质感效果。撒白糖（粉）或沾裹白糖（粉）要均匀。熬糖时宜用中火，防止糖液沸腾过猛，致使锅边的糖液变色变味，失去成菜后洁白似霜的特点。放入炸好的主料后，同时锅离火口，用手勺助翻散热，并使糖液与主料间相互摩擦沾裹成霜。

2. 菜例

瓜霜腰果（见图 7-43）。

图 7-43　瓜霜腰果

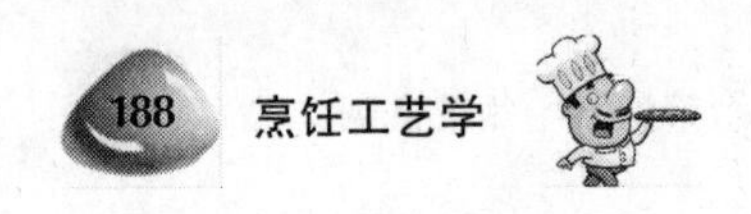

主料：腰果(400克)。

调料：白砂糖(150克)、花生油(10克)。

制作方法：①炒锅置于中火上，注入花生油，冷油放入腰果仁，控制油温四成时，炸3～5分钟，见腰果仁颜色略变，立即捞出沥干油；②炒锅回火上，放清水20克加入白糖，慢慢熬化，呈乳白色时离火，放入腰果，拌均匀后，入盘冷却后糖霜沾满果仁即可。

二、水烹法工艺

水烹法是指主要成熟过程是以水作为传热介质的烹调方法，包括氽、涮、烩、煮、焖、炖、扒、煨、烧、蜜汁等。

（一）氽

1. 概念

氽是将小型上浆或不上浆的主料放入多量的、不同温度的水中，运用中火或旺火短时间加热致熟，再放入调料，使成菜汤多于主料几倍的烹调方法。其特点是加热时间短、汤宽不勾芡、清香味醇、质感软嫩。其制法种类有清氽、浑氽等。

2. 操作要领

选用新鲜而不带血污和鲜嫩的动物性烹饪原料作为主料；主料成形以细薄为宜；汤汁多于主料，一般情况下要用清汤。质量好、要求高的高档主料要用高级清汤；有的主料在氽制前要经焯水处理，但要防止炸老。需要上浆的主料，宜用稀浆，且要做到吃浆上劲，以防止脱浆；氽制主料时，汤汁不要沸滚，否则，主料易碎散或使汤色变浑，并要随时将浮沫撇净。

（二）煮

1. 概念

煮是将主料(有的用的是生料，有的是经过初步熟处理的半成品)先用旺火烧沸，再用中、小火煮熟的一种烹调方法。其特点是菜汤合一、汤汁鲜醇、质感软嫩。其制法种类有白煮、汤煮等。

2. 操作要领

煮时不加调料，有的加入料酒、葱段、姜片等以去除腥膻异味；主料老韧的要用小火或微火煮制；主料较嫩的则用中火或小火；凡是有血腥异味的主料，在正式煮制前都必须经过焯水处理；水要一次加足，中途不宜添加水。白煮汤汁要保持浓白，火力不宜过大。

此外，还有以卤汁或豆豉等为调料，把主料煮熟食用的卤制法。此类菜肴有“夫妻肺片”“卤煮鸡”“糟煮鸡”等。

（三）塌

1. 概念

塌是将主料用调料腌渍，再拍粉或挂鸡蛋糊(或用鸡蛋液)，用油煎至两面金黄，再放入调料和汤汁，然后用微火收尽汤汁成菜的烹调方法。其特点是色泽黄亮、软嫩香鲜。其主要适用于动、植物性，水产品类原料，如瘦肉片、鱼肉片、菠菜心、芦笋、豆腐等。

2. 操作要领

主料成形不宜过厚、过大、过长；底油、汤汁用量不宜多；烹制过程时间不要长，防止脱糊；宜在短时间内收尽汤汁。

三、固体烹法工艺

（一）固体烹法

1. 概念

指通过盐或其他固体物质将热能传递给原料，使原料自身水分汽化致熟的烹调方法。焗是常用的固体烹法。其制品特点是原汁原味、质感软嫩、本味浓郁。固体烹法的种类有物料焗和炉焗。

2. 操作要领

宜选用鲜活的原料。原料在焗制前一般要腌味，并要静置一段时间，使之味透肌里。原料形状较大的，如整鸡、排骨、乳鸽、鹌鹑等，焗制时间要长些；若含水量相对较高、体小的原料，如龙虾、蟹等，焗制时间要短些，加热时应以小火或微火为宜。

此外，还有瓦罐焗、镬上焗、酒焗等。这些方法是将主料置于汤汁中，其传热介质是水，因此不属于固体烹法，在此不做介绍。

四、电磁波烹法

电磁波烹法是利用电磁波、远红外线、微波、光能等为热源，使主、配料成熟的成菜方法。

（1）制品特点：成菜质感软嫩、软烂、酥烂，形态完整、原汁原味、味型各异。

（2）制法种类：远红外线加热、微波加热、光能加热等。

（3）操作要领：加热前应根据菜肴成品的要求进行主、配料的选配及调味，合理调控加热时间和温度，以确保成菜的质量标准。

练习思考题

（1）请简述几种热菜烹调方法

（2）清说出几种煎的方法，并举例说明

（3）烹饪中炒的工艺有哪几种，试描述和举例。

（4）烧的工艺可以运用在哪些方面。

（5）综合烹饪热菜工艺的方法有哪些？

第八章 菜肴的造型与装盘工艺

学习目标

通过本章的学习，使学生了解菜肴装盘造型艺术的内容，熟悉菜肴装盆造型的要求；并通过实训操作，掌握菜肴形态的构图方法，摆盘装饰技术。

学习重点

(1) 掌握菜肴造型工艺中的美学原理及基本特征。

(2) 掌握多种烹饪构图方法和装盘技术。

中国烹饪渊源流长，菜肴品种丰富多彩，随之应运而生的各式造型菜肴也不计其数，如“松鼠桂鱼”“琵琶虾”“八宝葫芦鸭”“菊花鱼”雕刻精美的各式瓜盅，无不是以美形和美味，而成为经典名菜。而这一结果却又跟中国烹饪菜肴制作的灵活性分不开，它是西式菜肴所不可比拟的。手工操作、经验把握、烹调方法的复杂多样，因人而异的创作能力，不同的技术水平，不一样的审美尺度，不一样的价值取向等，造就了中国菜肴品种的万千名目、造型的无穷变化。正是这诸多的可变因素，才充分发挥了司厨者的聪明才智，极大地推动了烹饪技术水平的提高，促进了中国食文化的发展，使中国食文化充溢着丰富的想象力和创造力。但同时，也带来了仁者见仁、智者见智的菜肴造型的千差万别。一个厨师一个样。但无论菜肴之形如何变化，食者总是愿意接受一些造型优美、自然，朴实大方，以食用为本，以味为先的菜肴。

菜点在锅或笼中制熟后，还需将制成的菜点装盛在餐具器皿中，才能达到饮食的目的，自古便是如此。然而，装盛食品并不是无意识、杂乱的，而是有设计思想的、有目的地加工。通过加工，给人以进餐的便利和菜点食品形态美的感受。

将菜点有规则地装盛简称为装盘。无论任何菜点的装盘都以最终完美的形态向人展现，体现其设计思想及艺术的质量。大量的事实说明，菜点造型的美丑会直接影响进餐的质量，因为菜点的造型能充分、真实地反映菜点本身材质质量、卫生程度、等级的高低以及制作人的思想传达。事实上，只有经过装盛造型，才是菜点的最终呈现形式，才能完善人的筷夹、匙舀的进餐过程。如果说选料与刀功为整个烹调工艺流程奠定基础，那么成品造型工艺则是烹调工艺流程的最后总结，以菜点的特定形态反映工艺流程的质量以及人与食的关系问题。既然装盘是一种有目的的造型加工，就需了解它的特性与本质。本章将讨论这方面的问题。

第一节 菜点成品的性质与特征

从本质上来讲，菜点是被人食用的，只要装入盛器给进餐者提供方便即可，这是实用的。但无论如何装盛，菜点总是具有一定的形式、形态，总是具有具象性质的造型物体。最初的这种食物造型形态属于原始功能主义的。例如，原始的餐具，是为了装盛食物而产生的，是为生存出发的实用的技术。然而人是按照美的规律来创造的，对食物而言，“人类也按照美的规律来造型”。可以认为，从彩陶文化开始，不同精美的餐具就是为了完美进餐形式，美化装饰食品形态而发展的。从“周八珍”开始，食品的自然美与技艺美被逐步认识，“唐宋花式菜点”发展到一个高潮，菜点成品造型已在实用功能主义的技术中融入了更多的艺术性。随着现代工业与艺术设计思想的成熟，实际上，已为菜点成品造型找到自己的艺术位置，既是技术的又是艺术的具有双重属性的功能性性质，属于工业产品。

设计的造型范畴，其本质是从食用功能出发注重结构美化的技术与艺术的统一。其强调的是造型的有用，通过特定形式充分证明其合理与完善性。如相应的形式，与合理的材料结构能体现造型的有用性与功能美。

一、菜点成品的美学性质

菜肴造型隶属于美学的范畴，而烹饪美学最大的两个特性便是“综合性”与“实用性”。综合性道出了隶属范畴之内的造型方面的广度与深度；“食用性”则说明了菜肴以食用为本、以味为先的基本原则，要创造出一道形式典雅、造型优美、食用性强的菜肴，则有必要了解菜肴造型的种类、法则、规律以及手法，以便有理可依，有章可循。

成品造型的功能美是指菜点风味与美食所给人的官能性愉悦是与自然美相近的美感。另外功能美在成品造型中还具有某些社会性含义。成品造型只有在有功能美的合理条件下才能具有实质性的内容与形式美特征，因此，对菜点的成品造型形式创造的自由度不能背离其实用目的，这也是菜点成品造型与纯艺术造型相区别的本质。现代烹饪品造型，更多的是具有产品的图案艺术设计的特征，是食品内容美与形式美的共同载体。在食用、成本价格与美感的共同制约下，对菜点的形态、色彩、空间等视觉要素进行组织，通过特定的加方法来实现，强调的是菜点材质与形态自身同有的审美效果，而较少借助与食用无关的材质与装饰。一般来说，盛器是烹饪制品造型平台，具有一定的包装性质，但不完全具有工业食品的包装特征。更确切地说，盛器与食品是烹饪成品向人们展示的是一个整体，其协调性构成了菜点造型完美。在有用性与功能美方两，烹饪食品的成品造型的一切形式与装饰形态都为完美进餐过程服务，而不是唯形主义的。烹饪成品造型以方便食用、简朴美观、意趣天成为最佳境界，避免因形而伤材损质，降低风味，妨碍食用，甚至于造成污染。

二、菜点造型工艺的形态特征

一般来说，烹饪工艺的成品造型形态较之其他的视觉要素为主的艺术类别具有更为宽泛的多维知觉，适用独特的造型，给人以不同的异质性的视觉感受，并产生更多方面的联想。

不同类别的造型因不同的艺术表现需要而展现出不同意境。如油画以色彩再现生活，音乐以声音抒发情感，舞蹈以人体运动表现节奏等，而烹饪则以菜点成品的造型形态表达其味

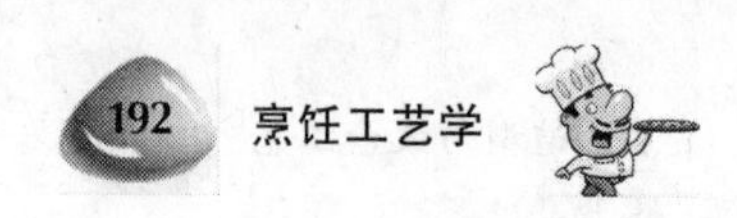

美、营养美和意趣美。换言之,烹饪食品的材质形态、结构形态与空间形态有机的统一是造型赋予的特殊意义。

1. 菜点造型的外部形态

成品造型的外部形态是指菜点外轮廓与形状,是菜点占据空间位置的整体形象特征。例如,餐具与菜点的形状,餐具与菜点分界线的个性、纬度对比、形状与背景、隐含的意韵等是外部形态的基本语汇。

2. 菜点造型的内部形态

菜肴之形是菜点的内部结构形态,所表现的是各局部之间的边界关系。例如,菜点结构中的局部轮廓关系,不同体与面的组合,不同材质的结合,不同色块的结合等。

3. 造型的物质形态

物质形态是选形所用原料的类别、质感、色彩、风味、重量、体量、肌理等形态。

上述三方而是成品造型形态的基本语汇,表达了菜点质量体系的各个方面。

三、菜肴造型的形式法则

造型在菜肴中具有非常特殊的魅力。创造形象悦目、美观大方的造型菜时,更需要遵循一定的形式法则,掌握造型的一般规律,加上娴熟高超的烹调技术,才能在菜肴之形的创造过程中得心应手,胸有成竹。

1. 单纯一致

前面所述的单一原料造型,是一种看不到对立因素的形式美,没有粗细、大小、厚薄、长短之分,给人一种纯洁明净、整齐划一、简朴自然的美。如各类冷菜中的单拼,热菜中的单一原料制作的菜肴,如醋熘土豆丝、油爆河虾、红烧肉等。

2. 对称均衡

对称即以盛器的中心部位为基准或以假想为中心,使摆放于盛器中的菜肴的各个部分构成均等关系。此种菜肴造型能使人有一种整齐、平稳、宁静之感,具有圆润饱满,庄重统一的效果,但如果运用不当则会产生呆板、没有活力之感。均衡,又叫平衡,均衡的造型活泼自由,给人的想象力空间较大,给人发挥创作的余地较多,但若处理不当则会产生杂乱无章,失真于自然物象。所以对称和均衡两者宜结合使用,但必须以其一为主。要么对称中求均衡,要么均衡中求对称,这样才能取得良好的造型效果。

3. 尺度比例

菜肴造型是在方寸之盘中进行,尤如中国的造型盆景在尺许的各式盆中要创造出造型各异的花草树木、亭台楼阁、山水人物、飞禽走兽,不掌握好尺度比例,则无法创造出美。菜肴之造型要注意器皿的种类,大小要"依器度形、依器度量"。尺度比例的另一种含义则是菜肴造型本身之间的比例大小,如造型菜"满载而归"中盘与拱桥、渔夫之间的比例关系,艺术拼盘"松鹤延年"中的仙鹤与松树、山石、太阳之间的比例关系等,只有处理好尺度比例,才能突出重点,有主有次。

4. 调和对比

这是一种对立统一的关系,调和在于求同,对比在于求异,在盘中用两种或两种以上原料造型则会产生调和与对比关系,如颜色中的红与橙、黄与绿、绿与蓝,形中的长方形与正方形、圆形与椭圆形等;对比则是将两种相反或对立的物体并立,使之有较大的反差,如色彩中的红

与绿、白与黑，形中的方与圆，体积中的大与小。对比具有活跃、跳动之感，如“鲤鱼跳龙门”中的鲤鱼与龙门的大小对比，芙蓉鱼片中圆形鱼片与用胡萝卜切制的鱼形料花的搭配。调和与对比，只用其一，或无生机，或加大刺激，唯有调和对比后，才能使造型优美。但在运用时，同样要有侧重点，以调和为主，则获得优雅宁静之美；以对比为主，则获得跌宕起伏，多姿多彩的效果。

5. 节奏与韵律

在很多情况下菜肴造型要采用重复或渐次原理来表现节奏和韵律。重复是指一个基本单位有序地重复出现，如什锦拼盘，以一长方片作为基本单位多次重复地出现，排列成一个圆形；而渐次则相反，有逐渐变化的意思，如拼摆“南海晨曲”这个冷盘时，海面上的帆船和天空中的海鸟从近到远逐渐变小地排列，椰子树杆从粗到细地逐渐变化都采用了这种渐次变化，使整个造型富有韵味，生动活泼。

6. 多样统一

多样统一，又叫和谐，是菜肴造型形式法则的最高形式。所谓多样，即菜肴造型中各部位的差异；统一是指这种表面看似差异的部位其内在的联系，合乎规律性，合乎自然性。如“凤戏牡丹”“龙凤呈祥”“孔雀开屏”等，其造型的优美就在于多样性和变化性、统一性的完美结合，符合自然物象之形、之美。

第二节　菜肴形态类型与关系

千百年来，菜肴造型都一直被司厨者所追求。装盘造型包括菜肴外表形态的表现方式及点缀围边装饰和器皿衬托。菜肴外表形态的表现方式又包括装盘的式样、菜肴造型的各种方法及手法的表现。作为菜肴的形，不仅包括各种艺术造型，还包括了各式几何形、自然形。丰富多彩的优美造型艺术，不仅可以提高菜肴的艺术价值和经济价值，更能激发食欲，引人遐想，寄物寓意，给人一种精神上和物质上的完美享受。以自然物为参照系将多种多样的形态可分为两大类型：一是模仿自然的——具象形态，二是提取自然精神的——抽象形态。

一、成品造型的具象形态

对自然与人造物的造型表现为具象形态，也就是说，凡能以指认所像物体的形态都有具象特性。在菜点造型中，如像动物、植物、风景、建筑、器具的形态都是具象形态。

二、成品造型的抽象形态

以不表现任何具体事物的造型，称之谓抽象形态。在心理学中，抽象是指一种思维过程，是提取同类事物的本质属性而形成概念的过程。在艺术范畴里使用抽象一词，是指仅以点线面色彩构成的几何形态。

在烹饪成品的造型中，前者如葫芦鸭，后者如九宫煮等，另外在具象形态中，具有意象形态范畴，即形态具有某种象征性的意义。实质上，意象是以创造想象为心理过程产生的新形象。例如“一品牛头方”的四方形体，象征人品的方正；“太极芙蓉鸡粥”的太极造型，象征自然的和谐统一等。抽象的形态特征为菜肴赋予了丰富的内涵，从多方面体现菜肴的不同价值需要。在造型上以形似为主，它能够以非常明确的形式将宴会的主题充分表现出来，意境突出，能够抓住宴会的主题，能够引导人们进入宴会的意境，从而渲染宴会的气氛。如婚宴上以一道“鸳鸯戏水”或者“龙凤呈祥”的冷盘来烘托气氛、渲染主题；寿宴上以一道“松鹤延年”或“鹤鹿同春”来表达人们的祝贺之意；好友相聚则以一道“岁寒三友”或“梅兰竹菊”，来表达友谊之情。它们非常直观、都能明确地表现人们的良好愿望，而这些是热菜所不及的。

三、菜肴造型分类方法

1. 从狭义和广义上划分

从狭义上划分可分为动物类造型、植物类造型、几何类型、静物类型等；从广义上来划分，有各式飞禽走兽、鱼虾水产类造型，有各种花草树木、果实造型，有长方形、圆形、椭圆形、放射形造型，有各种花瓶、篮子、龙舟等静物造型等，其种类数不胜数。

2. 从菜肴的冷热程度划分

从菜肴的冷热程度可分为冷菜造型和热菜造型。热菜造型通常分为两种，一种为普通造型，是一种为艺术造型。普通造型，追求刀工精细，装盘得体，造型自然，朴素大方；艺术造型则是追求神似，如徽菜中的名菜“凤炖牡丹”，以鸡喻凤，以猪肚切片拼摆成花形作为牡丹，追求的就是一种神似；鲁菜中的“乌龙戏珠”，以海参为龙，以冬瓜丸喻珠也同样如此。冷菜造型相对热菜造型来说，则有更大的创作空间和更高的造型要求。冷菜原料一般先烹制而后切制装配，有较多的美化菜肴的时间，能够进行精切细摆，同时也减少了破坏菜肴的可能。

3. 从菜肴造型的原料品种划分

从菜肴造型的原料品种划分，可分为单一原料造型和多样原料造型。单一原料造型如东坡肉、清蒸鱼、白切鸡等；多种原料造型的有五彩鱼丝、什锦虾球、梅菜扣肉、溜核桃鸡等。

4. 按造型方式划分可分为单体造型和组合造型

单体造型如炸鱼排、香酥凤翅、凤尾虾排等；综合造型是经两种或两种以上原料经单独加工，然后组拼成一个造型的方法，这是菜肴造型中经常使用，也是厨师们乐用的一种方法。如龙井鲍鱼、片皮鸭、明珠甲鱼、梅菜酥排等，它具有一菜多味、多料、多色之特点。

第三节 菜肴造型的设计构成

一、设计构成的概述

与盆景造型相似，在盘、碗等餐具的方寸之间，通过对菜点成品的造型，力图最佳地表现菜点的材料美、技术美、形体美和意趣美。除了要了解所制菜点的食用本质属性外，还应了解选型构成与布局的基本法则，做到成竹在胸，事半功倍。用同样的原料可以创造出具有不同形体的菜点，这主要是由不同的构成方式所决定的。

现代造型艺术的构成主义对烹饪工艺的造型产生了巨大的影响。构成主义是近几十年间发展并普及于世界各国的一种前卫派艺术理论，是指非传统的材料创造非传统的雕塑，并把传统雕塑的实体完全引申到包括“虚空间”在内的空间概念，形式上是抽象的。它从立体和平面两个方面影响建筑、工艺设计，乃至烹饪工艺的产品设计，逐渐形成了平面构成、立体构成和多彩构成体系。

现代烹饪工艺造型设计已日益显得重要，设计的构成是构思—构图—构成的行动过程，最后形成和谐的组合方式。在内容和形式、实用和审美方面建立菜、点和谐统一的整体。从形式表面来看，构成只是由元素(点、线、面、体和色彩)通过组合方式的一种"组建"，但其内部的秩序和规律却决定了时空要素和形式规律。现代烹饪工艺的设计观与其他工业艺术设计思想具有许多相似的方面，如前所述，不是三维的唯形主义，而是多维的包括味、香、色、形、融、意以及操作程序方面的总体造型设计，目的是建立一种新的时空秩序，寻找表现的新空间，从而摒弃了那种被动的局部的孤立的烹饪工艺传统设计模式。虽然目前，在广大烹饪教育与企业中，烹饪工艺设计的专业及相关课程还没有明显的特征。但是，随着现代产品的国际化进程和设计学理论的全方位发展，在烹饪行业与教育中独具特色的设计专业与相关课程已呼之欲出。

二、设计构成的规律

设计构成规律是指构成中组合方式的一般规律，也称为形式美规律或形式美法则。设计构成受制于形式美的自然法则，按照形式美的一般规律行事。形式美受主观因素影响很大，因此是一个极其复杂而有深广含义的命题。一般在烹饪造型工艺中有如下构成的形式美法则。

1. 单纯齐一

用一种口味、一种色彩、一种造型称为单纯齐一。这样的造形工艺看不见明显的差异和对立因素，给人以明净、纯洁、清雅的感受，整齐而划一。

2. 重复与渐次

重复和渐次体现的是节奏和韵律之类。例如，将同等大小的原料在盘面连续排放、重叠，构成盘面，体现相同的节奏叫作重复；将大小不等的原料由小到大或由大到小排放、重叠，构成由远及近的盘面，体现变化的节奏叫渐次。运用重复的方法构图具有节奏整齐的特点；运用渐次的方法构图具有节奏运动向上的力度。前者如什锦排盘，后者如雄鹰的双翅羽毛。

3. 对称与均衡

对称与均衡具有稳定、平衡的美感。对称即以盘中为核心，或以两端为中轴直线，将具有同样体积、形状、重量的原料置于盘周或相对的两端。前者是中心对称，可作双面、四面乃至整个围绕中心的一周的圆对称；后者叫作轴对称，这是最常用的一种构图形式，很容易获得"圆满"的效果。均衡则是在变化中构图，较为自由，是对称的变体，两侧形体不必相同，在一定的距离上相互照应，原理犹如杠杆，秤砣虽小但重量相当。

4. 严整与灵动

严整与灵动给人以形体的严肃、规整、凝重或轻灵、活泼，富于生命的感受。严整是将原料堆砌构筑在一个范围内，大小高低都受到严格的规定，不扩大也不缩小，抽缝直角，整齐划一，给人以板块般庄重之感。灵动则不受绝对范围的约束，曲线迂回，游动、飞翔或奔跑，显示活泼的气氛，富于生命力的表现。

5. 写实与象形

对某一事物进行真实的模仿，像如其物叫作写实或象形，如在盘中将各种食品拼摆成"孔雀开屏""金鱼戏莲"等图像，这种构象最容易引起人们对自然界美的联想，难度较大。题材必须选择吉祥如意可爱的内容，如龙、风、孔雀、白兔、雄鸡、鹰、彩蝶、金鱼、花卉及山石等。

6. 夸张与变形

将某一部分夸大，突出事物的本质，如雄鹰展翅夸大其双翅、鹰嘴与爪，可使鹰更为传神。再如葵花冷盘，花盘由菱形料形构成，可以使葵花丰满而凝重等。本质更为突出，这种造型形体就是变形，将物象变形具有装饰美感，如金鱼的尾，以尽量地使之夸大变形，给人以飘逸灵动的感觉，既像真物，又没有真物应有的比例，在似与不似之间，突出人对事物感受的精神意念。

7. 粗犷与精细

将原料整只整块地造型构图，显得肥壮丰厚，此为粗犷。但粗犷而不粗糙，寓分割于整形之中，如大块的肉方，整只的肥禽，整尾的壮鱼等。如果构图中处处有细密的叠面、加工的痕迹、灵巧的造型等，则是精细。粗犷与精细都给人以法度严谨的感受。

8. 调和与对比

在盘中用两种以上原料造型则会形成调和或对比的关系。调和是反映同一色及形体中变化和近色近形的变化，在色上有黄与绿、绿与蓝、蓝与青等，以及同色的浓与淡等。在形上有方形、长方形、梯形、圆与椭圆等。调和具有融和与协调的特点；对比则是将两种相反或相对的物体并列。

如体积对比、色彩对比、重量对比和形态对比等。对比使人感到鲜明、醒目、振奋、活跃、跳动，具有“蝉噪林愈静，鸟鸣山更幽”的意境。

9. 多样与统一

这是形式美的最高境界，也叫和谐。从单纯划一到对称均衡再到多样统一，体现了造型工艺中对立统一的规律。多样体现了各种原料的个性千差万别，统一则体现了各个事物的共性和整体联系性。构图布局的多样与统一，是通过各事物间的局部与局部，整体与局部之间的比例关系来实现的。因此，从比例关系到整体形态，还是局部与局部造成的影响，比例失调会产生畸形，在成品造型中则会产生差异性的形态。所以，比例是各种事物间关系的规律，任何多样统一的法则都要求突出重点，即有主有次，各种比例必须为重点服务，构成向心的多样化整体。例如“百花争艳”冷盘，一组近10朵花卉，大小不等，以中间一朵为主花，四周花卉形态各异，向中心围绕，突出主花卉，构成了百花争艳的整体图像。在成品造型中，装盛器皿与制品之间是一个不可分割的整体，存在着衬托与对比的关系。一般来说，成品造型应充分运用原料本身的自然色彩与形体，突出原料的质地、形态和色泽美，而不应将其掩盖，扬短避长。

在造型中，要注意各食料之间的色、香、味、形、质，食料不相融洽的不应混杂一盘，否则容易破坏主题与制品的统一氛围。每个菜、点制成品都具有独特的表现形式，但必须为食用服务，只有当食品外部形式从属于特定的食用目的时，才能实现其作为外部形式表现的意义，才能反作用于造型的艺术构思过程，具有表现的自觉性和确定性，因此.菜点成品造型工艺的最高目标是实现菜点实用性与审美性的多样统一。

第四节　成品造型的形态与加工

一、餐具的形态种类

餐具是装盛菜点的专门器皿，作为与菜点形成统一体的一个局部，与菜点的整体具有不可分割的联系。虽然餐具本身的一些形状与装饰用工具有远离食用的性质，但餐具的本质就是菜点成形的表现平台。餐具作为实用性与艺术性最佳结合的典范，许多已被视为纯艺术品范畴，例如雕塑性质的餐具，具有精美图文的餐具，奇形怪状的餐具等。但从本质而言，餐具的各种造型形态与装饰图文就是为了装点美化食品的，都客观地极大优化了所被装盛的菜点的质量，同时也切实地赋予进餐者食用的方便，提高了进餐的热情，菜点的附加值也随之增强。与菜点成品成形有极大关系的正是餐具的形态与型号。

由于餐具是被用来装盛食物的，而具有包装意义，其形态的共同特征就是具有一定的容量和空间，有深凹面、浅凹面、平面形态等几种结构，深的叫作锅、碗，浅的叫作汤盆，平面的统称之盘碟。这种容纳结构决定了菜点种类的表现形式。

1. 锅碗类餐具

锅碗是容量较大，装载汤量较大、菜肴较多的容器。通常锅类有火锅、砂锅、陶罐、明炉锅仔、砂钵等，可边吃边加热保温。以自身古朴形态增添了菜肴古雅风韵。碗类有品锅、汤碗、饭碗、口碗、羹盅等，以自身精雅的品位赋予菜点以典雅亲和的风度。

2. 汤盆类餐具

主要用于装盘汤菜相融干湿各半菜肴。有汤盆、鲍鱼盆、烩菜盆等。大者为汤盆直径30.5～50.8厘米(12～20英寸)不等。鲍鱼盆与烩菜盆较小为直径10～30.5厘米(4～12)英寸不等。汤盆以其雄浑宏大的气势，雄霸全席，渲染菜肴富贵荣华的气派。小者又具有融合精典的品位。

3. 圆盘、碟类餐具

大者为盘，直径17.8～45.8厘米(7～18英寸)不等；小者为碟直径5～17.8厘米(2～7英寸)不等。在这种盘、碟中，具有平滑的盘面，最利于菜点形体的展观。主要装载干性为主的菜点。如果说前两者在菜点造型的形态以本身形态为主，盘碟餐具则以其自身淡雅华贵的气质烘托着菜点优美的主体形体。在材质方面，餐具有陶瓷、竹木、金银、玉石、玻璃等；在形状方面，有圆形、长圆形、方形、三角形、梅花形、风轮形、叶形、竹形、船形、桶形、鱼形等；在纹饰方面更是花样繁多，精美绝伦。餐具作为菜点展示平台与第一背景，其品质愈高，则菜点被人食用时的附加值愈高。正如古人有云“美食不如美器”“美食需要美器”。餐具的形、色与材质同所装载菜点构成和谐协调风格是成品造型的最高完美追求。

二、成品的总装加工

就菜、点本身的形体而言，在生坯组配加工时已初具形状和规模，经制熟加工后，将菜、点在餐具中总装或称为“再造型”。一般来说总装的结构部分可分为底、面、围、缀四部分。

1. 底

底即制垫底之料，在造型中起着陪衬、烘托主料的作用，使菜形更加丰满、充实。

2. 面

面即是面料，通常是主料或用料中最肥美最完整的部分，使主菜更为突出，风味更为明朗。

3. 围

围即是边之料，犹如房屋的墙壁，用食料中次质硬料，具有支撑主体的作用。

4. 缀

缀指装饰点缀的异质性原料，主要具有装饰美化菜点盘中形体的作用。

三、总装造型

将配形制熟的菜点各部分总体装配于盛器中形成特定的结构与形状主要表现在如下几个方面。

(1) 菜形立面,有平面结构,即平面排列结构;有主体结构,即原料的主体堆砌结构;以及平、立面结合结构,即平列与堆砌的组合式结构。

(2) 外形轮廓,一般为统一轮廓,即边线以贯通,一菜一形;分隔型轮廓,即边线各形,多形组合,其中又有均衡分隔与主次分隔两种形式。

(3) 在形态造型,或具象或抽象,皆随器造势,随意赋形。在形态操作方法上,一般热菜与点心侧重于装盛点缀,冷菜则侧重于装盛拼摆。

第五节 菜点造型设计思维与方法

一、菜点造型设计思想

菜点成品是菜点设计思想的集中体现,是工艺流程加工的最高结晶,然而就设计而言,设计思想是极其重要的。设计思想是对世界认识的一种观念。对各种设计类型的归纳可以看到多种比较清晰的设计形式,即模仿式、继承式和反叛式。

(一) 模仿式设计

模仿是人的天性,是天生的,历史最为悠久的,生命力最为旺盛的设计类型。模仿是创造的源泉,是来自于对自然界认识的灵感冲动。模仿是对事物的复制,落后的企业模仿先进的企业,在现代酒店业中相互模仿形成了千店一面的品种经营特点。模仿在人类的早期是创新的,但随着人类文明的发展,模仿具有类比推演的性质。模仿设计不能简单地重复和仿制,而应该是一种再创新过程。但模仿式设计必须来源于对已有的事物的联想灵感。

(二) 继承式设计

继承式设计是通过教育实现的,是人们最为熟悉的传统风俗习惯中耳熟能详的事物,相比模仿式设计虽具有相似之处,但属于保守的、被动的。在承上启下方面,继承式设计虽有改良的行为,但对传统的主流却严守根本,过去大多数烹饪工艺的产品都是继承式设计的产物。继承式设计具有长期稳定的结构,在历史传统的贯力之下,继承成为本能或自觉的无意识行为。个性在历史长河中淹没,设计隐埋在共同意识海洋中,因此不存在实质性的个性化设计。继承的改良性具有较好的创新性,是设计承上启下的中间形态,具有时代潮的特征。所开发的新产品是熟悉的新口味,最易被人们所接受;反叛式设计是思想认知的跳跃,伴随社会的重大变革而产生。国际文化、科学、技术的深入交流,科学技术的重大进步,都会引起反叛式设计思潮。反叛式就是对现有事物的反思维,其创新思想特别强烈。说白了,反叛式设计就是反常规设计,不受模仿与继承的限制,随心所欲,个性得到充分张扬。现代流行于市的中西合璧菜点就是典型菜例。反叛式设计或者能成为新传统的典范或者昙会昙花一现,极不稳定的短期行为,但却有流行设计的强大思想动能,极具个性特点。反叛式设计的产品会被流行一阵,被认为是时尚，当人们熟悉以后，一部分会被共识成为新派传统，另一部分则会在深入的思考中消失。

二、菜点造型设计方法

（一）直觉经验的形象标准化设计方法

可以说迄今为止，绝大多数菜点都是在直觉经验式设计中产生的，尽管在设计时，许多厨师并没有明确认识这一设计的客观存在。当现代酒店在激烈竞争的情况下，频频要求更新其产品品种时，绝大多数厨师都具有设计的潜意识和行为。他们苦思冥想试图有所创新和突破，但由于方法的缺乏，很难做到准确表达，在生产方面，也难以实现标准化贯彻执行。直觉经验设计是依靠经验积累，是经验与灵感产生共鸣的过程，这是人类最为古老的食品设计方法。当一个人的实践经验具有一定量的积累时便会自然地产生灵感，便会自觉地进入设计角色。然而纯粹的经验又是不可靠的，随机性较大，也难以把握，难以形成对规模性生产的标准化管理。将直觉经验的灵感加以捕捉，成为设计的形象，拟定标准需经过以下设计程式：灵感→构思立意→设计草案→类比→优选→实验→评价审定→制订生产方案→编制工艺流程→样品生产→培训→扩大生产→信息反馈整理→再设计。灵感来自于对事物观察，引起与经验共鸣的瞬间感觉，产生创造的冲动，这是一种直觉的冲动，有时存在于朦胧之中，许多有经验的厨师会经常出现这种状况。这种状况有时片刻即逝，因此，应抓住时机进入理性设计状态。

1. 构思

在有意识地对灵感冲动的思索中产生扩散式联想，生成连锁反应，这时朦胧的冲动已消退，眼前出现较为具体清晰的创造形象、菜点轮廓，这时可以将其记录下来，明确创作的主题和意境。

2. 制订草案

根据记录，首先勾勒所创菜点的成品造型、形态的初步图案，进入图案设计。一般可设计数种相类似的略有变化的图案，并制订实验的行动方案。

3. 类比与优选

全方位的搜寻与之相似的同类信息，并与之对比，这时可能会得到相类似品种的数条信息，运用结构分析，统计、归纳和推演的方法，优选出最佳方案，确定所创作构思的特色含意，修改实验的方案。

4. 实验

依据优选确定的最佳方案进入实质性实验加工，制作出设计品种，这时会产生1种或数种定型品种，并形成量化的参数系，可以进入评审程序。

5. 评审

依据质量体系评审标准，进行相关专家联合评审，得到实验品所需的理论数据而相互验证，最终确定等级、规格和模型。

6. 制订生产方案

当模型一经确立，便不能随意更改，随之对加工流程的工艺方法、操作形式以及原料的采购和加工模式的设计等形成一整套行动方案。

7. 组织

设计了加工流程后，将设计方案交付厨房由厨师长组织实施，通过各岗位的协作形成行动→

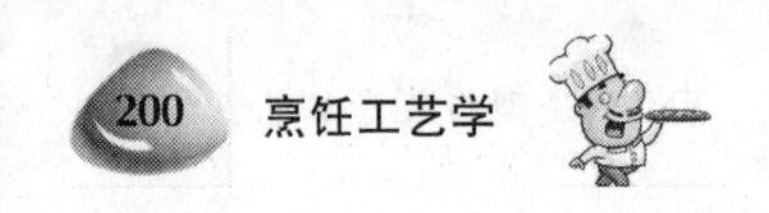

加工流程,生产第一批样品。样品一般是有限供应的新品。

8. 样品生产

样品生产是在正常经营过程中进行,在餐中供应,样品用于试销售,在销售过程,收集有关反馈信息进行适度调整。

9. 培训

在正常情况下,顾客反映较好时,可以对生产与销售员工进行培训,培训的目的就是使之熟悉工艺,掌握量化标准,了解新品特色性质,便于生产与销售。

10. 扩大生产

在运行良好的情况下,这次设计基本结束,其设计品种由实验品转为正常的企业品牌产品,并根据现实情况扩大生产规模,推广至连锁企业。

11. 二次反馈与再设计

当该类菜、点作为常规供应一个阶段后可根据二次反馈进行再地老天次设计,其质量与生产秩序的稳定性必将受到不利影响。而这一过程也只能通过专业设计部门完成。其知识与经验的信息含量,其微机化科学技术含量,也不是纯直觉经验式的简单设计所能比拟的。

(二) 虚拟定性与量化实证结合的设计方法

这是纯理性设计,无中生有,极具创意,品位极高。

典型的菜肴设计菜例说明。

命题:岁寒三友虚拟原料为松、竹、梅。

菜性:高级花式素菜;风味清鲜淡雅;本色,盘装造型。

构思:可造其形,可取其味,可用其材,可结合运用。

原料选择:胡萝卜、西兰花、芽春笋、松子仁、鲜奶、蜡梅3朵、盐、鸽精。

制熟方法:油蕴—烩熟。

构图立意:意象,笋象征竹,西兰花象征青松,胡萝卜刻蜡花形块,象征红梅,鲜奶象征白雪。松子仁取其松味,腊梅增香。

图案设计:

(1) 笋排圆周形,西兰花扣碗覆入层中,胡萝卜刻成花朵围叠,松子仁撒面点缀。

(2) 笋排成扇面形,西兰花围边,胡萝卜在扇面内侧沿边排列,松子仁撒在中间点缀。

(3) 将笋与西兰花相对排列,胡萝卜叠于中以界分,松子撒上点缀。

定量实验:芽笋10支去根对剖,西兰花摘成小朵,红胡萝卜150克刻成直径2厘米、红梅形块20只块,鲜奶100克,上汤150克、盐、鸽精、湿淀粉适量,按设计制熟造型三次,制熟后选定其中一型。

运用上述菜品设计方法时,在同一命题下采用不同原料可设计二三套方案,例如,全荤式、半荤式等,这是其中一套方案,设计程序的周期与前法同。

这种设计方法对设计者而言,丰富的成菜经验积累,虽很重要,但不占主导地位,而对烹饪工艺学相关知识的深刻掌握,对大量各类菜信息的掌握和运用具有主导地位,着重在组织能力与创造力。个人的实践经验则融入了设计者对整体技术、知识、信息的组织和运用之中,在没有样板的前提下创新出独特的菜点。

（三）功能性拓展的推演设计方法

推演性设计是在一个基点上，运用功能性逻辑推导演绎派生出类形品种的方法，这种方法在中国传统菜点的设计中运用有大量实例。对新功能的开发是一种创新，产生前无古人的新菜品。然而新功能又极难被发现，一般可采用借鉴与综合的方法对食料或制熟方法的功能进行扩大和延伸。例如，将裱花嘴中的鱼泥挤出鱼线就是借鉴开发了鱼蓉可塑形如线的新功能。再如将四川灯影牛肉的成形和加热方法转移到鱼片上来，从而开发了鱼片也能像牛肉一样片薄透明、酥脆易化的新功能等。实际上中国许多系列菜点都是由功能演绎扩展而来。只要对各种食料与工艺性能进行深入的理解，通过综合运用，其原有的各项功能便会得到更多的扩展延伸，这称为推演的连锁设计。

典型菜例说明：

(1) 命题。凡具软韧质地的大片状原料皆可以制作包卷形菜、点。

(2) 判断。①百叶、腐皮、菜叶、包菜叶都具有上述功能性质；②大块的软韧性原料可以批成大片，畜、禽肉类与鱼肉都具有这一功能；③浆、糊类原料可以通过煎烙形成皮片形状，面粉与鸡蛋都具有这一功能；④根茎类原料在腌渍后会脱水而软化，萝卜、土豆、冬瓜等都有这功能。

(3) 结论。上述原料都具有被设计成包卷类菜，具有点缀的功能，第1次可是直接运用，其他均需通过相应处理，扩大其原有功能，达到适用。

这些方法的设计运用并小是相互独立的，在设计过程中则是共通共融的，说明在成品造型设计的模仿、继承等的综合运用。

第六节　菜品的装盘与美化构图

一、装盘美化基本理念

在上面几个章节中，主要介绍了菜点装饰与装盘的思想与设计理念，从菜肴的造型基本特征、餐具的造型特征以及从多维度的设计方法的说明等描述了菜肴装饰的思维。在通常情况下，菜肴呈现的视觉效果来自色泽、形态、器皿和装盘四个方面，而其中装盘是最能体现美，也是美学在食物中应用最突出的外在表现形式，菜肴的装盘如同摄影和绘画一样，讲究构图。有设计感的构图可以为菜肴加分，提升美学与艺术性效果，提升菜肴的附加值。

菜肴构图根据食物本身以及设计的表现形式，选用不同的器皿，在综合装盘工艺中操作的关键在于留白和空间感。过去菜肴装盘以多和满彰显富足，而在当下，消费者对视觉上的美观要求更高。讲究艺术欣赏与味觉艺术的和谐统一。

二、装盘艺术构图方法

装盘艺术以其独特的表现形式让饮食者产生不同的感受和体验，根据设计的理念以及设计的说明，不同的食物的摆盘装饰不尽相同，也会因人而异。以下呈现几种基础构图法。可作为家庭菜肴的摆盘，在此基础上做一些加法和减法，根据实际菜品来做调整和构思，进一步突出食物通过摆盘装饰，产生艺术感和审美感。

1. 两分法构图

两分法构图是将画面分成相等的两部分，容易营造出宽广的气势，此构图效果很好，但画面冲击力方面略欠(见图 8-1)。

图 8-1　私房熟醉蟹

2. 井字构图

井字型构图是把菜肴主题安置在三等分的交叉点上，是最保险的构图方式之一，井字构图发的四个交叉点可以看作是画面的黄金分割点(见图 8-2)。

图 8-2　金桔香邑牛排

3. 中央构图

中央构图其特点在于让人的视觉聚焦在中央菜肴上，可以获得具有冲击力的画面(见图 8-3)。

4. 对角线构图

对角线构图显得更为生动活泼，是常用的构图手段，让画面更具有想象空间(见图 8-4)。

图 8-3 姜汁奶冻

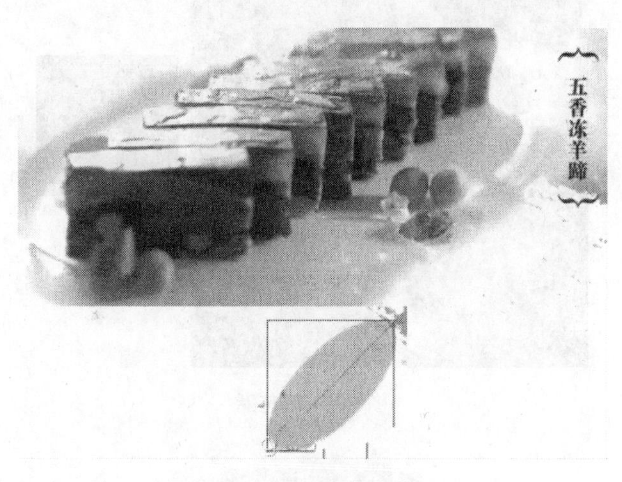

图 8-4 五香冻羊蹄

5. 对称式构图

对称式构图具有稳定、和谐的特性，采用对称构图的摆盘比起其他具有冲击力的摆盘更为耐看(见图 8-5)。

6. 棋盘式构图

棋盘式构图将繁复的元素随机摆放，画面有不一般的旋律，因为随机摆放，更易引起食用者的好奇心(见图 8-6)。

7. 放射性构图

放射性构图以主体为核心，食物呈四周扩散放置的构图形式，可使人的注意力集中到主体，而后又有开放、舒展、扩散的作用(见图 8-7)。

8. 其他几种构图

三分构图(见图 8-8)，将画面分割为三等分，1∶2 的画面比例可以有重点突出需要强化的部分。对横画幅和竖画幅都适用。

图 8-5　孜椒香烤肉

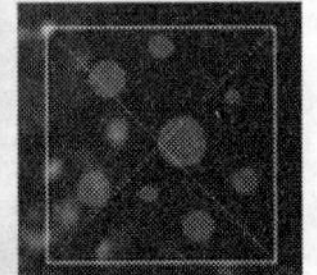

图 8-6　荷花酥

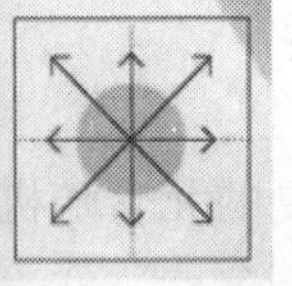

图 8-7　一品春笋鲜鲍

S 型构图(见图 8-9),曲线与直线的区别在于画面更为柔和、圆润。带有曲线元素的画面让菜肴造型变得更加丰富,免除了平淡和乏味。

图 8-8　三分构图

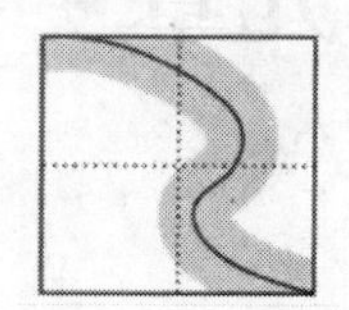
图 8-9　S 型构图

消失点构图(见图 8-10),不但可以让画面更具有冲击力,且会引导看菜肴的人将视线移至消失点,使画面空间感更强。

Z 型构图(见图 8-11),与 S 型构图相同,可有效增加画面空间感,让画面得到更为有趣的分割。

平行线构图(见图 8-12),特点在于规整与元素重复,可让画面营造出特别的韵味。

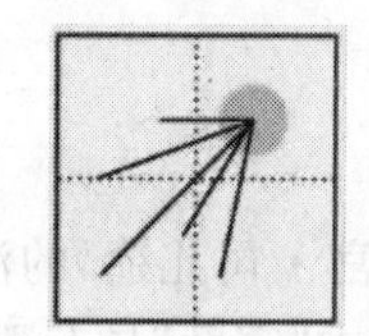
图 8-10　消失点构图

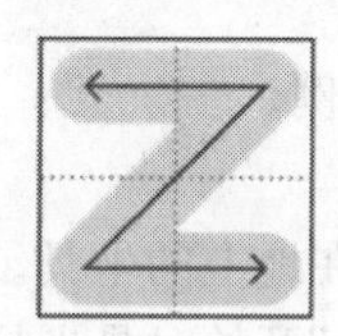
图 8-11　Z 型构图

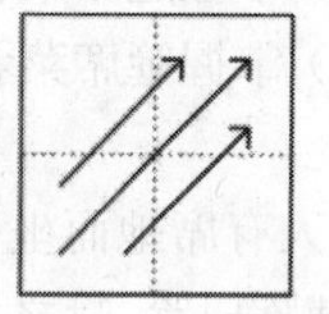
图 8-12　平行线构图

练习思考题

(1) 请说出菜肴造型的意义。

(2) 请举例集中草药造型与装盘的方法。

(3) 请说出菜肴造型与设计的基本规律。

(4) 请说明成品造型中抽象和具体的造型特征。

(5) 请举例说明菜品装盘的几种构图方法。

第九章 宴席与菜肴设计制作工艺

学习目标

通过本章的学习，了解筵席的目的、种类、特点和作用，熟悉筵席菜点的构成和不同菜单的设计及相应操作流程。并能按照一定要求，根据相应的原则、规律设计相应菜单。

学习重点

(1) 掌握筵席菜肴的上菜程序。

(2) 掌握筵席菜肴的配置方法及比例。

古人有席地而坐，筵和席都是铺设在地上的坐具。早在《周礼・春宫・司儿筵》的注释中就有"铺陈曰筵，籍之为席。"所以，"宴席"开始时是坐具的总称。《诗经》中"宴席"具有酒馔、聚餐的含义。随着饮食文化的发展，"宴席"的通俗说法就是指酒席，是人们为了一定的社交目的而聚餐，按照一定规格、质量和程序组配起来的一整套菜点。同时宴席也是多人聚餐的一种饮食方式，是进行庆典、纪念、交际的一种社会活动方式。随着时代的发展和适应国际交往的需要，我国的宴席的形式也将突破传统的格局而逐步多样化。

宴席不同于日常饮食和一般聚餐，它具有礼仪性、社交性、艺术性和规格化四个显著特征。宴席是中国烹饪中的一个重要组成部分，也是烹调技艺的一种表现形式，是厨师必须掌握的专业基础理论知识。作为厨师不仅要具有全面的烹调专业理论知识和技能，同时还要具备宴席菜单设计、宴席策划等综合素质。

第一节 宴席的作用和种类

一、宴席的作用

宴席是开展社交活动的一种重要的形式。社会是人们交互作用的产物，人是不可能孤独地生活的。社会越进步，人们的交往就越密切。随着我国经济的繁荣发展，与国际交流日趋频繁，人们常利用宴席这种形式进行社交活动、结识新友、畅叙友情，增进彼此间的友谊。宴席正发挥着这种特殊的作用。

宴席给人以艺术美的享受，具有选料考究、制作精细、方法独特、技艺精湛、味型各异、造型优雅的中国宴席，不仅使人们在味觉上得到了享受，同时也带来了视觉上的艺术美。通过宴席也能使食客了解传统的中国饮食文化和饮食习俗。

饮食行业属第三产业，它是为生产和生活服务的，在国民经济中占有一定的地位。进入21世纪后，随着我国入世、申奥的成功，国民经济得到了迅猛发展。人民生活水平的不断提高、对外交往的增多，促进了餐饮、服务、旅游业的蓬勃发展。同时也带动了第三产业的发展，国内餐饮行业也正向规模化、工业化方向发展，宴席正发挥着越来越大的作用。

二、宴席的种类

随着人类社会的不断进步，人们生活水平的日益提高，经济全球化促使中西饮食文化的交融，中式烹调技艺得到了进一步的发展，宴席的形式也逐步发展为多样化、规格化。

我国传统宴席种类十分繁多。按风味分有四川风味宴席、广东风味宴席等；按性质分，有宫廷御宴、官府公宴、民间私宴、文会宴等；按烹饪原料分，有用一种或一类烹饪原料配制成各种菜肴的全席，如全羊席、全鱼席、全鸭席等；有以某种珍贵烹饪原料配制的方法分，有以头道菜命名的如燕窝席、鱼翅席等；也有以展示某一时代民族风味水平的宴席，如满汉全席；有根据烹饪原料名贵与否区分宴席规格的高档、中档和一般宴席。随着宴席的种类、规格的不断发展变化，菜点的数量和质量也在不断变革，菜点正向少而精且突出民族及地方风味特色的方向发展。

现在的宴席多种多样，按宴席的规格和应用场合分类归纳起来大致可分为如下几种。

1. 宴会席

一般是指在正式场合举行的礼仪程序，讲究气氛热烈而隆重的宴席。根据举办形式、服务程序等的不同，又可分为餐桌服务式宴席、自助式宴席（冷餐会、鸡尾酒会）、茶话会等。

宴会席是我国传统的宴席形式，其特点是气氛隆重、形式典雅、内容丰富，有固定的席位。宴会席以热菜为主，包括冷菜（冷菜拼盘及围碟）、一般热菜、大菜、面点（甜点及咸点）、饭菜、汤、时令水果等。聚餐形式以圆桌、长条桌、方桌居多，食客有固定的席位，一般每桌8～16人。其席位按照主人、副主人、宾客等有序安排。宴会席菜肴（含面点）品种多、制作精细，有严格的上菜程序。宴会席一般包括国宴（迎宾宴、晚宴、招待会）、公宴、便宴（婚宴、生日宴、团聚宴）、家宴等。

2. 酒会席

酒会席（又称自助酒席、自助餐）是借鉴西餐冷餐酒会的形式发展演变而来的，具有不拘一格、气氛活泼、便于交谈、选取自由、食饮自便的特点。酒会席菜肴多以冷菜为主，一般热菜、面点、水果为辅。各式菜肴（点）按类别集中放置在长台桌上，宾客可根据自己的喜好选取菜点，席位不固定。在设计酒会席菜单时，就必须按照这种宴席的特点，合理配置口味多样，便于客人随意取食的菜肴品种。

3. 便餐席

便宴是相对于正式宴席而言，一般不讲究礼仪程序和接待规格，对菜品数量也无严格要求，气氛随和，主要用于非正式场合的宴请。便餐席（又称零点餐）主要用于一般的聚餐，它的特点是不拘形式，内容灵活多样。便餐席主要由宾客根据自己的喜好，选择几道时令或具地方特色的名菜、名点组合成一桌菜肴，有别于正规宴席的形式。

三、按宴席菜品的构成特征划分

1. 仿古宴

仿古宴是指将古代较具特色的宴席融入现代文化而产生的宴席形式。如仿唐宴、红楼宴、

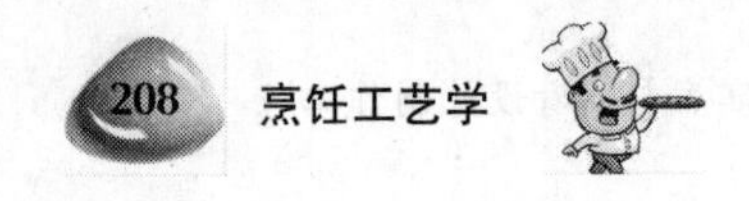

满汉全席等。

2. 风味宴席

就是指宴席菜品、原料、烹调方法和就餐与服务方式具有较强的地域性和民族性的宴席。如川菜宴席、海鲜宴席、药膳宴席、泰式宴席等。

3. 全类宴席

也称“全席”“全料席”。是指宴席所有菜品均由一种原料，或由具有某种共同特性的原料为主料烹制而成。如全鸡宴、豆腐宴、素宴等。

四、按宴席的性质与主提划分

1. 公务宴席

公务宴席是指政府部门、事业单位、社会团体以及其他非营利性机构或组织因交流合作、庆功庆典、祝贺纪念等有关重大公务事项接待国内外宾客而举行的宴席。

2. 国宴

国宴是一国元首或政府首脑为国家重大庆典，或外国元首、政府首脑到访而举行的正式宴席，是接待规格最高、礼仪最隆重的一种宴席，接待规格最高并非是价格最高，而是参加宴席的人其公职身份、地位最高。是一种特殊的公务宴。

3. 商务宴

商务宴是指各类企业和营利性机构为了一定的商务目的举行的宴席。

4. 亲情宴

亲情宴是指以体现感情交流为主的宴席。如婚宴、寿宴、迎送宴、纪念宴、家庭便宴、节日宴席。

第二节 宴席菜单的设计

宴席菜单设计是根据设宴要求，选择不同的菜点进行组配，使其构成具有一定规格质量的一整套菜点的设计、编排过程。宴席菜单的制订在整个宴席菜点制作中起着重要的指导作用，制作宴席的工作均是围绕着宴席菜单的内容来进行的。

一、宴席菜单设计的一般原则

宴席菜单的编制原则主要参照十六字诀指导思想：科学合理、整体协调、丰俭适度、确保盈利。主要从按需配菜，参考制约因素；随价配菜，讲究品种调配；因人配菜，迎合宾主嗜好；应时配菜，突出名特物产；营养均衡，强调经济实惠等几个方面进行设计与编制宴席菜单。

(1) 根据顾客的需求、嗜好、饮食习惯、饮食禁忌、宗教信仰，合理安排宴席菜单。

根据宾主的国籍、民族、宗教、职业、年龄以及个人嗜好和忌讳，灵活安排菜品。编制菜单时，应注重当地传统风味及宾客指定的菜肴。对汉族人，自古就有“南甜北咸”的口味偏好；即使生活在同一地方，因职业、体质不同，饮食习惯不同而有所不同。如体力劳动者喜食肥、浓，老人喜软、糯，年轻人喜酥脆，孕妇偏酸，患者爱粥。对外籍客人，需了解其国籍，因国籍影响其口味和信仰。如日本人喜清淡、嗜生鲜、忌油腻、爱鲜甜；意大利人要求醇、香鲜、原汁、微辣、断生且硬韧；伊斯兰教禁杀生、外荤等。

(2) 根据季节的变化，适时安排宴席菜单。首先，要选择应时令的原料，时令原料带有自然的鲜香，最易烹调；其次，按节令变化调配口味，“春多酸、夏多苦、秋多辣、冬多咸”，夏秋偏清淡，冬春趋向醇厚；再次，注意菜肴的色泽、质地的变化。

(3) 根据宴席的规模、档次、性质、类别、价格，确定宴席菜单的内容。按“优质优价”的原则，合理选择宴席菜点。售价是排菜的依据，既要保证酒店的合理收入，又不使顾客吃亏。调配品种有许多方法：①选用多种原料，适当增加素菜比例；②名菜为主，乡菜为辅；③多用造价低又能烘托席面的高利润菜品；④适当安排造型艳美的菜点；⑤巧用粗料，精细烹制；⑥合理利用边角余料，物尽其用。

(4) 根据菜点品种的数量，合理编排菜肴名称和顺序。据就餐者人数的多少、年龄的大小，合理安排菜点的数量。编制宴会菜单，一要考虑宾主的愿望，如希望上什么菜、上多少、何种口味、何时何地开席，只要在条件范围内，都应尽量满足；二是根据宴席的类型类别不同，菜品名称等也需变化，如“蟠桃献寿”不可用于丧宴，梨子在婚宴上只会大煞风景；桌次较多的宴席，切忌菜式冗繁、工艺造型复杂。

(5) 根据本企业的技术力量、设备、设施的情况，制订宴席菜单。在宴席菜肴设计及制作上要充分估计企业的实际能力，按照自身状况，考虑自身技术力量。水平有限的不要承制高级酒宴、厨师不足切勿一次操办过多的宴席、奇异的菜肴不要抱侥幸心理，实事求是承接相关宴席与菜单设计，做到因地制宜。另外，考虑货源供应，因料施艺，尽量不配原料不齐的菜品，积存的原料优先使用。还需考虑设备条件，如餐室能承担的宴席桌数、设备设施能否胜任菜点的制作要求、炊具能否满足开席的要求。

二、宴席菜单设计的基本要求

1. 必须熟悉宴席的规格和上菜的顺序

厨师在设计宴席菜单时，应根据宴席的规格档次合理编排宴席菜单。规格高的宴席要选料考究、刀工精细、烹调技术精湛，摆台、店堂设施、就餐环境、服务要求也比较高。上菜顺序的不同，会直接影响宴席效果。所以，在组配宴席菜肴的同时还要编排好菜肴的上菜顺序。

2. 必须掌握好整席菜点的数量

一套宴席菜肴的多少没有统一的规定，它受价格、人数、分量、风俗习惯等因素的制约。具体菜肴的数量应在价格允许的范围内，在保证企业不损害消费者利益的前提下，征求客户意见之后确定，冷、热菜点一般在10～20道之间灵活调配。

3. 必须注意菜肴之间的色、香、味、形、质、器的配合

制定宴席菜单时必须考虑菜肴(面点)色泽的搭配，要颜色各异，给宾客以鲜艳夺日、绚丽多彩的感觉，旨在烘托宴会气氛、增进宾客食欲；口味要合理搭配、味型多样，使宴席显示出一菜一格、百菜百味的特色；在菜肴形态上要加工成形态各异的刀口和造型工艺菜，给宾客一种新颖奇特、赏心悦目的感觉；在器皿选择上要选用不同材质、不同样式的餐具等。高档宴席可选用镀金、镀银盛具，并且要注意盛器的大小与菜肴的数量相适应、盛器的种类与菜肴的品种相配合、盛器的色彩与菜肴颜色相协调，盛器与盛器之间也要相配合，使美食与美器相得益彰。要选取不同的烹调方法制作菜点，成品质感要有差异，使整席菜品多样化。

4. 注意季节变化、烹饪原料多样化和营养配膳

人们的饮食活动受着季节变化的影响，宴席菜单应根据季节的差异、本地区的饮食风俗习

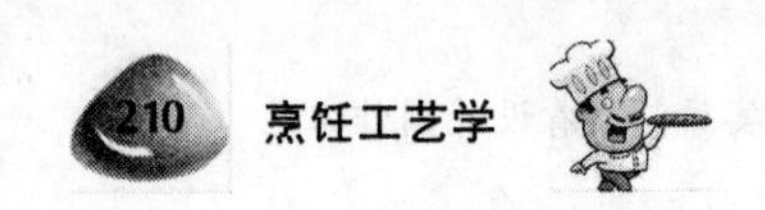

惯合理调配菜点，以满足宾客的需求。在宴席配菜时，还应运用饮食营养知识，使宴席菜肴达到膳食营养平衡，做到取材多样、富有变化、荤素搭配、营养丰富、讲究卫生。

5. 必须注意宴席菜的美化

为使整个宴席丰富多彩，不仅要注意菜肴口味的合理调配和多样化，还要注意单一菜肴与整席菜肴外形的组合与搭配，包括器皿的选择与调配，菜点可适当酌加点缀装饰料。使其在造型、色彩上达到整体的艺术美感。

6. 制订宴席菜单必须进行成本核算

制定宴席菜单是宴席配置的前提和依据，在制订菜单前必须了解宴席的性质、就餐对象、顾客需求、宴席标准、桌数和人数、本酒店的技术水平和设备情况、市场原料的供应及本店的库存情况等。同时，还应根据宴席的规格要求与毛利幅度，对每道菜点及整个宴席的成本进行认真细致的核算，做到价格合理、经济实惠。

三、宴席菜单的分类与命名

（一）菜单与菜谱

菜单与菜谱在餐饮行业里比较常用，通常每个餐饮行业机构都有所使用。“菜谱”一词来自拉丁语，原意为“指示的备忘录”，本是厨师为了备忘的记录单子。现代餐厅的菜单，不仅要给厨师看，还要给客人看。我们可以用一句话概括：“菜谱是餐厅提供的商品目录和介绍书。它是餐厅的消费指南，也是餐厅最重要的名片。同时，菜谱还是指描述某一菜品制作方法及过程的集合。”

菜单是餐饮企业作为经营者和提供服务的一方向用餐者展示其生产经营的各类餐饮产品的书面形式的总称。菜单最初指餐馆提供的列有各种菜肴的清单。现引申指电子计算机程序进行中出现在显示屏上的选项列表，也指各种服务项目的清单等，含义更为广泛。广义的菜单是指餐厅中一切与该餐饮企业产品、价格及服务有关的信息资料，它不仅包含各种文字图片资料、声像资料以及模型与实物资料，甚至还包括顾客点菜后服务员所写的点菜单；狭义的菜单则指的是餐饮企业为便于顾客点菜订餐而准备的介绍该企业产品、服务与价格等内容的各种印刷品。

（二）菜单作用

1. 菜单是传播产品信息、体现特色的载体

菜单是最大的信息源、良好的沟通渠道。每一家餐厅都有自己的特色菜肴和消费水准，这些差异顾客一般能从餐厅的装修风格和装饰水准感知。但不如菜谱上标明的菜品、价格表现得清晰和直接。菜谱是传递信息的印制品，配有文字图案和菜肴图例，顾客翻看一下菜谱，就能知道这家餐厅的特色和水平。所以，在餐厅的经营管理中，菜谱应能体现餐厅的服务和经营风格，并能反映出餐厅的整体风貌。只有这样，才能让顾客产生深刻的印象。

2. 菜单是餐饮经营的计划书

一份好的菜单还是这个餐厅整体活动的总纲，以多种形式影响和分配着整个饭店的服务内容。销售与营销环节上均会对餐饮经营有架构性影响，因此想要在销售上有所突破就需在菜单上大化功夫，菜单的整体性、新颖性、独特性等方面体现餐饮企业营销计划和发展方向。

因此,一份好的菜单对整个饭店的经营计划与盈利目标起着很重要的作用。

3. 菜单影响餐饮企业的整体布局

菜单决定了厨师、服务员的配备;菜单决定食品原料的采购和储存;菜单影响着餐饮成本;菜单影响厨房布局和餐厅装饰;菜单是餐饮销售控制工具。

4. 菜单是餐饮服务人员为顾客提供服务的依据

都说菜单是沟通经营者与消费者之间的渠道和工具,能激发客人的食欲,满足客人的饮食需要。好的菜单包含很多的内涵,餐饮服务人员在对顾客提供服务过程中,按照客人对菜单的菜肴的选择实施相应的服务。如中式菜单中的生日宴、婚宴等,服务人员按照不同菜单的性质实施针对性、适切性服务。一份精心设计的菜单,加之以配套的专门性服务,能增进顾客的舒畅心情。

(三) 菜单的基本内容

1. 菜品的名称和价格

(1) 菜品名称应真实可信。

(2) 外文名称应准确无误。

(3) 菜品的质量要真实可靠。

(4) 菜单上列出的产品应保证供应。

(5) 菜品的价格应明确无误。

2. 菜品介绍

(1) 主要配料及一些独特的浇汁和调料。

(2) 菜品的烹调和服务方法。

(3) 菜品的份额。

3. 告示性信息

(1) 餐厅的名字。

(2) 餐厅的特色风味。

(3) 餐厅地址、电话和商标记号。

(4) 餐厅经营的时间。

(5) 餐厅加收的费用。

4. 机构性信息

有的菜单上还介绍餐厅的质量、历史背景和餐厅特点相关内容,尽可能通过不同的、富有特色的介绍向顾客传递更多的信息。

(四) 菜单种类

菜单的分类方法较多,大致可根据餐厅类型、餐别、时间、市场需求等因素来进行分类。

1. 按菜单制定政策划分

(1) 固定型菜单:不常变换的菜单,常用于顾客流动性大的餐饮企业。由于菜单上的品种比较固定,容易使餐饮生产和管理标准化:①采购保管标准化;②加工烹调标准化;③产品质量标准化。

固定菜单必须具备两个基本特征:这种菜单是针对就餐者的日常消费需要而制订的;菜单

上所列的经营品种、价格在某一特定时间内不应发生变动。按国际餐饮惯例，这一特定时间提出为一年，但在中国，这一时间惯例有时会非常短。

优点：容易使餐饮生产和管理标准化。包括：①采购标准化。采购不需要经常策划，库存的分类和盘点简单，价格易控制，有些原料可大批量购买节约成本；②加工烹调标准化。厨房工作人员的组织和分工简单，各负其责，便于提高加工技术和提高生产率；③产品质量标准化。生产固定的产品，使用标准的方法和程序，标准的原料和设备，容易得到标准化的产品，如麦当劳汉堡等。另便于创造名牌菜。

缺点：①客人易对菜单产生厌倦情绪，长期不换会减少客源；②菜单的灵活性小，不能随季节的变化更换菜单，也不能随原料的价格波动更改菜品的价格；③长期做重复性劳动，易使员工感到单调、疲劳。

(2) 即时性菜单。是指根据某一时期内原料的供应情况而制订的菜单。编制的依据是菜品原料的可得性、合适原料的质量和价格以及厨师的烹调能力。此类菜单适用于企事业单位的餐厅。

优点：①灵活性强，能迅速适应顾客的需求、口味和饮食习惯的变化；②可充分利用库存原料和过剩的食品；③可充分发挥厨师的烹调能力和创造力，生产出较多的创新菜。

缺点：①菜单品种更换频繁，对原材料采购要求较高；②为及时提供更多的新菜，必须有更大的库存。

(3) 循环菜单。每天采用不同的菜单，一定时期后循环使用即为循环菜单。循环其因地制宜。

优点：①菜品品种有限，便于对食品的采购、保管、生产和销售进行标准化管理；②由于菜单经常有变化，顾客和员工不容易感到厌烦；③原料库存数变化有限。

缺点：①循环周期应适应季节时令原材料的变化；②菜单的编制和印刷费用较高；③在餐饮生产、劳动力安排上较复杂。

2. 按客人点菜方式分类

(1) 零点菜单。又称点菜菜单，菜单上每一道菜都标明价格且档次比较明显，能适应不同层次宾客的需求。

特点和要求：①零点菜单针对流动性较大的顾客，可以使用固定性菜单配几道时令蔬菜的方法；②零点菜单要求设置的菜品品种较多，烹调方法搭配均衡，价格档次有所搭配；③零点菜单价格高于套菜和团体菜单的价格；④突出餐厅的主菜和特色菜。

(2) 套菜菜单。是指在各个组菜中配选若干菜品组合在一起以包价形式销售。

① 普通套菜菜单：将一个人或几个人吃一餐饭所需要的几种主食、菜肴或饮料组合在一起以包价形式。一般比零点便宜，适应不同推销场合；

② 团体套菜菜单。针对旅行社团队、各类会议等大规模团体客人提供的。需要大批量生产和同时服务，因而团体套菜价格比较便宜；

③ 为方便顾客点菜，餐厅提供的套餐。如肯德基餐厅提供的13元套餐和全家桶55元套餐；

④ 一些餐厅推出的“每人50元，大虾随便吃，啤酒任意喝”也属于套餐菜单；

⑤ 西式午、晚餐套餐菜单一般有以下一些内容：汤、色拉、三明治、大菜、甜点、饮料等。

(3) 宴会菜单。是为某种社交聚会而设计的，具有一定规格质量的、由一整套菜品组成的菜单。常见的宴会菜单有：公务宴请、招待会、便宴、婚宴、寿宴等形式。编制要求如下：

① 根据宴会不同的用餐标准设几套菜单，每个档次准备几种菜单供选择；

② 根据具体情况进行调整，要注意宴会参加者的民族就餐喜好和宗教信仰、习俗和禁忌；

③ 宴会菜单要选用外形美观、做工精细的菜品，色香味形要搭配协调，原料选择、烹调方法和口味要避免雷同、杂乱，要分主辅、突出重点、有层次、成系列；

④ 注意选用当地和本店的特色菜和拿手菜；

⑤ 宴会菜品要多配用装饰菜、食雕工艺，要注意配用合适的盛器和餐具；

⑥ 宴会的菜名要尽量典雅，增加气氛；

⑦ 宴会菜单的设计要外观漂亮，色彩和设计要与餐厅布置协调。

（五）筵席菜单的分类

筵席按不同角度划分，主要有如下几种类型。

(1) 按筵席菜肴的组成划分：中式筵席、中西结合筵席等；

(2) 按筵席规模划分：大型筵席、中型筵席、小型筵席；

(3) 按筵席价格等级划分：高档筵席、中档筵席、普通筵席；

(4) 按筵席的形式划分：国宴、便宴、冷餐酒会、家宴、鸡尾酒会、招待会等；

(5) 按筵席举办目的划分：婚宴、寿宴、迎送宴、纪念宴；

(6) 按筵席主要原料或烹制原料划分：全羊宴、全鱼宴、全鸭宴、全素宴、山珍席、水产席、全禽席、全畜席等；

(7) 按筵席头菜原料划分：燕窝宴、海参宴、鱼翅宴等；

(8) 按筵席历史渊源划分：仿唐宴、孔府宴、红楼宴、满汉全席、随园宴等；

(9) 按筵席地方风味划分：川菜席、粤菜席、苏菜席、鲁菜席等。

第三节　宴席的准备及上菜程序

制作筵席菜肴是一项复杂而有序的工作，从烹饪原料的采购、器具的准备，烹饪原料的加工、切配、烹调，到上菜、服务等环节紧密相连。所以筵席的准备工作显得尤为重要。为了保证筵席的实施，必须做好筵席组织实施和策划工作。

一、筵席的准备

(1) 制订筵席菜单。菜单的形式、规格、内容、质量，应考虑宴请宾客的意图、筵席规格标准、宾客需求（宾客的喜好、宗教信仰等）、烹饪原料市场供应情况、本企业厨师水平等因素来设计筵席菜单。

(2) 要做好采购工作。采购员应根据厨师长开列的购料单，按质、按量、按时购进所需烹饪原料。

(3) 根据筵席菜单所需的烹饪原料，做好各种烹饪原料的初步加工、干货原料的涨发、上浆、挂糊及初步热处理等准备工作，筵席菜单中需要加热时间较长、操作工艺复杂的菜肴应事先预制。检查调料、主、配料是否齐全。

(4) 根据筵席菜单的要求，统筹安排工作人员，做到分工明确、各负其责。

(5) 检查厨房烹调设施、设备是否完好及燃气是否充足。

(6) 检查筵席菜肴盛器是否齐备。

(7) 认真做好各项清洁卫生工作，确保食品安全卫生。

二、上菜程序

由于各地的饮食习惯不同，因此上菜程序有所差异。一般可根据筵席的规格、菜肴的内容、风俗习惯及进餐的节奏，有计划、有步骤地依次上菜。筵席上菜的一般原则是：先冷(菜)后热(菜)，先咸后甜，先荤(菜)后素(菜)，先上质优的菜肴、后上一般的菜肴，先上菜肴、后上面点，先上酒菜、后上饭菜；相同原料的菜肴、相似形状的菜肴、相似口味的菜肴都要间隔上席，这样才能使整个菜肴在品种、颜色、形状、口味、质地上，如同一首美妙的音乐有起伏、有韵味，丰富多彩，变化无穷。

一般上菜程序是冷菜→大菜→一般热菜→面点→汤→时令水果。汤可根据筵席的要求先上或后上，面点可穿插在热菜间或与汤之间适时上席。上菜程序不是一成不变的，可根据具体情况适当调整。

筵席包括宴会席桌上的酒菜配置，酒菜的上法、吃法、陈设等，与菜单稍有区别。总的来说，中餐筵席的格局是三段式。

(一) “序曲”

传统的、完整的“序曲”内容很丰富、很讲究。它包括如下内容：

(1) 茶水。茶水又分为礼仪茶和点茶两类。不需要收费的茶，称为礼貌茶；需要计费的要请客人点用的茶，称为点茶。

(2) 手碟。传统而完整的手碟分为干果、蜜果和水果三种。现在的筵席一般就只配干果手碟。讲究的筵席往往都会在菜单上将茶水和手碟的内容写出来。

(3) 开胃酒和开胃菜。为了在正式开餐前打开客人的胃口，传统筵席往往要配置开胃菜和开胃酒。一般开胃酒是低酒精度、略带甜酸味的酒，如桂花蜜酒、玫瑰蜜酒等。开胃菜一般是酸辣味、甜酸味或咸鲜味的，如糖醋辣椒圈、水豆豉、榨菜等。

(4) 头汤。完整的中式筵席一般应该有三道汤，即头汤、二汤、尾汤。头汤一般采用银耳羹、粟米羹、滋补鲜汤或粥品。

(5) 酒水、凉菜。酒水、凉菜是序曲中的重要内容。俗话说，“无酒不成筵”“酒宴不分家”。一般来说，越是高档的筵席，酒水的配置越高档，凉菜配置的道数越多。讲究的菜单在配置酒水的时候，除了要将酒水的品牌写出来以外，还要注明是烫杯还是冰镇。

(二) 主题歌

所谓主题歌，即是筵席的大菜、热菜。

(1) 第一道菜被称为“头菜”。它是为整个筵席定调、定规格的菜。如果头菜是“金牌鲍鱼”，那么这个筵席就称为鲍鱼席；如果头菜是“一品鱼翅”，这个筵席就称为鱼翅席；如果头菜是“葱烧海参”，这个筵席就叫海参席。

(2) 第二道是烤炸菜。按传统习惯，第二道菜一般是烧烤的或者煎炸的菜品。如北京烤鸭、烤乳猪、烧鹅仔或者煎炸仔排等。

(3) 第三道为二汤菜。这道菜一般采用清汤、酸汤或酸辣汤，有醒酒的作用。一般随汤也跟一道酥炸点心。

(4) 第四道是可以灵活安排的菜，一般是鱼类菜品。

(5) 第五道是可以灵活安排的菜，鸡、鸭、兔、牛肉、猪肉菜均可。

(6) 第六道菜也是可以灵活安排的菜。

(7) 第七道菜一般就要安排素菜了，笋、菇、菌、时鲜蔬菜均可。

(8) 第八道菜一般是甜品。羹泥、烙品、酥点均可。因为喝酒、品菜已到尾声，客人要换口味才舒服。

(9) 第九道菜是座汤，也称尾汤。传统的座汤往往是全鸡、全鸭、牛尾汤等浓汤或高汤，意味着全席有一个精彩的结尾。

(三) 尾声

(1) 这时可上一点主食，如面条、米饭。讲究的筵席一般会配随饭菜四道，两荤两素。

(2) 米饭、面条等主食用完以后，一般要上时令水果。既能让客人清清口，也表示整个筵席结束。

(3) 茶水。水果吃得差不多的时候，客人还没有散意的话，就可以上一点茶水助助兴。传统筵席这时上茶水也有"端茶送客"的意思。

为了帮助记忆，按次序搞好服务特作《千年调》以供参考。"千年调顾客进门时，和气先倾倒。最好笑容可掬，万事称好。茶水布上，再将菜谱介绍。咸与淡，总随客，细关照。斟酒上菜，先问明东道。主宾前女士先，定要知晓。凉菜半尽，席近高潮。大菜头，汤断后，水果了。"

练习思考题

(1) 简述筵席作用及其分类

(2) 试述菜单与筵席分类方法有几种？并举例说明。

(3) 简述零点菜单与套餐菜单有何区别？

(4) 收集 10 种不同的菜单，并分类说明。

第十章 烹调工艺的改良与创新

学习目标

通过本章的学习，了解烹饪工艺改良与创新的意义，熟悉多种创新烹饪工艺的途径，能运用传统烹饪工艺对不同原料进行组配育创新的思考，并通过实训操作掌握几种创新烹饪工艺的方法。

学习难点

(1) 熟悉烹饪工艺改良与创新的基本原理和原则。

(2) 能在实践中初步具备烹饪工艺创新的方法运用

中式烹调工艺历经几千年的延续，有着许多优良的传统与技巧方法，当前顾客对餐饮行业提出了更多的要求，为了满足广大人民群众的需求，必须对中式烹饪工艺不断地进行改革与创新。随着社会经济的发展，人们对社会物质文化需求越来越多，广大人民群众的传统饮食思维也发生了巨大的变化，这就要求中式烹调工艺满足社会需求，不断的进行改革与创新，只有这样中式烹调才能在竞争日益激烈的市场经济环境中赢得一席之地，才能更广泛地为广大人民群众所接受和认可。

第一节 中式烹饪工艺改良与创新的意义

一、改变创新中式烹调技艺的现实需要

1. 行业发展市场化的效益驱动

当代社会对中式饮食烹饪提出了更多、更高的要求，这是中式烹饪发展的动力和挑战。面对这样的状况，饮食餐饮行业应当从中国传统烹饪和饮食习惯出发，对烹饪的流程进行不断的改进与创新，并通过借鉴与学习改变传统中式烹调技艺。通过对中式烹饪技艺的不断改进与创新才能占领广阔市场，取得强大的竞争力，实现经济效益。

2. 传承和发展烹饪文化的内涵

通过对民间烹饪精华的吸收和不断发掘乡土素材进行中式烹饪的创新。在民间有着多种多样风格迥异的烹饪素材，我国许多名菜都是源自于民间，然后经过厨师的不断改进提高才形成的。民间土菜一般讲究朴实无华，并不刻意追求造型和装盘等要素，在吸收民间精华时，可以取其精华，去其糟粕，在不断的借鉴中进行有效的创新。还可以借鉴外来工艺，帮助中式烹

调的创新，随着国际和国内经济的发展，越来越多的外来工艺进入了中国，中外烹饪相互借鉴、相互促进，使中式烹饪进一步的发展与创新。同时，中国烹饪具有悠久的历史文化，历代的饮食文献为现代中式烹饪的改革创新提供了一定的思路。将烹饪古法运用到现代中式烹饪当中，利用古代菜肴的制作技术来开启现代中式烹饪的思路，同时还可以借助于现代科学技术的力量，不断地推陈出新。还要集思广益，不断地进行大胆的改革创新。中国烹饪是经过历代厨师的智慧积累才形成的。烹饪工艺的创新要敢于突破传统工艺，需要利用大众的智慧，在相互合作的过程中探究新工艺。可以集合经验丰富的厨师，根据各自的立场以及看法，经过集体讨论和不断的比较对照，在此过程中能够有意无意地学习到别人的方法，从而使自己的思维能力得到潜移默化的改进，促进烹饪技术的改进。

二、现阶段人们对饮食品质需求的新要求

1. 对食品的营养性和品尝性提出了更多的要求

一般人们在餐饮场所用餐完全是出于生理的需求，人们根据自己的喜好等各种各样的理由选择餐饮场所，这也使得餐饮行业经营者必须不断地考虑顾客多种多样的需求，在食品的营养上人们越来越重视其营养成分和保健功能，一般人们关心的是食物中所能够吸收的热量以及营养，但是普遍又忌讳太多的脂肪，所以健康食品成为人们所青睐的对象。就食物的品尝性来说，人们更喜爱美味的食物、这是一门艺术，只有从色、香、味、形等诸多方面进行考虑，使其更加具有吸引力、欣赏价值和品尝性才能为更多的人所接受。

2. 就餐环境和氛围上提出了更高的追求

人们在就餐时不仅享受的是食物所带来的味觉享受，也对就餐环境和氛围有更高的追求，脏乱差的就餐环境必然无法吸引顾客前来品尝。正因如此，在餐厅的设计上要更加富有风格和情调。卫生安全是必要保证，在此基础上良好的就餐环境可以吸引到更多的顾客。

3. 顾客对就餐服务质量提出了更高的要求

现代人不管是外出旅游还是餐馆就餐，已经不仅仅是为了满足生理上的需求，而且是为满足人们普遍存在的在外就餐从中获得享受的感觉。在社会主义市场经济体制中市场竞争也越来越激烈，这些都要求餐饮服务行业的服务质量必须进一步的提高。服务水平的高低，对餐饮场所的声誉会产生直接的影响，对顾客对餐饮场所的选择也会有很大的左右作用。所以，餐饮场所必须不断地提高自身的服务质量，以优质周到的服务赢得消费者的赞誉，提升自身的形象和声誉，这样才能再市场竞争中立于不败之地。

第二节 烹调工艺改革和创新的途径与方法

面对人们日益增长的饮食需求，中式烹饪工艺必须进行一定的改革与创新。从整体上看，烹调工艺的改革与创新主要有两种途径，一是从烹调工艺流程的角度，对烹调工艺流程当中的各个要素、主要工序，诸如选料、调味、切工、加热、器具等方面着手进行改革与创新；二是吸收古今中外的优良烹饪技术为己所用，通过借鉴传统或者国外先进的烹饪技艺，不断地进行学习模仿、变化和改良，在此过程中进行创新。

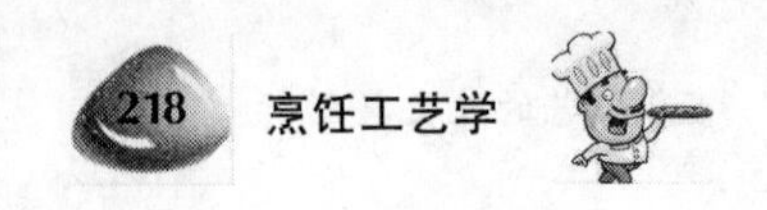

一、烹调工艺创新的途径

烹调工艺流程是将烹饪原材料加工成菜的整个生产过程，根据烹调工艺的特点与要求选择合适的设备，按照一定的工艺顺序组合而成的生产作业。目前，一般的烹调流程工艺已经形成了固定的套路与思维，在这样的限制当中变革难以取得进步与发展。所以改变烹调工艺流程和其中的某些工序势在必行。通过合理科学地对烹调工艺流程进行改革与创新，能够使菜品形成多种多样的风格特色。具体到烹调流程来说，可以分为原料创新、刀工处理创新、加热方法创新、调味创新、器皿选择创新和菜名创新等多种途径。

（一） 烹饪原料的创新

原料创新是从原料的选择种类上加以突破。比如，采用各种引进其他国家和地区的原料品种、新培育成功的原料品种、人工合成的新品种、特色原料或者一些不常用的材料，然后再采用合理科学的加工方法制作出新的菜品。菜肴原料的形状有其本来形状、一般加工形状、艺术形状，任何形状的变化都能够形成菜品的创新。在刀工处理上进行创新可以将原料整体去骨，变换馅料等，结合烹调方法的改变，也能够制作出新的菜肴。

烹饪原料是制作菜肴实施的对象和物质基础。菜肴过去的传统做法，在原材料上并无多大变化，这让喜新厌旧的消费者觉得食之无味。因此，为满足消费者日新月异的饮食需求，在原材料的选择范围上要广，在原料的运用上既要适宜又要多变。这是形成菜肴口味多样化和产生地方风味菜的主要原因之一。凡是具有可食性的烹饪原料均可选用，所谓“可食性”是指食用的安全性，能提供合理的营养物质和良好的风味物质。经常有售的反季蔬菜也为厨师选用原材料提供了更广阔的空间，各省市蔬菜研究所引进、培植了多种新品种，如野菜、瓣豆苗、蕃茄、紫椰菜等，都上了大雅之堂，使厨师们大有选择余地，可用于推陈出新。又如新合成的原材料，如保键食品素火腿、素猪肝、素鲍鱼等，都得到了社会消费群体的认可。这些新材料都是过去没有的，应大胆使用，十分有利于菜肴的创新。在这方面我们应向他人学习，如西菜中运用新材料已渐成风。诸如挪威、美国的三文鱼、海鲜和各种冰鲜以及异国肉类、异国水果等，都大有文章可做，将它们与不同烹调方法巧妙融合，创造出更新的口味，迎合顾客不断变化的要求，满足人们的猎奇心理。通过对组成菜肴的原料进行改变，可形成新的菜肴。这主要有以下两种方法，一是改变主料，如“松子鱼米”，鱼的选择有多种，鳜鱼、鲈鱼、银鳕鱼等，如果将鱼换成鸡、鸽等禽肉类其实也是可以的，但要明白的是原料成品一定要嫩；二是改变配料，就“松子鱼米”来说，配料可改用玉米、炒米、锅巴、提子干等，其风味也将发生改变。

（二）调味料及其调味方法上的创新

在传统的烹调中味型和调味品的种类和比例都已经形成固定思维，改变其中一个味型或选用不同的调味原料或调味方法，就能创新菜品的滋味，甚至能够产生出风格迥异的菜品。“味”在很大程度上是菜肴的灵魂，而味的变化主要取决于调料的变化。调料是改善菜肴风味，形成菜肴特色的重要原料和手段，通过改变调味方法和调味手段，使一菜烹调出多种味型，进而形成一菜百味的系列菜，是菜肴创新的一条根本途径。如豆腐宴，就包括了麻辣味的麻辣豆腐，家常味的家常豆腐，红油味的红油豆腐、虾酱豆腐、蚝油豆腐等。地方风味，因为对消费者来说，适口者珍，可根据不同的实际要求变换调料和风味。同样，我们应该大胆借鉴西方的调味方法和技巧，引进一些新的调味原料拓宽中餐调味的空间。在这一点上，粤菜做得较好，新派粤菜风靡全国可视为成功的代表。如粤菜调料柱候酱，是复合制作出的新味调料，它是一名叫张柱候的厨师从酱园购回优质豆酱后，加入白糖、芝麻酱、食用油等，再用石磨研磨而成酱，用来烹调鸡、鸭、鹅，味道异常鲜美，人们大加赞许，从此成为粤菜调料中的一种代表调料，并派生出了许多柱候系列菜，这些都可以给我们以创新启迪。

（三）烹调方法上的创新

烹调方法是把经过初步加工处理和切配成形的原料，通过加热、调味等手段制作成不同风味菜肴的一种方法，主要指对原料的加热成熟过程中使用不同的方式方法。烹调加热方法的创新主要体现在加热工具以及能源选择方面，随着科技的不断进步，在烹调中可以选用的加热工具以及能源的种类也越来越丰富，使用不同的加热工具或能源能够产生不同的烹调效果。众所周知，中国菜的烹调方法有几十种，常用的烹调方法有炸、熘、爆、炒、煎、贴、炖、煨、烧、烤、扒、煮、烩、蒸、涮、拔丝等。在烹调方法上创新主要是指一菜多做的原则。同样的原料，用不同的烹制方法可制成口味、风格、名称完全不同的菜肴，从而大大丰富了消费者的选择范围。如主料是鸡，采用不同的烹调方法就有红油鸡块、清蒸全鸡、太白鸡、小煎鸡、白切鸡等。当然，烹制技术的选择要应时，应以原料的性质为宜，不可生搬硬套。如肝、腰、鸡胗这些质嫩肉脆的原料，宜选择“爆”这一烹调方法。这样成菜速度快，花形美观。

（四）菜名设计上的创新

好的菜名会吸引眼球，引起聚焦，一个恰当有特色的名字可以给消费者带来耳目一新的感觉，增强菜肴的生命力。纵观我国的传统菜名，都十分注重意境之美，或寓意、或夸张、或借代、或比喻、或写实，大多朗朗上口。妙趣横生。像“连中三元”“大显身手”“佛跳墙”。菜肴的命名切忌哗众取宠。华而不实。如糖拌西红柿，有些餐馆非要命名“火烧白云”，虽有一诗意，但与消费者的心理期待相差较远，使之有一种被捉弄的感觉。因此，在命名时，要尽量做到表里一致。在发掘菜肴的历史内涵时，也要为其注入时代的特色。现在一些饭店在原来大杂烩的基础上，根据营养平衡的原则，对其配料进行了一些改变。使其更有利于健康，口感也更好，然后命名为“全家福”特别是节日里推出此菜，给人一种亲切祥和的感觉。

（五）装饰上的创新

装饰是对菜肴的主体进行改进和点缀，以突出菜肴的整体完美性。在装饰过程中应明白装饰只是一种辅助的衬托手段，切忌喧宾夺主。同时装饰应以简单实用为主，从色彩、造型、营养和口味等方面弥补主体菜肴的不足。如麻婆豆腐其主体色彩为红白相间，然后可以在其边上围上一圈鹌鹑蛋，使其颜色更加协调。另外，从营养成分上也使其蛋白质含量更丰富。对肉类菜，用蔬菜垫底子和围边，一是调节口味，二是平衡营养。至于放一些用于审美需要的雕刻物则应掌握好的分寸。

（六）器皿搭配上的创新

古人云：“美食美器”。菜肴一经美器装点，相互辉映，即受到艺术衬托，起到画龙点睛的作用。异形食具，多姿多彩。花式变化多，一菜一风格，一菜配一皿，除本身具有装载功能之外，

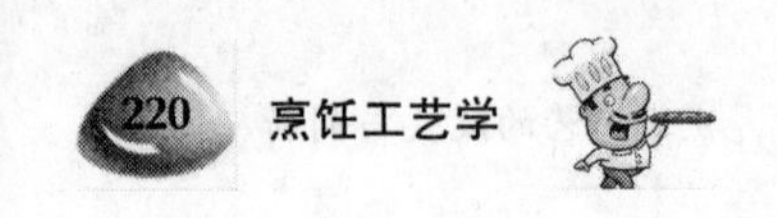

又有赏心悦目的视觉欣赏效果，一改过去单调划一的毛病。当然选择器皿时要与佳肴相匹配，应走出豪华，精美的思维定式，应以实用恰当为标准。走昂贵、制作精良不一定就好，关键是要做到相得益彰。比如，在一些“粗餐馆”，其盛器大部分是表面较粗糙，有一点原始古朴气息的陶器或瓷器，这样和粗粮相配合，给食客一种特别协调、舒适的感受。当然，凡事不可一概而论，必须因时、因菜制宜。对于一些原料贵重、制作精美的菜肴，还是应当配以精美的器皿，以免显得单薄寒酸。

二、菜品创新的几种方法

（一）挖掘法

我国饮食有几千年的文明史，从民间到宫廷，从城市到乡村，几千年的饮食生活史浩如烟海，各种经史、方志、笔记、农书、医籍、诗词、歌赋、食经以及小说名著中，都涉及饮食、烹饪之事。只要事厨者有兴趣，愿意去开拓新品种，都可以挖掘出好多已失传但又有价值的菜品来，成为当今的“新品”来丰富饭店菜单的品种。从全国许多“仿古菜”的制作来看，厨师和餐饮工作者应考虑：

(1) 仿古菜点，顾名思义是仿制，而不是对古代菜点的照搬，只要求它具有古代的风韵。

(2) 仿制的每个菜点，从名称到原、辅料，必须有翔实的史料记载和根据。否则，宁可不制也不凭主观猜想而臆造。

(3) 对待烹饪中的传统技艺，其原则是“取其精华”“去其糟粕”，不能全盘拿来，对不合理、不科学、无使用价值的工艺和费工费时的菜品，要进行取舍和改进。

(4) 坚持具有地方、民族特色，特别在菜品的构思上，紧紧与烹饪文化相联系。

(5) 菜点在营养、卫生、口味上要适合今天人们的要求。

挖掘历史菜点，经改良后为我所用，以突出餐饮经营的新风貌。

（二）借鉴法

一借他人之长，补己之短，是优秀厨师惯用的手法。譬如当今流行各大饭店、宾馆的自助餐，就是从西方引进而来的。以川菜为例，借鉴西料有如下几种。

(1) 西料中用。即广泛使用引进和培植的西方烹饪原料，如蜗牛、澳洲龙虾、象拔蚌、皇帝蟹、驼鸟肉、夏威夷果、荷兰豆、西兰花、欧芹等烹制的菜品，如泡椒蜗牛、水煮龙虾、多味象拔蚌、三吃皇帝蟹、芝麻驼鸟、宫爆夏果鸡丁、奶油西兰花、清炒荷兰豆等。

(2) 西味中调。吸取借鉴西餐常用的调味料，丰富川菜之味，如番茄酱、咖喱、柠檬汁、XO酱、奶油、黄油、蚝油等。烹制的菜品如：茄汁虾饼、咖喱烧鸡、柠汁锅炸、XO海蟹、奶油瓜方、黄油蛋卷、蚝油豆腐等。

(3) 西烹中借。借鉴西餐烹法，创新菜品，如运用“铁扒炉”制作扒菜，如川式铁扒鸡、牛柳、大虾等；采用“酥皮制”之法与川菜酥炸烹法结合，创新烹制的菜品、如酥皮鲜鱿、酥皮鲍脯等，乃至后来发展为当众烹制之风格。

(4) 西法川效。即吸取借鉴西餐菜肴中的基本加工制作方法，应用于川菜制作之中，如“酥盏鲜贝”就是借鉴西点擘酥之盒经烤或炸制后成盏，盛装炒熟的各种菜肴而成等。

（三）采集法

生活是一个艺术大宝库，取之不尽，用之不竭。烹饪作为一种艺术，它的根也在民间。采集民间烹饪佳作，就是一个能够取得成功的路子，古今皆有。

如清初著名诗人袁枚，儿时在乡间听兄长讲过“煨笋”之法，一经他改进，也化腐朽为神奇。又如四川回锅肉、麻婆豆腐、水煮牛肉、盐煎肉等，无不是来自乡土菜。

（四）翻新法

把过去已有的馔肴，结合今天人们的饮食需求，改造一番，翻新出来，也是一种创新的办法。如传统菜回锅肉，很多饭店的厨师，以盐菜、侧耳根、泡酸菜，油炸的锅魁、年糕、鲜玉米粑、豆腐干等作为辅料加入炒制而成；还有的将肉故意切薄切长，炒成大刀回锅肉；还有的使用乡村人自制的红苕、豆豉炒成的回锅肉，更有为提高档次，将涨发进味的鲍鱼加工成片与熟肉片同烹成菜的“海鲍回锅肉”，不仅花样翻新，气质也大不一样了。

（五）立异法

标新立异，出奇制胜，有点新道。如有声音的传统菜三鲜锅巴、锅巴肉片、锅巴海参、响铃肉片等，厨师受其启发，采用主辅变料之法创制的麻花鱼片、撒子响螺均有立异之意：将炸得滚烫的锅巴或响铃、麻花、撒子等置于盘内，当着食者的面浇上刚出锅的浓稠三鲜或肉片、海参、鱼片、响螺等汁，使人耳听有响，眼见有气烟，鼻闻有香气，嘴品酥脆鲜嫩。又如，多年来，厨师一般都用碟、盘、碗来盛装菜品，近年来一些厨师根据菜品的文化内涵的需要，采用鱼装船，虾装篓，果装篮，鸡装笆，饭装竹，丁装瓦，点心装叶等，就给人此新奇感，使菜品更具有文化品位。

（六）移植法

一台好戏，不少剧种都争相移植。源于各地的美馔佳肴，也可同样用戏曲移植的办法，拿来为我所用。譬如“扬州清炖狮子头”，四川将这款菜移植来，根据当地的饮食习尚，烹饪方法由原来的炖法改用为炸或煎，再采用红烧或烧蒸而成，其形有大小之别，大的可一个，如“大烧狮子头”，小的可四个，取名为“四喜圆子”或“红烧狮子头”；近年来，还有将发好的鱼翅包入肉圆中，再放入特制清汤内，与火腿、竹荪、冬笋等，经清炖成“鱼翅狮子头”。提高了菜肴档次。又如粤菜中的“姜葱爆蟹”“清炒螺片”，经移植后基本采用原有烹法，只不过加入了四川的泡辣椒和泡仔姜烹成。再如“咸鸭蛋黄炒蟹”一菜，经移植四川之后，烹制出“翻沙苦瓜或芦荟”“翻法黄瓜”“咸蛋黄烩豆腐”等一系列菜来，都深受四川食者所喜爱。

（七）变料法

就是以变料的方法创新菜肴，在四川烹饪界流行一句变料的行话：吃鸡不见鸡，吃肉不见肉。在四川传统名菜，“仔鸡豆花”，虽是用鸡脯、鸡蛋清等原料制作的，但成菜在碗中似大豆做的豆花形象，使人见状难辨真假，而今四川很多餐馆新供应的“肉豆花”“鱼豆花”“兔豆花”，碗中只见豆花样，原料采用的却是以猪、鱼、兔之肉为料的。那么，可否试用大虾、鲜贝、鲜鱿之肉来制作，“虾豆花”“鲜贝豆花”“鲜鱿豆花”呢？以变料法创新菜肴，厨界前辈已给我们提供了一些很好的路子，我们可以把这个路子越走越宽。

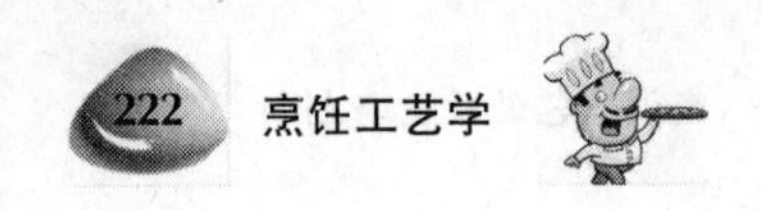

（八）变味法

利用各个地方、各菜系已有的调味成果，选择出当地食客能接受的味型来丰富菜肴品种，也是一条捷路。近年川菜厨师新创的蛋黄油、糍粑椒大蒜油、川椒生姜油、葱姜油、海鲜豉汁油、蒜香油等，再经烹调复合成新颖独具的食尚味型。同时还吸收了不少国内外的好味型，如西餐的糖醋茄汁味、荔枝茄汁味、咸鲜茄汁味、果汁味、咖喱味，粤菜的蚝油味、芥末味，湖南的家常剁椒等都很受四川人喜爱。

（九）摹状法

菜品造型可采取摹状的方法，去表现和塑造厨师的主题构思，而不仅限于"写实"的手法，去机械模仿自然界的东西。可以这样说，厨师可利用任何荤素的烹饪原料来塑造自己想表现的主题。蔬菜、瓜果、禽畜肉类及肝、、腰、心、舌、肚，鸡、鱼、虾、兔、猪肉等原料，面粉、米粉、奶油黄油之类原料，都是可随心所欲的造型材料。即便是葱、蒜苗、青椒、子姜等作为调味用的原料，也可用来做造型材料。问题在于怎样利用和运用这些原料？塑造些什么东西？笔者了解烹饪大师董维仁老师摹状创新的"孔雀灵芝"。成菜之孔雀是用烧烩成熟的嫩绿菜心、枸杞、香菇和青笋等，采用大写意手法将各料于盘中，摆成开屏的孔雀之状，摆出绽放的牡丹；观赏画面简洁明快、色泽鲜明，使人无不感受到孔雀从盘中飞出，极富感染力，且可食性强。它与那种追求逼真但又显出破绽的工艺相比较，无论从工艺的难度上、制作的时间上都易掌握和节约时间。

（十）寓意法

文学艺术作品是很讲究通过形象来描绘意境的。意境就是意味、趣味、情调和境界。既讲"意在笔先"，又讲"意在言外"，还讲"意味深长"。烹饪创作也可以运用文学艺术的创作方法，来体现情趣和意味。因此，我们将"寓意"作为菜品成新的方法。运用"寓意"之法来创新菜肴，我认为要抓住两个方面。一是在设计菜品时，构思要巧妙，要表现出盘中的诗情画意；二是菜肴命名雅致，名寓意趣。近年来我设计过一款叫作"故乡月更明"的筵席二汤菜。把一首唐诗融入了菜中。唐代大诗人要李白，26 岁仗剑远游未归，思乡别离之情使李白一生酷爱明月，吟月的诗歌也非常多，"举头望明月，低头思故乡"，更是妇孺皆知。笔者借诗人对明月的情怀，以鲜鱿鱼为主料，再配以多种原料，采用最新工艺制成"鱿鱼糁"，入器皿中蒸成皎洁的圆月，其月表面饰以影绰的"广寒宫"和缭绕的彩云，注入特制的清汤，以竹荪扎成的蝴蝶放在月亮四周而成。此菜画面似碧波粼粼，月光浮动，整个菜白若寒雪，细若膏脂而汤清如水，咸鲜不薄、清鲜隽永，质朴中显绝技，清鲜中见精深。菜肴命名寄寓着趣味，可以借鉴的事例很多。前人已给我们留下了丰富的遗产，譬如含有意趣的词语，象一品、三元、四喜、五福、六合、七星、八宝、九九长寿、十全十美、如意、龙凤、绣球、鸳鸯、芙蓉、翡翠等，都可以加以利用，吸取营养，领略其寓意的妙处。现还有很多烹饪同行创制的菜，盘中有画、画中有诗、诗中有寓情，都值得大家参考借鉴。

（十一）偶然法

人世间，偶然的事情很多。清代嘉庆时，成都就有一款著名的"芙蓉豆腐汤"，是用荷花入菜，其清鲜味美，很受人青睐。一位号三峨樵人的老先生说明此菜的来历云："蓉花可食"。相传大宪请客，厨役误污一碗，忙中以芙蓉花并各鲜味和豆腐改充之，名曰芙蓉豆制品汤。大宪以为新美，上下并传，人争效之。另有一款川菜的肝膏汤，据传也是一富贵人家的老太爷久病卧床，家厨用鸡肝捣烂，取汁加味蒸熟献上，老爷觉得既好吃又易消化非常满意，令天天烹制此汤进献。有一次，家厨连汁带肝一道蒸成膏状了，老爷又等着要吃，厨师便巧言说，"怕老爷吃厌肝汁汤，今天特意做了一份肝膏汤改改口味"。老爷品尝后又觉得另有一番风味，顿时大喜，以后此菜传于市至今。

菜肴的创新是一个凝聚了大量智慧的创造过程，就影响菜肴整体形象的因素而言，它是受原料、调味料、烹调方法、菜名、器皿装饰等制约的，改变其中任何一项都会改变整个菜肴，在创新过程中必需迎合、体现、注重这些特征，才能创新出被社会认可、被消费者接受的美味佳肴。

练习思考题

(1) 简述中式烹饪工艺改良与创新的意义。
(2) 现阶段，大众对餐饮产品呈现出那几种需求？
(3) 烹调工艺改良创新的途径有哪几条？
(4) 菜品创新的方法有哪几类？
(5) 烹饪技艺改良的流行趋势会如何发展？

参考文献

[1] 周世中.烹饪工艺[M].成都:西南交通大学出版社,2011.
[2] 朱水根.餐饮原料采购与管理[M].上海:上海交通大学出版社,2012.
[3] 周晓燕.中式烹饪师(技师/高级技师)[M].北京:中国劳动与社会保障出版社,2014.
[4] 李保定.烹饪工艺[M].北京:机械工业出版社,2013.
[5] 邵万宽.烹饪工艺学[M].北京:旅游教育出版社,2011.
[6] 冯玉珠.烹调工艺学[M].北京:中国轻工业出版社,2014.
[7] 杨国堂.中国烹饪工艺学[M].上海:上海交通大学出版社,2008.
[8] 冯玉珠.烹调工艺实训教程[M].北京:中国轻工业出版社,2014.
[9] 朱水根.中国名菜制作技艺[M].上海:上海交通大学出版社,2012.
[10] 陈苏华.烹饪工艺学[M].南京:东南大学出版社,2008.
[11] 史万震.烹饪工艺学[M].上海:复旦大学出版社,2015.
[12] 戴桂宝,金晓阳.烹饪工艺学[M].北京:北京大学出版社,2014.
[13] 邵建华.中式烹调师(高级)[M].北京:中国劳动与社会保障出版社,2014.
[14] 段仕洪.中餐烹调工艺学[M].大连:东北财经大学,2006.
[15] 季鸿崑.烹调工艺学高等教育出版社[M].北京:北京大学出版社,2006.
[16] 陈金标.烹饪原料[M].北京:中国轻工业出版社,2015.
[17] 巩显芳.烹饪技术基础[M].北京:中国轻工业出版社,2013.
[18] 王向阳.烹饪原料学[M].北京高等教育出版社,2014.
[19] 史红根.中国烹饪工艺艺术特征融入试验教学教育策略研究[J].高教探索,2017(S1):66-67.
[20] 王琼.试论烹饪工艺与营养卫生之间的关系[J].河北农机,2017(4):46-47.
[21] 崔震昆,朱琳,张令文."烹饪工艺学"教学改革探析[J].农产品加工,2016(19):73-74+77.
[22] 聂相珍,皇甫秋霞,申丽媛.雪菜肉丝烹饪工艺标准化研究[J].中国调味品,2016,41(10):8-11.
[23] 王辉亚,易中新.应用型本科《烹饪工艺基础》课程内容改革探讨[J].武汉商学院学报,2015,29(5):74-77.
[24] 李佳峰.中国烹饪工艺艺术特征的研究与讨论[J].黑龙江科技信息,2015(30):93-94.
[25] 马景球.烹饪工艺与营养专业实践课程教学改革研究[J].技术与市场,2015,22(6):365-367.
[26] 常雅芬.油炸食品的成分安全与烹饪食用问题探究[J].食品安全导刊,2015(6):81-82.
[27] 孙荣强.浅析中国烹饪工艺的艺术特征[J].黑龙江科学,2014,5(6):290-291.
[28] 周桃英.浅谈烹饪工艺与营养专业的发展[J].大学教育,2012,1(11):60-61.
[29] 周世中,李想.烹饪工艺与营养专业核心课程《菜肴制作技术》的改革[J].四川烹饪高等专科学校学报,2011(6):5-7.
[30] 马骏.色彩设计与烹饪工艺[J].今日科苑,2009(16):163.
[31] 张文娟.煎炸、烤制食品中丙烯酰胺形成与控制[J].扬州大学烹饪学报,2006(4):41-44.
[32] 孙科祥,郭彦玲.关于我院烹饪与营养教育专业学科建设方向的思考[J].河南职业技术师范学院学报

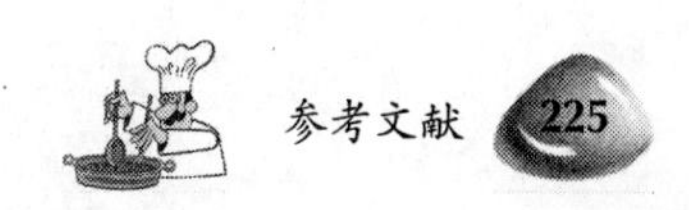

（职业教育版），2006(3):15-17.

[33] 马健鹰，李雪松.中国烹饪史研究中需要明确的几个问题[J].扬州大学烹饪学报，2005(2):3-5.

[34] 袁金广.烹饪工艺操作规范化的思考[J].扬州大学烹饪学报，2004(4):31-3

[35] 曾翔云，王金国，王远坤.旅游烹饪专业学生实习基地特色模式探索[J].湖北商业高等专科学校学报，2002(4):57-59.

[36] 周晓燕.调味工艺对菜品特色的影响[J].扬州大学烹饪学报，2001(2):8.

[37] 丁应林.菜点色彩应用研究补缺[J].扬州大学烹饪学报，2000(4):20-23.

[38] 周明扬.烹饪工艺美术的特点[J].扬州大学烹饪学报，2000(4):28-30.

[39] 周旺.论高等教育烹饪工艺专业课程的模块设置[J].南宁职业大学学报，1999(1):41-44.

[40] 李祥睿.从主要烹饪工艺流程看中餐与西餐[J].中国烹饪究，1998(3):56-60.

[41] 张建军，周爱东.烹饪工艺教学新探[J].中国烹饪研究，1995(1):53-56.

[42] 徐传骏.论中国烹饪工艺中的速度因子[J].中国烹饪研究，1994(3):1-5.

[43] 谈政.烹饪工艺与营养专业特色数据库建设研究[J].今日科苑，2011(2):141.